高职高专计算机专业系列教材

计算机控制技术

（第四版）

温希东　路　勇　编著

西安电子科技大学出版社

内 容 简 介

本书全面系统地介绍了计算机控制系统的基本组成和在工业控制中的应用技术，并结合实际，深入浅出地介绍了几种典型的控制系统和控制技术。全书共8章，主要内容包括：计算机控制系统概述、开关量输入/输出通道与人机接口、顺序控制与数字控制、模拟量输入、输出通道、PID调节器的数字化实现、计算机控制系统的抗干扰技术、工业控制微型计算机、物联网技术。

为了帮助读者掌握各部分内容，书中每章章末都附有习题。

本书可作为高职高专院校应用电子技术、电子信息工程、自动化、机电一体化、电气工程等专业的计算机控制技术课程的教材，也可作为计算机控制领域工程技术人员的参考书。

图书在版编目(CIP)数据

计算机控制技术/温希东，路勇编著. —4版. —西安：西安电子科技大学出版社，2022.9

ISBN 987-7-5606-6520-7

Ⅰ. ①计… Ⅱ. ①温… ②路… Ⅲ. ①计算机控制—高等职业教育—教材
Ⅳ. ①TP273

中国版本图书馆CIP数据核字(2022)第161466号

策　　划　马乐惠
责任编辑　阎　彬
出版发行　西安电子科技大学出版社(西安市太白南路2号)
电　　话　(029)88202421　88201467　　邮　　编　710071
网　　址　www.xduph.com　　电子邮箱　xdupfxb001@163.com
经　　销　新华书店
印刷单位　陕西日报社
版　　次　2022年9月第4版　2022年9月第1次印刷
开　　本　787毫米×1092毫米　1/16　印张　14.5
字　　数　341千字
印　　数　1～2000册
定　　价　33.00元
ISBN 978-7-5606-6520-7/TP

XDUP 6822004-1

＊＊＊如有印装问题可调换＊＊＊

前　言

本书自2005年出版以来，经过了2011年、2016年两次修订，得到了广大师生和工程技术人员的厚爱。在此，对所有读者表示深深的谢意。

在本书的使用过程中，编者与本校及兄弟院校的同行和读者进行了广泛的交流和探讨，不断结合计算机控制技术领域的最新发展，对本书进行了持续的修订。本次修订增加了第8章物联网技术的内容，希望能够对大家的实际工作有所帮助。

计算机控制技术是计算机技术和自动控制理论、现代电子技术相结合而发展起来的一门应用性很强的实用技术。早期的计算机控制技术，侧重于工业控制的应用。随着计算机技术的快速发展，新的硬件、软件产品不断推出，成本不断下降，新的控制处理方法不断出现，计算机控制技术已渗透到国民经济的各个部门，成为自动控制的主要应用形式。

随着计算机控制技术的不断发展和互联网的日益普及，20世纪90年代，计算机控制技术和互联网技术相结合，产生了“物联网技术”。

“物联网技术”就是采用“互联网”作为通信手段的一种计算机控制技术。以前的计算机控制可以通过有线通信、短距离无线通信实现信息采集和过程自动控制。现在的计算机控制可以通过“互联网”方便地进行更远距离的数据采集和过程自动控制。

对于应用电子技术、电子信息工程、物联网技术、自动化、机电一体化、电气工程和计算机应用等专业的学生来说，计算机控制技术已成为必不可少的一门专业主干课程。

本书结合高等职业技术教育的特点，在选取应用实例时注意了内容的实用性和先进性，尤其注意贴近生活中的应用实例。本书以“实例引导，理论知识够用，重在应用”为原则，采用理论与实例相结合、硬件与软件相结合的方式，对计算机控制技术涉及的基本理论、实用技术和计算机控制产品进行了介绍。在内容的编排上本书力求做到理论、技术、实例密切配合，每一部分理论讲述后马上介绍技术实现手段，然后通过实例进行巩固和实际训练，通过讲、学、练多次滚动式推进的教学方式，促进学生对知识、技能的牢固掌握。

全书共8章。第1章介绍了计算机控制系统的组成、工业控制计算机的特点、微型计算机控制系统的主要结构类型和发展。第2章和第3章为数字量控制部分，以典型的开关量和数字控制实例为主线，先后介绍了顺序控制和数字控制技术。其中，第2章介绍了顺序控制和数字控制技术的硬件基础——开关量输入/输出通道与人机接口；第 3 章通过应用实例，重点讨论了顺序控制与数字控制中典型应用实例的实现技术。第 4 章和第 5 章为连续控制部分，介绍了连续控制系统的技术实现方法。其中，第 4 章介绍了模拟量输入/输出通道，重点讲述实用的硬件实现手段；第 5 章介绍了连续控制系统的计算机控制算法——PID 调节器的数字化实现，重点讲述实用的工程技术方法。第 6 章介绍了计算机控制系统的抗干扰技术。第 7 章讲述了工业控制微型计算机的基本形式和内部结构，给出了若干工控机与工控模块应用实例。第 8 章对物联网的基本概念、体系架构、通信方式、关键技术、典型应用和面临的挑战等做了详细的表述。

本书第 1 章、第 6 章、第 7 章由深圳职业技术学院温希东编写，第 2 章、第 3 章、第 4 章、第 5 章和第 8 章由深圳职业技术学院路勇编写。全书由温希东统稿。

本书在编写过程中，吸取了很多兄弟院校计算机控制技术教材的优点，同时也参考了很多学者的论著，引用了部分参考文献的内容，在此对原作者表示衷心的感谢。

本书可以作为高职高专物联网技术、计算机控制、电子信息技术、应用电子技术、机电一体化、电气工程等专业的计算机控制技术课程的教材，也可作为计算机控制领域工程技术人员的参考书。

由于编者水平有限，书中疏漏和不足之处在所难免，敬请同行和读者提出批评和改进意见。

编　者

2022 年 5 月

目　录

第1章 计算机控制系统概述

1946年世界上第一台电子计算机在美国问世，引起了科学技术史上一场深刻的革命。特别是近年来半导体电路高度集成化，其运行速度和工作可靠性的提高、成本的不断降低，使计算机得以更广泛地应用于工业、农业、国防乃至日常生活的各个领域。电子计算机不仅在数据处理、科学计算等方面应用极广，而且在工业自动控制方面也得到越来越广泛的应用。

计算机控制系统是以计算机为控制核心的自动控制系统或过程控制系统。它已成为当今自动控制的主流系统，逐步取代了传统的模拟检测、调节、显示、记录、控制等仪器设备和很大部分人工操作管理，并且可以采用较复杂的计算方法和处理方法，使受控对象的动态过程按规定方式和技术要求运行，以完成各种过程控制、操作管理等任务。

计算机控制系统现已广泛应用于自动控制生产现场乃至各职能部门，并深入各行业的许多领域。微型计算机具有成本低、体积小、功耗少、可靠性高和使用灵活等特点，这就为实现分级计算机控制创造了良好的条件，其控制对象已从单一的工艺流程扩展到企业生产过程的管理和控制。随着微型计算机的推广使用，信息自动化与过程控制相结合的分级分布式计算机控制已经得到实现，从而可以组成大规模的工业自动化系统，使计算机控制技术的水平发展到一个崭新的阶段。

计算机控制技术是关于计算机控制系统方面的技术，是计算机、控制技术、网络通信等多学科内容的集成。计算机控制系统的输入/输出接口、人机接口、控制器的设计及使用、抗干扰技术、可靠性技术等，均属于计算机控制技术范畴。

1.1 计算机控制系统的组成

计算机控制技术概述

计算机控制系统是由计算机和工业对象两大部分组成的。

图1-1(a)所示是闭环控制系统的原理框图。在闭环控制系统中，测量元件对被控对象的被控参数(如温度、压力、流量、转速、位移等)进行测量；变换发送单元将被测参数变成电压(或电流)信号，反馈给控制器；控制器将反馈回来的信号与给定值进行比较，根据偏差产生控制信号来驱动执行机构工作，使被控参数的值达到预定的要求。

图1-1(b)所示是开环控制系统的原理框图。开环控制系统与闭环控制系统的不同之处是，它的控制器根据给定值直接控制被控对象工作，被控制量在整个控制过程中对控制量不产生影响。开环控制系统与闭环控制系统相比，因没有反馈环节，结构相对简单，但控制性能要差一些。

根据控制对象和控制要求的不同，开环控制系统和闭环控制系统分别用于不同的应用场合。

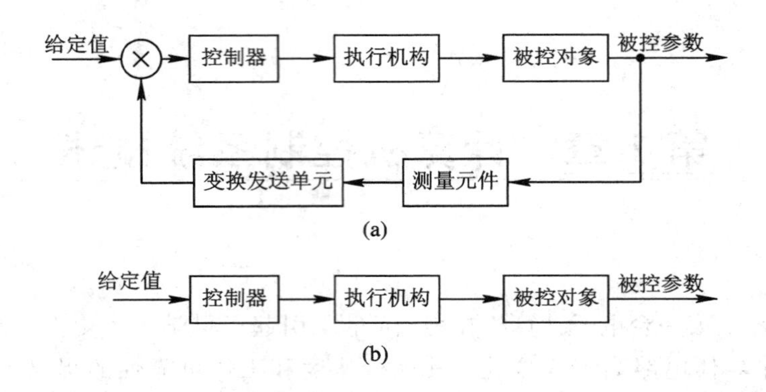

图 1-1　控制信号的一般形式

(a) 闭环控制系统框图；(b) 开环控制系统框图

由图 1-1 可以看出，自动控制系统的基本功能是信号的传递、加工和比较。这些功能是由测量元件、变换发送单元(简称变送单元)、控制器和执行机构来完成的。控制器是控制系统中最重要的部分，它决定了控制系统的性能和应用范围。

如果把图 1-1 中的控制器用计算机来代替，那么就可以构成计算机控制系统，其基本框图如图 1-2 所示。如果计算机是微型计算机，那么就组成微型计算机控制系统。在微型计算机控制系统中，只要会运用各种指令，就能编写出符合某种控制规律的程序。微处理器执行这样的程序，就能实现对被控参数的控制。在计算机控制系统中，由于计算机的输入和输出信号都是数字信号，而大部分被控对象的被控参数和控制量都是模拟信号，因此需要有将模拟信号转换为数字信号的 A/D 转换器，以及将数字信号转换为模拟信号的 D/A 转换器。

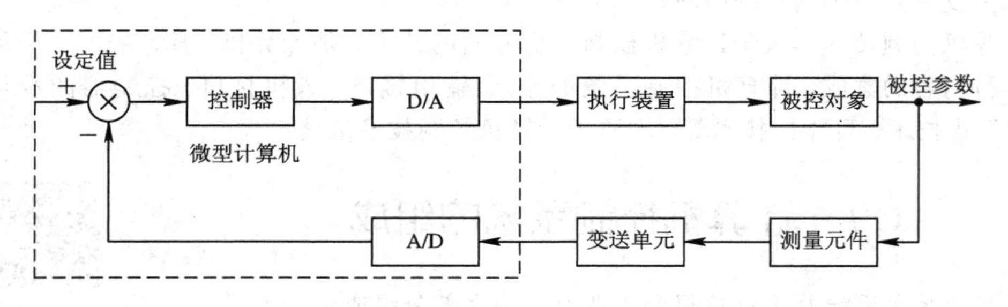

图 1-2　计算机控制系统基本框图

计算机控制系统的控制过程通常可归结为以下两个步骤：

(1) 数据采集：对被控参数的瞬时值进行检测，并将数据传送给计算机。

(2) 控制：对采集到的被控参数的状态量进行分析，并按已定的控制规律决定控制过程，适时地对控制机构发出控制信号。

上述过程不断重复，使整个系统能够按照一定的性能指标进行工作，同时对被控参数和设备本身出现的异常状态及时监督，同时做出迅速处理。

工业生产过程是连续进行的，应用于工业控制的微型计算机系统通常是一个实时控制系统，它包括硬件和软件两部分。

1.1.1 计算机控制系统的硬件组成

计算机控制系统的硬件一般由微型计算机(简称微型机)、外部设备、输入/输出通道、操作台等组成,如图 1-3 所示。

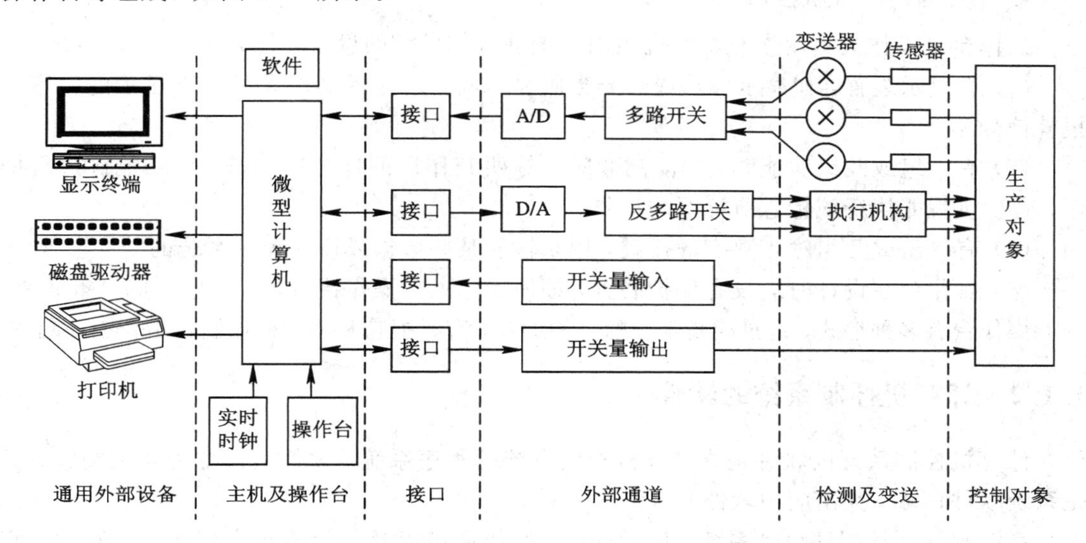

图 1-3 微型计算机控制系统的基本组成

1. 微型机

微处理器是微型计算机的中央处理器,它是微型计算机的核心,担负着微型计算机的运算和控制功能。而微型机则是具有完整运行功能的计算机,它除了有相应的微处理器作为核心部件外,还包括存储器、输入/输出电路以及其他配套电路。在控制系统中,微型机完成程序存储、程序执行等工作,即进行必要的数值计算、逻辑判断和数值处理。

2. 外部设备

实现微型机与外界交换信息功能的设备称为外部设备(简称外设)。外部设备包括人机通信设备、输入/输出设备、外存储器等。

输入设备主要用来输入程序和数据。常用的输入设备有键盘、鼠标、扫描仪等。

输出设备主要用来把各种信息和数据提供给操作人员,以便操作人员及时了解控制过程的情况。常用的输出设备有打印机、显示器(数码显示器或 CRT 显示器)、记录仪、绘图仪等。

外存储器(简称外存)如磁带装置、磁盘装置等,兼有输入/输出功能,主要用于存储系统程序和数据。

3. 输入/输出通道

输入/输出通道是计算机与生产过程之间信息传递和变换的连接通道,它的作用有两个方面:一方面将工业对象的生产过程参数取出,经传感器(一次仪表)、变送器、A/D 转换器等变换成计算机能够接收和识别的代码;另一方面将计算机输出的控制命令和数据经过变换后作为操作执行机构的控制信号,以实现对生产过程的控制。

输入/输出通道一般分为开关量输入通道、开关量输出通道、模拟量输入通道、模拟量输出通道。它们的详细情况将在后面的章节叙述。

输入/输出通道与工业对象通过各种自动化仪表发生联系。自动化仪表包括测量元件、检测仪表、显示仪表、调节仪表、执行机构等。

4. 操作台——人机接口

操作台是操作人员用来与微型机控制系统进行“对话”的设备，其基本功能如下：

(1) 有显示装置，如显示屏幕或荧光数码显示器，以显示操作人员要求显示的内容或报警信号。

(2) 有一组或几组功能键，功能键旁应有标明其作用的标志或字符。对功能键进行操作，微型机就能执行该标志所标明的动作。

(3) 有一组或几组输入数字的按键，用来输入某些数据或修改控制系统的某些参数。

(4) 操作台在设计时应设有保护装置，即使操作人员操作错误，也不应造成严重后果。

操作台有多种形式，键盘式是常用的一种形式，有时把它和微型机控制台结合在一起。

1.1.2 计算机控制系统的软件

计算机控制系统的软件是指计算机控制系统的程序系统。软件通常分为两大类：一类是系统软件；另一类是应用软件。

系统软件包括程序设计系统、诊断程序、操作系统以及与计算机密切相关的程序，它具有一定的通用性，由计算机制造厂家或软件供应商提供。

应用软件是用户根据要解决的实际问题编写的各种程序。在微型机控制系统中，每个控制对象或控制任务都配有相应的控制程序，通过这些控制程序来实现对各个控制对象的不同要求。这种为实现特定控制目的而编制的程序，通常称为应用程序。这些程序的编制基于对生产工艺、生产设备、控制工具、控制规律的深入理解，只有先建立符合实际的数学模型，确定控制算法和控制功能，才能将其编制成相应的程序。

计算机控制系统随着硬件技术的日臻完善，对软件提出了越来越高的要求。只有软件和硬件相互有机地配合，才能充分发挥计算机的优势，研制出完善的计算机控制系统。

1.2 工业控制计算机的特点

数字计算机所具有的运算和逻辑功能可以有效地实现当代复杂生产过程的控制要求。专门用于生产过程控制的数字计算机通常称为生产过程控制用计算机系统，也称为工业控制计算机(简称工控机)。

工控机一般有以下特点：

(1) 工控机的可靠性和可维修性是两项非常重要的因素，它们决定着系统在控制上的可用程度。可靠性的简单含义是指设备在规定的时间内运行不会发生故障。为此，需采用可靠性技术来保障。为了实现高度的可靠性，具备高的可维修性是非常重要的。另外，维修工控机必须有诊断程序，这些程序能在闲余时间里通过检验和测试计算机的不同部位来确定故障。

(2) 环境的适应性强。工控机一般应用在生产现场，易受环境条件，如强电流、强磁场、腐蚀性气体、灰尘、温度变化的影响，这些都会影响计算机的可靠性和使用寿命。工控机应该能够在这样的环境下保证正常工作。

(3) 控制的实时性。所谓“实时”，是指信号的输入、计算和输出都要在一定的时间范围内完成，亦即计算机对输入信息以足够快的速度进行处理，并在一定的时间内作出反应或进行控制，超出了这个时间，就失去了控制的时机，也失去了控制的意义。为此，工控机必须配有实时时钟和完善的中断系统。

(4) 较完善的输入/输出通道。为了对生产装置和生产过程进行控制，计算机要经常不断地与被控制的工业对象交换信息，因此需要配备较完善的输入/输出通道，如模拟量输入、开关量输入、模拟量输出、开关量输出、人—机通信设备等。

(5) 较丰富的软件。工控机应配备有比较完整的操作系统和适合生产过程控制的应用程序，使机器的操作简单、使用合理、控制性能好。

(6) 适当的计算精度和运算速度。一般工业对象对于精度和运算速度的要求并不苛刻，通常控制字长为 8～32 位，控制速度在几万次每秒至 100 万次每秒，控制用内存的容量为 4～64 KB 等。但随着工业控制自动化程度的提高，对于精度和运算速度的要求也在不断提高，应根据具体的应用对象及使用方式选取合适的机型。

1.3　微型计算机控制系统的主要结构类型

目前，微型计算机控制系统种类繁多，命名方法也各不相同。根据应用特点、控制功能和系统结构，微型计算机控制系统主要分为六种类型：计算机操作指导控制系统、直接数字控制系统、监督计算机控制系统、集散型控制系统、现场总线控制系统及工业过程计算机集成制造系统。

自动控制技术的发展过程

1.3.1　计算机操作指导控制系统

计算机操作指导控制系统的结构图如图 1－4 所示。

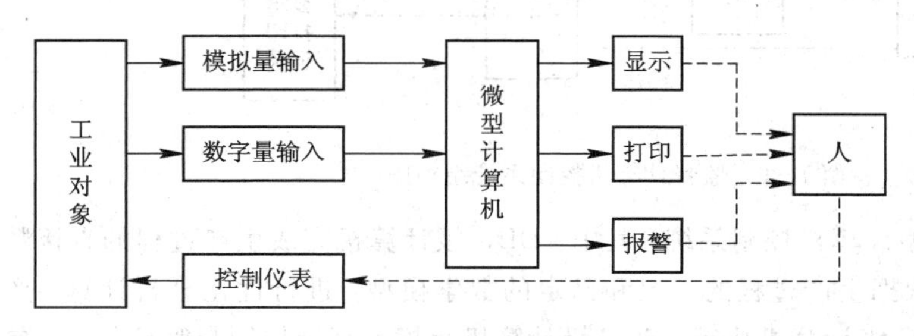

图 1－4　计算机操作指导控制系统的结构图

该系统属于数据采集与处理系统。早期的生产过程很少有数字传感器，数字量输入多为开关量，故仅有模拟量输入和数字开关量输入部分。生产过程需要收集的参数经多路模拟量输入、多路数字开关量输入送进微机，进行数据采集和分析处理，并将采集处理的数据以一定的形式存储、显示或打印出来。当出现异常时，系统会发出声光报警。这种系统中的微机不直接参与影响生产的过程控制，只是为操作人员提供指导信息，供操作人员参考。操作人员根据计算机的指导，通过控制仪器来对生产过程进行控制。

1.3.2 直接数字控制系统

直接数字控制(Direct Digital Control，DDC)系统一般是在线实时系统，其结构图如图1－5所示。微型机通过模拟量输入通道及接口AI、数字开关量输入通道及接口DI进行实时数据采集，然后按已定的控制规律进行实时控制决策，最后通过模拟量输出通道及接口AO、数字开关量输出通道及接口DO输出控制信号，实现对生产过程的直接控制。DDC系统属于计算机闭环控制系统，是工业生产控制过程中普遍采用的系统。为提高利用率，一台计算机有时要控制几个或几十个回路。

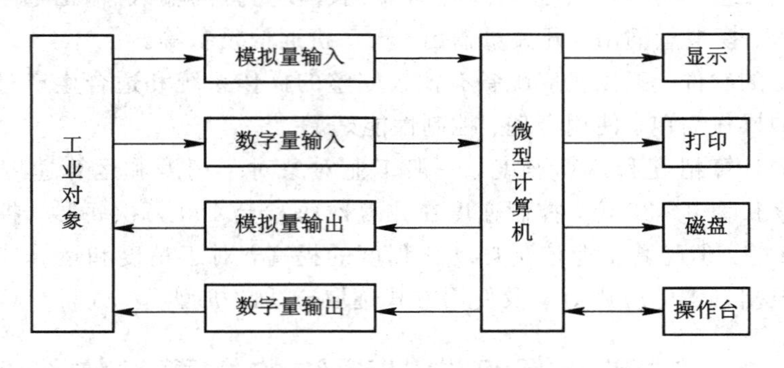

图1－5　直接数字控制系统结构图

1.3.3 监督计算机控制系统

监督计算机控制(Supervisory Computer Control，SCC)系统的结构图如图1－6所示。

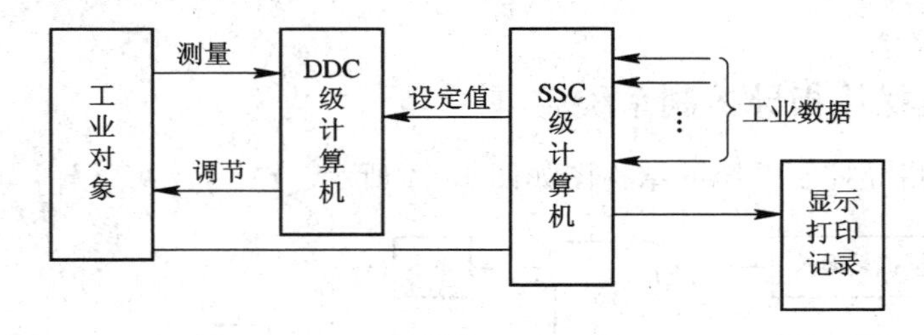

图1－6　监督计算机控制系统结构图

SCC系统是两级微型计算机控制系统，其中，DDC级计算机完成生产过程的直接数字控制；SCC级计算机则根据生产过程的工况和已定的数学模型，进行优化分析计算，产生最优化给定值，送给DDC级计算机执行。SCC级计算机承担着高级控制与管理任务，要求数据处理功能强、存储容量大，一般用较高档微机。

1.3.4 集散型控制系统

集散型控制系统(Distributed Control System，DCS)也叫分散型控制系统，它采用分散控制、集中操作、分级管理、分而自治和综合协调的设计原则，把系统从下到上分为过程控制级、控制管理级、生产管理级等若干级，形成分级分布式控制，其结构图如图1－7所示。

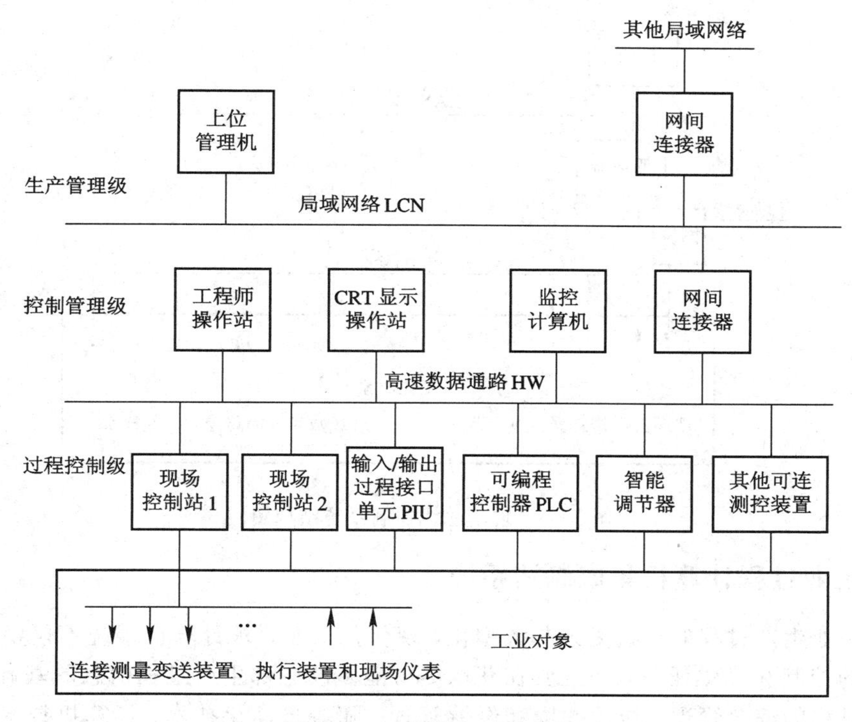

图 1-7　DCS 的组成结构图

三级系统由高速数据通路 HW 和局域网络 LCN 两级通信线路相连。控制管理级与过程控制级为操作站—控制站—现场仪表三层结构模式，由现场控制站、输入/输出过程接口单元 PIU、CRT 显示操作站、高速数据通路、监控计算机五部分组成。在高速数据通路上可以挂接可编程控制器 PLC、智能调节器或其他可连测控装置。控制管理级的监控计算机通过协调各控制站的工作，达到生产过程的动态最优化控制。生产管理级的上位管理机具有制定生产计划和工艺流程以及管理产品、财务、人员等功能，以实现生产管理的优化。生产管理级可具体细分为工段、车间、厂、公司等几层，由上层的其他局域网络互相连接，传递信息，进行更高层次的管理、协调工作。

1.3.5　现场总线控制系统

现场总线控制系统(Fieldbus Control System，FCS)采用新一代分布式控制结构，如图 1-8 所示。该系统克服了 DCS 成本高和由于各厂商的产品通信标准不统一而造成的不能互连等弱点，采用集管理、控制功能于一身的工作站——现场总线智能仪表的二层结构模式，完成了 DCS 中三层结构模式的功能，降低了成本，提高了可靠性。国际标准统一后，FCS 可实现真正的开放式互连体系结构。

近年来，智能传感器的发展使得须用数字信号取代 4～20 mA(DC)的模拟信号，这就形成了现场总线。现场总线是连接工业过程现场仪表和控制系统之间的全数字化、双向、多站点的串行通信网络。现场总线不单单是一种通信技术，也不仅仅是用数字仪表代替模拟仪表，它是用新一代现场总线控制系统(FCS)代替集散控制系统(DCS)，实现现场总线通信网络与控制系统集成的控制系统。现场总线被称为 21 世纪工业控制的网络标准。

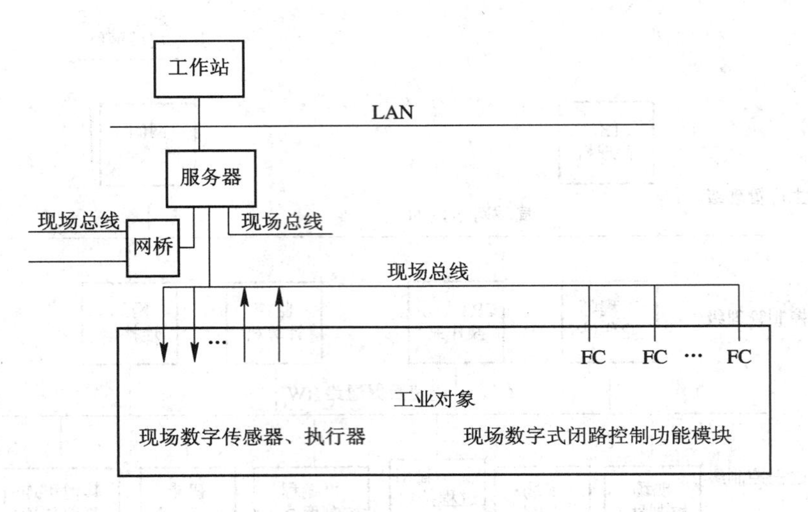

图 1－8　现场总线控制系统结构图

1.3.6　工业过程计算机集成制造系统

随着工业生产过程的日益复杂与大型化，现代化工业要求计算机系统不仅要完成直接面向过程的控制和优化任务，而且要在获取尽可能多的全部生产过程信息的基础上，进行整个生产过程的综合管理、指挥调度和经营管理。随着自动化技术、计算机技术、数据通信技术等的迅速发展，满足这些要求已不是梦想。能实现这些功能的系统称为计算机集成制造系统(CIMS)。当 CIMS 用于流程工业时，简称为流程 CIMS。流程工业计算机集成制造系统按其功能可以自下而上地分为过程直接控制层、过程监控优化层、生产调度层、企业管理层和经营决策层等，其结构框图如图 1－9 所示。

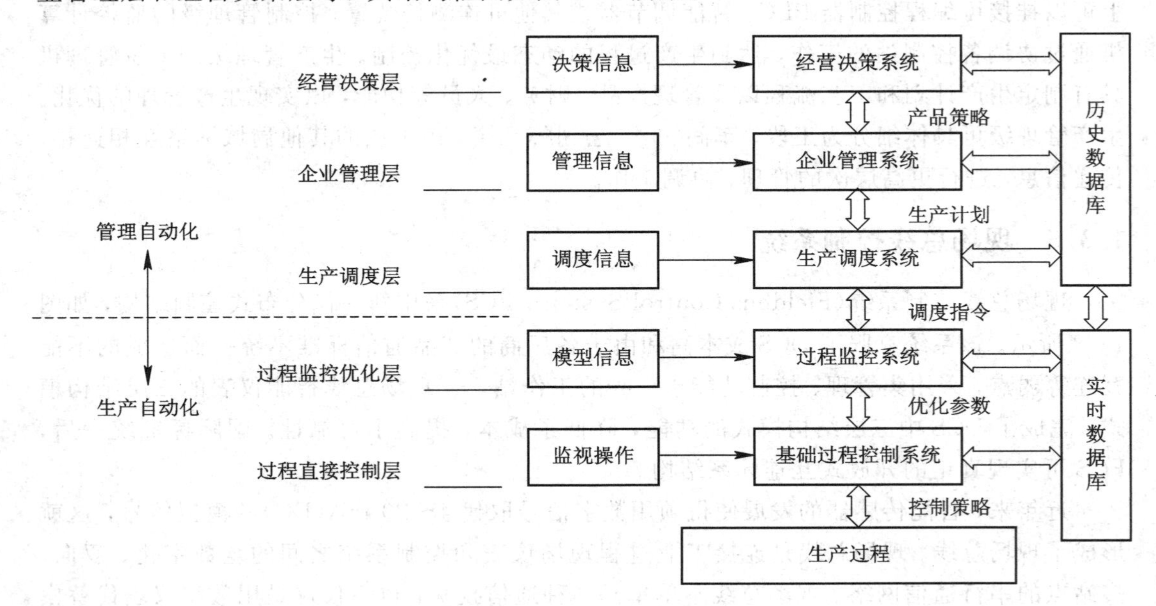

图 1－9　流程工业计算机集成制造系统结构示意图

从图中可以看到，这类系统除了常见的过程直接控制、先进控制与过程优化功能之外，还具有生产管理、收集经济信息、计划调度和产品订货、销售、运输等非传统控制的诸多功能。因此，计算机集成制造系统所要解决的不再是局部最优问题，而是一个工厂、一个企业乃至一个区域的总目标或总任务的全局多目标最优，也即企业综合自动化问题。最优化的目标函数包括产量最高、质量最好、原料最省、能耗最小、成本最低、可靠性最高、对环境污染最小等指标，它反映了技术、经济、环境等多方面的综合性要求，是工业过程自动化及计算机控制系统发展的一个方向。

1.4 微型计算机控制系统的发展

计算机控制技术的典型应用及技术定位

1.4.1 计算机控制系统的发展过程

自 1946 年世界上第一台电子计算机 ENIAC 正式使用以来，数字计算机在世界各国得到了极大的重视和迅速发展。20 世纪 70 年代微型计算机的推广，标志着计算机的发展和应用进入了新的阶段。

计算机技术的发展给控制系统开辟了新的途径。现代控制理论以及各种新型控制规律和组合控制规律的发展又给自动控制系统增添了理论支柱。经典的和现代的控制理论与计算机相结合，出现了新型的计算机控制系统。

从美国工业控制机的发展和应用来看，用计算机来控制生产过程，大体上经历了三个阶段。

1965 年以前是试验阶段。早在 1952 年，在化工生产中就已经实现了自动测量和数据处理。1954 年，开始用计算机构成开环系统。1957 年，采用计算机构成的闭环系统开始应用于石油蒸馏过程的调节。1959 年，在美国一个炼油厂建成了第一台闭环计算机控制装置。1960 年，在合成氨和丙烯腈生产过程中实现了计算机监督控制。

1965～1969 年是计算机控制进入实用和开始逐步普及的阶段。随着小型计算机的出现，控制可靠性不断提高，成本逐年下降，计算机在生产过程中的应用得到了迅速的发展，但这个阶段仍然主要是集中型的计算机控制系统。经验证明，采用高度集中控制时，若计算机出现故障，将对整个生产装置和整个生产系统带来严重影响，虽然采用多机并用的方案可以提高集中控制的可靠性，但这样就要增加投资。

1970 年以后是大量推广和分级控制阶段。现代工业的特点是高度连续化、大型化，装置与装置、设备与设备之间的联系日趋密切。因此，为了降低能量消耗、提高产品质量和数量，仅仅实现局部范围内的孤立控制是难以取得显著效果的。因此，人们已开始运用系统工程学的方法来实现大规模综合管理系统。这种控制系统通常不是由一台计算机或数台独立的、相互无关的小型机来进行控制的，而是由大、中、小型计算机组合起来，形成计算机系统来进行控制的。在这种采用了分段结构的计算机控制系统中，充分利用各种计算机的优势，形成分级控制。近年来，微型计算机所具有的可靠性高、价格低廉、使用方便等优点，为分级计算机控制的发展创造了良好的条件。

1.4.2 近年来计算机控制系统在我国的发展趋势

微型计算机控制系统的发展是与组成该控制系统的核心部分——微型机的发展紧密相

关的。

微型机和微处理器自从20世纪70年代崛起以来，发展极为迅猛：芯片的集成度越来越高，半导体存储器的容量越来越大，控制和计算性能几乎每两年就提高一个数量级。另外，大量新型接口和专用芯片的不断涌现、软件的日益完善和丰富等，大大扩大了微型计算机的功能，这为促进微型计算机控制系统的发展创造了有利的条件。

目前，计算机控制技术正在向智能化、网络化和集成化的方向发展。微型计算机控制系统的发展趋势有以下几个方面。

1. 以工业PC为基础的低成本工业控制自动化将成为主流

从20世纪60年代开始，西方国家就依靠技术进步(即新设备、新工艺以及计算机应用)开始对传统工业进行改造，使工业得到飞速发展。然而这种自动化需要投入大量的资金，是一种高投资、高效益同时是高风险的发展模式，很难为大多数中小企业所采用。在我国，中小型企业以及准大型企业走的还是低成本工业控制自动化的道路。工业控制自动化主要包含三个层次，从下往上依次是基础自动化、过程自动化和管理自动化，其核心是基础自动化和过程自动化。

传统的自动化系统，其基础自动化部分基本被PLC和DCS所垄断，过程自动化和管理自动化部分主要由各种进口的过程计算机或小型机组成，其硬件、系统软件和应用软件的价格昂贵，令众多企业望而却步。

20世纪90年代以来，随着基于PC的工业计算机(简称工业PC)的发展，以工业PC、I/O装置、监控装置、控制网络组成的基于PC的自动化系统得到了迅速普及，成为实现低成本工业自动化的重要途径。我国的许多大企业也拆除了原来的DCS或单回路数字式调节器，而改用工业PC来组成控制系统，并采用模糊控制算法，获得了良好效果。

由于基于PC的控制器被证明可以像PLC一样可靠，并且易被操作和维护人员所接受，因此，更多的制造商至少在部分生产中正在采用PC控制方案。基于PC的控制系统易于安装和使用，有高级的诊断功能，为系统集成商提供了更灵活的选择，且从长远角度看，PC控制系统的维护成本低。

近年来，工业PC在我国得到了迅速的发展。从世界范围来看，工业PC主要包含两种类型：IPC工控机和Compact PCI工控机以及它们的变形机，如AT96总线工控机等。由于基础自动化和过程自动化对工业PC的运行稳定性、热插拔和冗余配置要求很高，因此，现有的IPC已经不能完全满足要求，将逐渐退出该领域，取而代之的将是Compact PCI－based工控机，而IPC将占据管理自动化层。

几年前，当“软PLC”出现时，业界曾认为工业PC将会取代PLC，然而时至今日，工业PC并没有代替PLC，主要有两个原因：一个是系统集成原因；另一个是软件操作系统Windows NT的原因。一个成功的基于PC的控制系统要具备两点：一是所有工作要由一个平台上的软件完成；二是要向客户提供所需要的所有东西。可以预见，工业PC与PLC的竞争将主要集中在高端应用上，其数据复杂且设备集成度高。工业PC不可能与低价的微型PLC竞争，这也是PLC市场增长最快的一部分。从发展趋势看，控制系统的将来很可能存在于工业PC和PLC之间，这种融合的迹象已经显现。

2. PLC在向微型化、网络化、PC化和开放性方向发展

长期以来，PLC始终处于工业控制自动化领域的主战场，为各种各样的自动化控制设备提供非常可靠的控制方案，与 DCS 和工业 PC 形成了三足鼎立之势。同时，PLC 也承受着来自其他技术产品的冲击，尤其是工业 PC 所带来的冲击。

目前，全世界 PLC 生产厂家已达到 200 家，生产 300 多种产品。国内 PLC 市场仍以国外产品为主，如 Siemens、Modicon、A－B、OMRON、三菱、GE 等产品。经过多年的发展，国内 PLC 生产厂家约有 30 家，但都没有形成具有一定规模的生产能力和名牌产品，可以说 PLC 在我国尚未形成制造产业化。在 PLC 应用方面，我国是很活跃的，应用的行业也很广。

微型化、网络化、PC 化和开放性是 PLC 未来发展的主要方向。在基于 PLC 的自动化早期，PLC 体积大而且价格昂贵；但在最近几年，微型 PLC(小于 32 I/O)已经出现，价格只有几百欧元。随着软 PLC(Soft PLC)控制组态软件的进一步完善和发展，安装有软 PLC 组态软件和基于 PC 的控制所占市场份额将逐步得到增长。

当前，过程控制领域的发展趋势之一就是 Ethernet 技术的扩展，PLC 也不例外。现在越来越多的 PLC 供应商开始提供 Ethernet 接口。可以相信，PLC 将继续向开放式控制系统方向发展，尤其是基于工业 PC 的控制系统。

3. 面向测、控、管一体化设计的 DCS 系统

集散控制系统(Distributed Control System，DCS)问世于 1975 年，生产厂家主要集中在美国、日本及德国。我国从 20 世纪 70 年代中后期开始引入国外的 DCS，20 世纪 80 年代初期在引进、消化和吸收的同时，开始了国产化 DCS 的技术攻关。

“九五”以来，我国 DCS 系统的研发和生产发展得很快，崛起了一批优秀企业，这批企业研制生产的 DCS 系统，不仅品种和数量有大幅度增加，而且产品的技术水平已经达到或接近国际先进水平。短短几年，国外 DCS 系统在我国一统天下的局面不再出现。这些专业化公司不仅占据了一定的市场份额，积累了发展的资本和技术，同时也使得国外引进的 DCS 系统价格大幅度下降，为我国自动化推广事业做出了贡献。与此同时，国产 DCS 系统的出口也在逐年增长。

虽然国产 DCS 的发展取得了长足进步，但国外 DCS 产品在国内市场中的占有率还较高，其中主要是 Honeywell 和横河公司的产品。小型化、多样化、PC 化和开放性是未来 DCS 发展的主要方向。目前小型 DCS 所占有的市场，已逐步与 PLC、工业 PC、FCS 持平。今后小型 DCS 可能首先与这三种系统融合，而且“软 DCS”技术将首先在小型 DCS 中得到发展。基于 PC 的控制将更加广泛地应用于中小规模的过程控制，各 DCS 厂商也将纷纷推出基于工业 PC 的小型 DCS 系统。开放性 DCS 系统将同时向上和向下双向延伸，向测、控、管一体化方向发展，使来自生产过程的现场数据在整个企业内部自由流动，实现信息技术与控制技术的无缝连接。

4. 控制系统正在向现场总线方向发展

由于 3C(Computer、Control、Communication)技术的发展，过程控制系统将由 DCS 发展到 FCS。FCS 可以将 PID 控制彻底分散到现场设备(Field Device)中。FCS 又是全分散、全数字化、全开放和可互操作的新一代生产过程自动化系统，它将取代现场一对一的 4～20 mA 模拟信号线，给传统的工业自动化控制系统体系结构带来革命性的变化。

根据 IEC61158 的定义，现场总线是安装在制造或过程区域的现场装置与控制室内的自动控制装置之间的数字式、双向传输、多分支结构的通信网络。现场总线使测控设备具备了数字计算和数字通信能力，提高了信号的测量、传输和控制精度，提高了系统与设备的功能及性能。IEC/TC65的SC65C/WG6工作组于1984年开始致力于推出世界上单一的现场总线标准。

目前在各种现场总线的竞争中，以Ethernet为代表的COTS(Commercial Off The Shelf)通信技术正成为现场总线发展中新的亮点，其关注的焦点主要集中在两个方面：

(1) 能否出现全世界统一的现场总线标准；

(2) 现场总线系统能否全面取代现时风靡世界的DCS系统。

采用现场总线技术构造低成本的现场总线控制系统，促进了工业控制系统向现场仪表的智能化、控制功能分散化、控制系统开放化方向发展。国家在“九五”期间为了加快现场总线技术在我国的发展，把重点放在了智能化仪表和现场总线技术的开发和工程化上，希望通过补充和完善工艺设备、开发装置和测试装置，建立智能化仪表和开发自动化系统的生产基地，从而形成适度规模经济。

总之，计算机控制系统的发展在经历了基地式气动仪表控制系统、电动单元组合式模拟仪表控制系统、集中式数字控制系统以及集散控制系统(DCS)后，将朝着现场总线控制系统(FCS)的方向发展。虽然以现场总线为基础的FCS发展很快，但FCS发展还有很多工作要做，如统一标准、仪表智能化等。另外，传统控制系统的维护和改造还需要DCS，因此FCS要完全取代传统的DCS还需要一个较长的过程，同时DCS本身也在不断地发展与完善之中。可以肯定的是，结合DCS、工业以太网、先进控制等新技术的FCS将具有强大的生命力。工业以太网以及现场总线技术作为一种灵活、方便、可靠的数据传输方式，在工业现场得到了越来越多的应用，并将在控制领域中占有更加重要的地位。

5. 仪器仪表技术在向数字化、智能化、网络化、微型化方向发展

经过50多年的发展，我国仪器仪表工业已有相当基础，初步形成了门类比较齐全的生产、科研、营销体系。目前我国仪器仪表行业产品大多属于中低档水平，随着国际上数字化、智能化、网络化、微型化产品逐渐成为主流，我国同国外的差距还将进一步加大。目前，我国高档、大型仪器设备大多依赖进口，中档产品以及许多关键零部件，60%以上来自国外，而国产分析仪器只占不到2‰的全球市场份额。

6. 工业控制网络将向有线和无线相结合的方向发展

自从1977年第一个民用网系统ARCnet投入运行以来，有线局域网以其广泛的适用性和价格方面的优势，获得了成功并得到了迅速发展。然而，在工业现场，一些工业环境禁止、限制使用电缆或很难使用电缆，有线局域网很难发挥作用，因此无线局域网技术得到了发展和应用。随着微电子技术的不断发展，无线局域网技术将在工业控制网络中发挥越来越大的作用。

无线局域网(Wireless LAN)技术可以非常便捷地以无线方式连接网络设备。人们可随时、随地、随意地访问网络资源，是现代数据通信系统发展的重要方向。无线局域网可以在不采用网络电缆线的情况下，提供以太网互连功能。在推动网络技术发展的同时，无线局域网也在改变着人们的生活方式。无线局域网可以在普通局域网基础上通过无线Hub、无线接入站(AP)、无线网桥、无线Modem及无线网卡等来实现，其中以无线网卡的使用最为普遍。无线局域网未来的研究方向主要集中在安全性、移动漫游、网络管理以及与3G等其他移动通信系统之间的关系等问题上。

在工业自动化领域，有成千上万的感应器、检测器、计算机、PLC、读卡器等设备，需要互相连接形成一个控制网络，通常这些设备提供的通信接口是RS-232或RS-485。无线局域网设备使用隔离型信号转换器，将工业设备的RS-232串口信号与无线局域网及以太网信号相互转换，符合无线局域网IEEE 802.11b和以太网IEEE 802.3标准，支持标准TCP/IP网络通信协议，有效地扩展了工业设备的连网通信能力。

计算机网络技术、无线技术以及智能传感器技术的结合，产生了“基于无线技术的网络化智能传感器”的全新概念。这种基于无线技术的网络化智能传感器使得工业现场的数据能够通过无线链路直接在网络上传输、发布和共享。无线局域网技术能够在工厂环境下，为各种智能现场设备、移动机器人以及各种自动化设备之间的通信提供高带宽的无线数据链路和灵活的网络拓扑结构，在一些特殊环境下有效地弥补了有线网络的不足，进一步完善了工业控制网络的通信性能。

7. 工业控制软件正向先进控制方向发展

自20世纪80年代初期诞生至今，工业控制软件已有30年的发展历史。工业控制软件作为一种应用软件，是随着PC机的兴起而不断发展的。工业控制软件主要包括人机界面软件(HMI)、基于PC的控制软件以及生产管理软件等。目前，我国已开发出一批具有自主知识产权的实时监控软件平台、先进控制软件、过程优化控制软件等成套应用软件，且在工程化、产品化方面有了一定突破，打破了国外同类应用软件的垄断格局。工业控制软件在化工、石化、造纸等行业的应用，促进了企业的技术改造，提高了生产过程的控制水平和产品质量，为企业创造了明显的经济效益。

作为工业控制软件的一个重要组成部分，国内人机界面组态软件的研制近几年取得了较大进展，软件和硬件的结合为企业测、控、管一体化提供了比较完整的解决方案。在此基础上，工业控制软件将从人机界面和基本策略组态向先进控制方向发展。未来，工业控制软件将继续向标准化、网络化、智能化和开放性方向发展。

8. 物联网控制系统

物联网(Internet of Things，IoT)指的是将各种信息传感设备，如射频识别(RFID)装置、红外感应器、全球定位系统、激光扫描器等，与互联网结合起来而形成的一个巨大网络。

物联网控制系统就是一种以物联网为基础的全分布式无线网络自动化系统，它既是现场无线通信网络系统，也是现场自动化系统；它具有开放式数字通信功能，可与各种无线通信网络互连；它把各种具有信号输入、输出、运算、控制和通信功能的无线传感器节点安装于生产现场，节点与节点之间可以自动路由组成底层无线网络。随着物联网关键技术(尤其是位于物联网四层模型最底端的信息感知层的RFID、无线传感器网络、定位系统等)的不断发展和成熟，物联网技术正在更广泛的领域得到应用。与其他控制系统相比，物联网控制系统具有以下明显优势：

(1) 信号传输实现了全数字化，从最底层到最高层均采用通信网络互连；

(2) 信号传输实现了无线化，告别了原来的有线通信模式，安装方便灵活，成本低；

(3) 系统结构采用全分散化，无线网络节点是现场无线设备或现场无线传感器节点，如传感器、变送器、执行器等；

(4) 通信网络为开放式互联网络，可极其方便地实现数据共享；

(5) 技术和标准实现了全开放，可面向任何一个制造商和用户。

习　　题

1. 计算机控制系统由哪些环节组成？
2. 工业控制计算机有什么特点？它与普通个人计算机有何异同？
3. 以结构形式划分，计算机控制系统有哪些种类？
4. 近年来，计算机控制技术有哪些发展趋势？

第2章 开关量输入/输出通道与人机接口

为了实现计算机对生产过程或装置的控制，需要将对象的各种测量参数按要求的方式送入计算机；经计算机运算处理后的数字信号也要变换成适合于对生产过程或装置进行控制的形式。因此，在计算机和生产过程之间必须设置信息传递和变换的装置，这种装置就称为过程输入/输出通道，简称为过程通道或I/O通道。

一般来说，计算机不会自主地工作，需要接收操作人员键入的指令，其运行状态和结果也需要显示或打印；在现代大规模控制系统中还应有通信和数据存盘功能。所有这些都是由人与计算机之间的连接装置来完成的，我们称这种装置为人机接口。

有了过程通道与人机接口，才能将人、计算机和生产过程组成有机的整体，如图2-1所示。

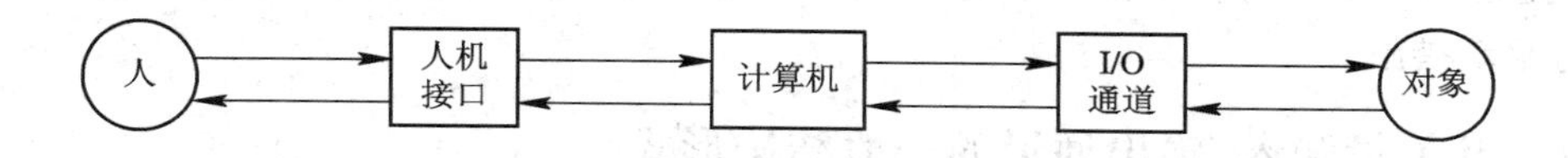

图2-1 过程通道与人机接口

过程通道与人机接口是每个计算机控制系统中都必须具有的重要组成部分。在计算机控制系统的设计中，许多精力都花费在过程通道和人机接口的设计或选择上。许多控制计算机生产厂家都设计和生产了各种各样的I/O模块供选用，近年来还出现了硬件卡+软件驱动程序(driver)等应用更为方便的产品。

这一章我们主要介绍计算机控制系统中过程通道的分类、开关量输入/输出通道与人机接口的设计及应用方法。模拟量输入/输出通道将在第4章讨论。

2.1 过程通道的分类

过程通道的分类

过程通道包括模拟量输入通道、模拟量输出通道、数字量输入通道和数字量输出通道。

(1) 模拟量输入通道。它的主要功能是将随时间连续变化的模拟输入信号经检测、变换和预处理后，最终变换为数字信号送入计算机。常见的模拟量有压力、温度、液体流量和成分等。

(2) 模拟量输出通道。它将计算机输出的数字信号转换为连续的电压或电流信号，经功率放大后送到执行部件，对生产过程或装置进行控制。

(3) 数字量输入通道，也称开关量输入通道。凡是以电平高低和开关通断等两位状态表示的信号统称为数字量或开关量。开关量主要有三种形式：一种是以若干位二进制数表示的数字量，它们并行输入到计算机，如拨码盘开关输出的BCD码等；另一种是仅以一位二进制数表示的开关量，如启停信号和限位信号等；还有一种是频率信号，它是以串行形式进入计算机的，如来自转速表、涡轮流量计、感应同步器等的信号。这些信号都要通过数字量输入通道进入计算机。

(4) 数字量输出通道。有的执行部件只要求提供数字量，例如步进电机的控制电机启停和报警信号等，这时应采用数字量输出通道。

应该注意，过程通道是以经过通道的信号形式来划分的，并不以连续的对象来划分，如模拟对象的模拟量可以转换为频率信号（V—F变换），连接于数字输入通道，而数字输出通道完全可以接直流电动机，组成脉冲调宽控制（PWM）。

2.2 开关量输入/输出通道

开关量输入通道

在计算机控制系统中，除了模拟量的输入/输出外，还需要处理另一类最基本的输入/输出信号——开关量信号。这类信号以二值逻辑“1”和“0”来表示。

开关量信号的电气接口形式可能多种多样，例如TTL电平、CMOS电平、非标准电平、开关或继电器的触点等；输出信号常要求有一定的驱动能力。工业现场存在着电磁、震动、温度和湿度等各种干扰与影响，因此，在开关量输入/输出通道中需采取各种缓冲、隔离与驱动措施。

2.2.1 开关量输入/输出通道的一般结构形式

开关量输入/输出通道一般由三部分组成：CPU接口逻辑、输入缓冲器和输出锁存器、输入/输出电气接口（亦即开关量输入信号调理和输出信号驱动电路）。一般情况下，各种开关量输入/输出通道的前两部分往往大同小异，不同之处主要在于输入/输出（I/O）电气接口。典型的开关量输入/输出通道结构如图2-2所示。

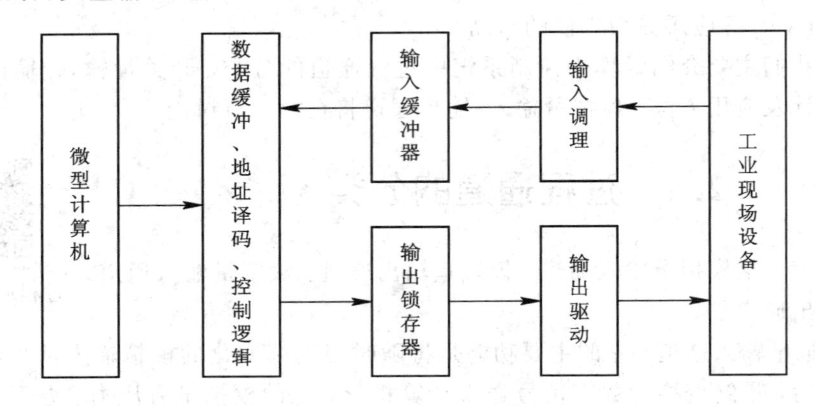

图2-2 典型的开关量输入/输出通道结构图

1. CPU接口逻辑

这部分电路一般由数据总线缓冲器/驱动器、输入/输出口地址译码器、读写等控制信号组成。

2. 输入缓冲器和输出锁存器

输入缓冲器对外部输入的信号起缓冲、加强以及选通的作用。CPU 通过读缓冲器读入数据。输出锁存器的作用是锁存 CPU 送来的输出数据，供外部设备使用。

输入缓冲器和输出锁存器可以使用各种可编程的外围接口电路，如 8255、8155 等，也可以使用简单的中小规模集成电路，如 74LS240、74LS244、74LS245、74LS273、74LS377 等。

3. 输入/输出电气接口

典型的开关量输入/输出电气接口的功能主要是滤波、电平转换、隔离和功率驱动等，关于这些内容，将在后面详细介绍。

2.2.2 开关量输入信号的调理

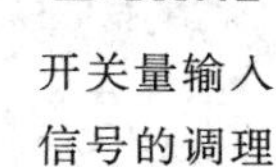

开关量输入信号的调理

开关量输入通道的基本功能就是接收外部的状态信号，这些状态信号是以逻辑“1”或逻辑“0”形式出现的，其信号可能是电压、电流或开关的触点。在有些情况下，外部输入的信号可能会引起瞬时的高电压、过电压、接触抖动以及噪声等干扰。为了将外部的开关量信号输入到计算机，必须将现场输入的状态信号经转换、保护、滤波、隔离等措施转换成计算机能接收的逻辑信号，这就是开关量输入信号调理的任务。

下面针对不同的情况分别介绍相应的调理方法。

1. 信号转换电路

(1) 电压或电流输入电路如图 2-3(a)所示，可根据电压或电流的大小选择电阻 R_1 和 R_2。

(2) 开关触点型信号输入电路如图 2-3(b)所示，这种电路使得开关的通和断变成输出电平的高和低。

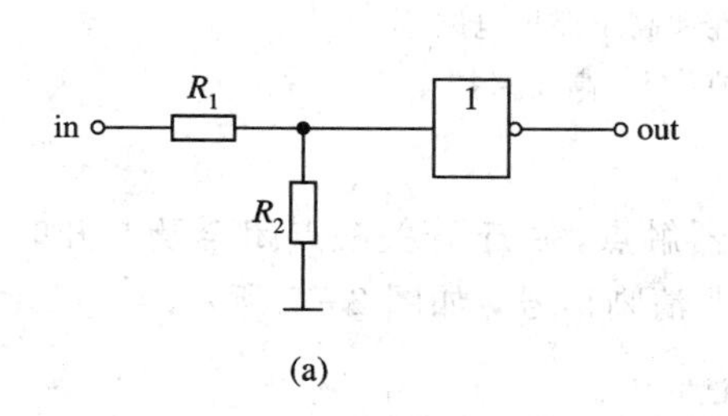

(a)

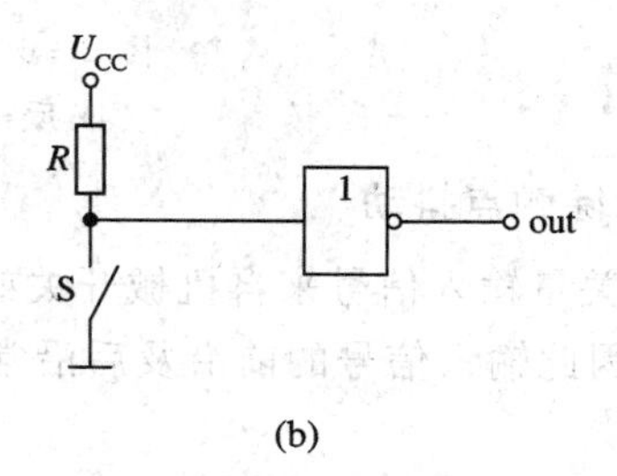

(b)

图 2-3　信号转换电路

(a) 电压或电流输入；(b) 开关触点型信号输入

2. 滤波电路

由于长线传输、电路、空间等干扰的原因，输入信号常常夹杂着各种干扰信号，这些干扰信号有时可能使读入信号出错，这就需要用滤波电路来消除干扰。图 2-4 是一个 *RC* 低通滤波电路。

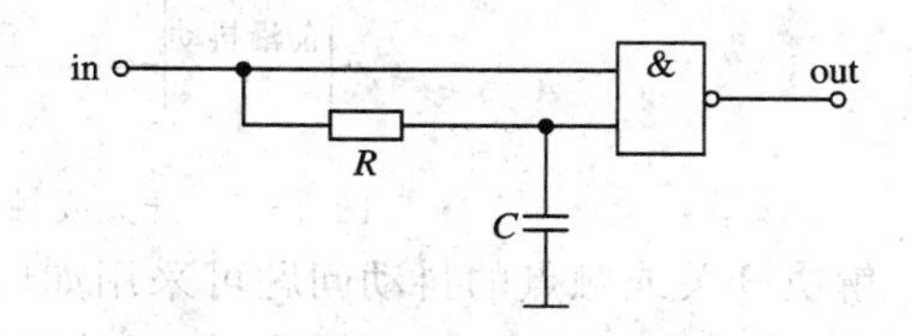

图 2-4　*RC* 低通滤波电路

这种电路的输出信号与输入信号之间会有一个延迟，可根据需要来调整 RC 网络的时间常数。

3. 保护电路

为了防止过电压、瞬态尖峰或反极性信号损坏接口电路，在开关量输入电路中，应采取适当的保护措施。图 2－5 和图 2－6 分别是几种常用的保护电路。其中，图2－5(a)和(b)分别是采用齐纳二极管和压敏电阻将瞬态尖峰干扰箝位在安全电位的保护电路；图 2－6(a)和(b)分别是反极性保护和高压保护电路。

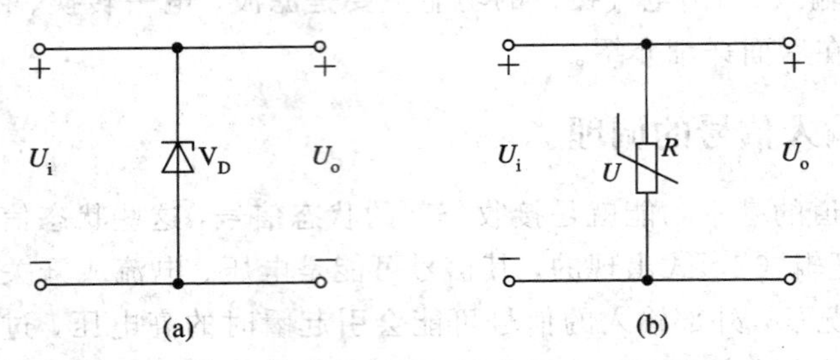

图 2－5　瞬态尖峰保护电路

(a) 采用齐纳二极管；(b) 采用压敏电阻

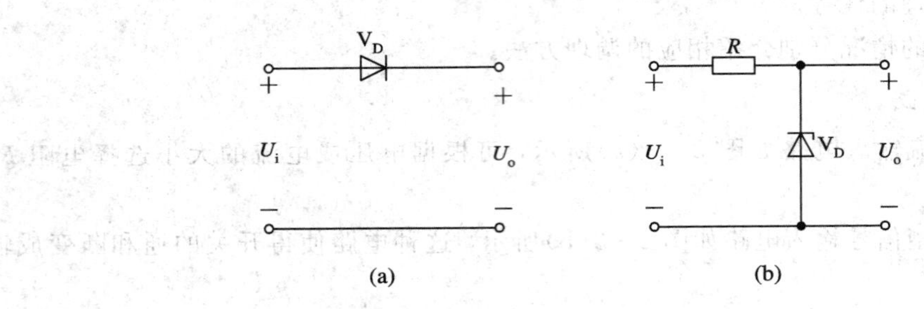

图 2－6　反极性和高压保护电路

(a) 反极性保护；(b) 高压保护

4. 消除触点抖动

若开关量输入信号来自机械开关或继电器触点，由于开关触点闭合及断开时常常会发生抖动，因此输入信号的前沿及后沿常常是非清晰信号，如图 2－7 所示。

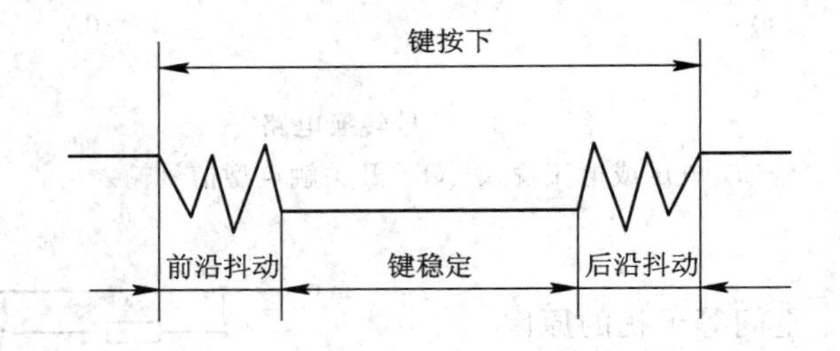

图 2－7　开关或触点闭合及断开时的抖动

解决开关或触点的抖动问题可采用如图 2－8 所示的双向消抖电路。双向消抖电路是由两个与非门组成的 RS 触发器，把开关信号输入到 RS 触发器的一个输入端 A，当抖动的第一个脉冲信号使 RS 触发器翻转时，D 端处于高电平状态，故第一个脉冲消失后 RS 触发器仍保持原状态，以后的抖动所引起的数个脉冲信号对 RS 触发器的状态无影响，这样就消除了抖动。

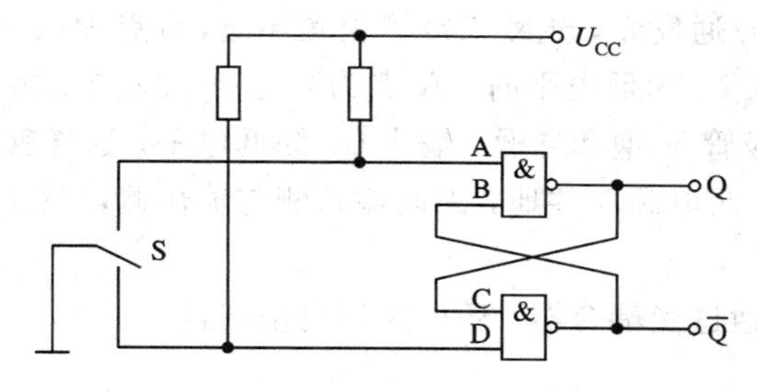

图 2-8 双向消抖电路

5. 光电隔离技术

在计算机控制系统中，为了提高系统的抗干扰能力，常需将工业现场的控制对象和计算机部分在电气上隔离开来。过去一般使用脉冲变压器、继电器等完成隔离任务，而现在普遍采用光耦合器，它具有可靠性高、体积小、成本低等优点。

光耦合器由发光器件和光接收器件两部分组成，它们封装在同一个外壳内，其图形符号如图 2-9 所示。发光二极管的作用是将电信号转换为光信号，光信号作用于光敏三极管的基极上，使光敏三极管受光导通。这样，通过电—光—电的转换，把输入侧的电信号传送到了输出侧，而输入与输出侧并无电气上的联系，这样控制对象和计算机部分便被隔离开来了。

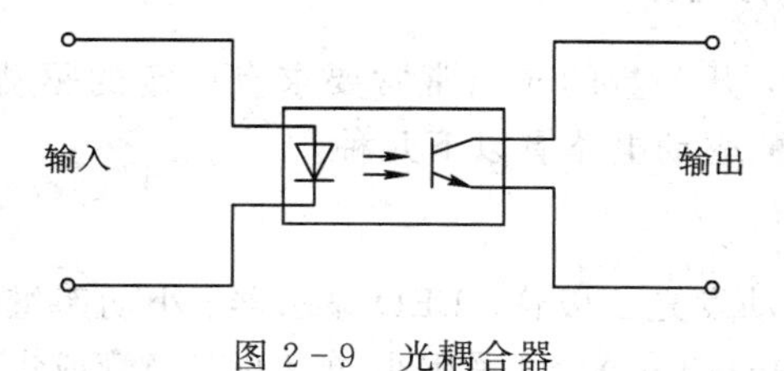

图 2-9 光耦合器

光耦合器输入侧的工作电流一般为 10 mA 左右，正常工作电压一般小于 1.3 V，所以光耦合器输入电路可直接用 TTL 电路驱动，而 MOS 电路不能直接驱动它，必须通过一个三极管来驱动，如图 2-10 所示。

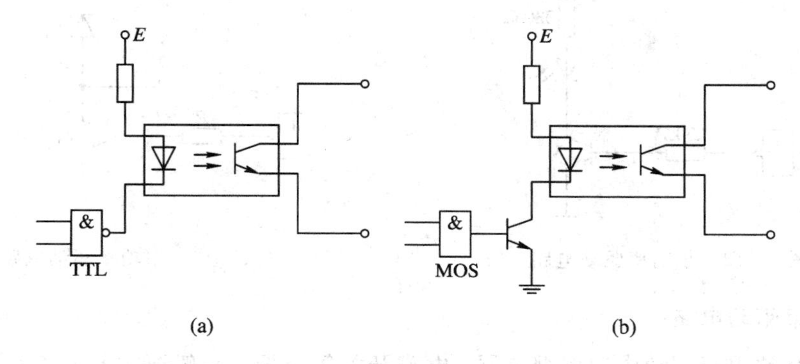

图 2-10 光耦合器的输入驱动电路

(a) 直接用 TTL 电路驱动；(b) MOS 电路通过三极管驱动

光耦合器的输出可直接驱动 DTL、TTL、HTL、MOS 等电路器件。

图 2－11 给出了一个用光耦合器隔离开关信号的电路图。当输入 U_i 为高电平时，A 点为低电平，发光二极管导通发光，光敏三极管受光导通，B 点为低电平，三极管 V 截止，输出 U_o 为高电平。当输入 U_i 为低电平时，A 点为高电平，发光二极管截止，光敏三极管截止，B 点为高电平，三极管 V 饱和导通，输出 U_o 为低电平。这样就将输入侧的信号传递到了输出侧。由于 E_1、E_2 两电源不共地，因此输入侧与输出侧电气上无任何联系，便被完全隔离开来。

由图 2－11 可知，通过光耦合器，还可实现电平转换。

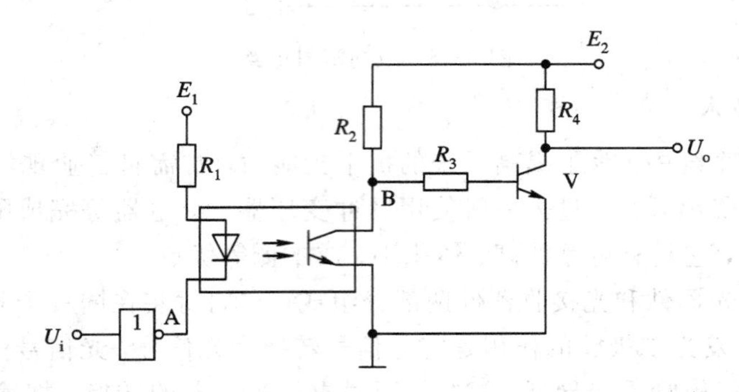

图 2－11　用光耦合器隔离开关信号的电路图

2.2.3　开关量输出驱动电路

几种常用开关量输出接口电路

在计算机控制系统中，开关量的输出常常要求有一定的驱动能力，以控制不同的装置。常用的驱动电路有以下几种。

1. 小功率驱动电路

这类电路一般用于驱动发光二极管、LED 显示器、小功率继电器等元件或装置，要求电路的驱动能力一般为 10～40 mA，可采用小功率的三极管或集成电路，如 75451、75452 等来驱动。图 2－12 为典型的小功率驱动电路。

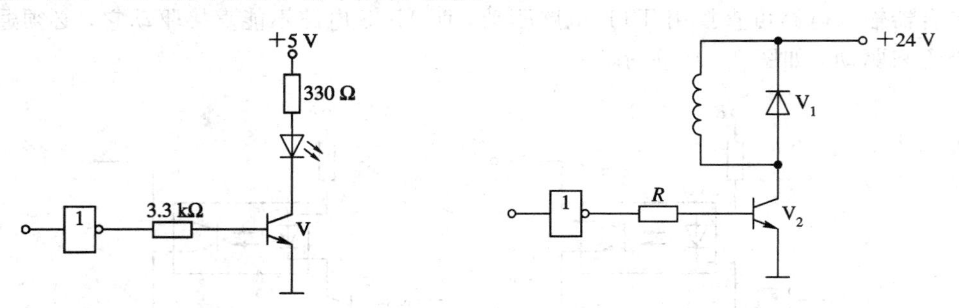

图 2－12　小功率驱动电路

图 2－13　中功率驱动电路

2. 中功率驱动电路

这类电路常用于驱动中功率继电器、电磁开关等装置，一般要求具有 50～500 mA 的驱动能力，可采用达林顿复合晶体管或中功率三极管来驱动，如图 2－13 所示。

目前常用达林顿阵列驱动器，如 MC1412、MC1413、MC1416 等来驱动中功率负载。

图 2-14 是 MC1416 的结构图及每个复合管的内部结构。它的集电极电流可达 500 mA，输出端耐压可达 100 V，特别适合于驱动中功率继电器。

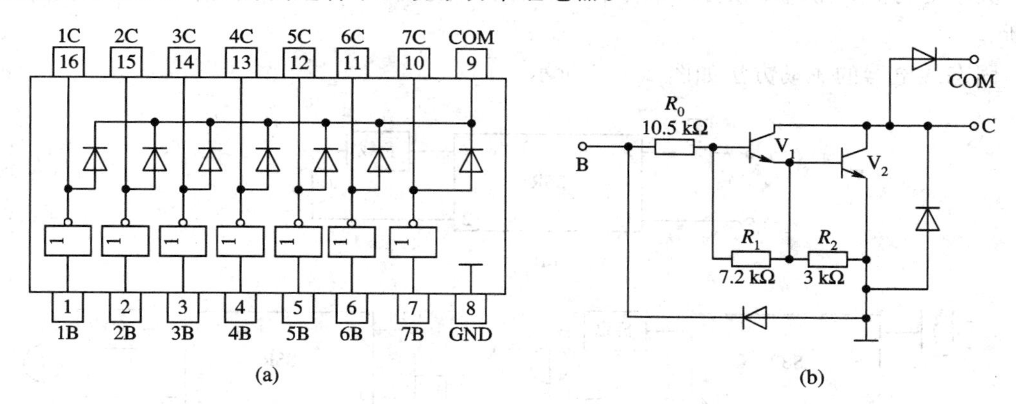

图 2-14　MC1416 达林顿阵列驱动器

(a) MC1416 结构图；(b) 复合管内部结构

需要指出的是，对于感性负载，在输出端必须加装克服反电动势的保护二极管。对于 MC1416 等，可使用内部的保护二极管。

3. 固态继电器及其使用方法

固态继电器(简写为 SSR)是一种四端有源器件，其中两个低功耗输入控制端可与 TTL 及 CMOS 电平兼容，另外两个为晶闸管输出端。固态继电器分为单向直流型(DC SSR)和双向交流型(AC SSR)两种，双向交流型又有过零触发型(Z 型)和调相型(P 型)之分，输入电路和输出电路之间采用光电隔离，绝缘电压达 2500 V 以上，输出端有保护电路，负载能力强。固态继电器的结构如图 2-15 所示。

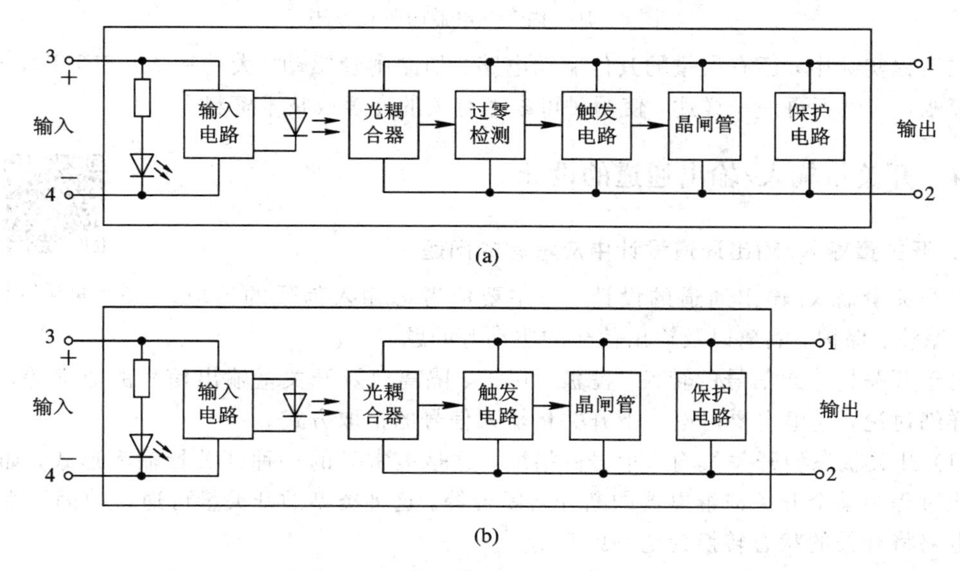

图 2-15　固态继电器的结构

(a) 过零触发型固态继电器的结构；(b) 调相型固态继电器的结构

调相型固态继电器又称随机开启型固态继电器，具有快速开启性能，输出端随控制信号同步导通，控制信号消失后，过零时关断。过零触发型固态继电器具有零电压开启、零电流关断的特点，输出端在控制信号有效并保持到过零时导通，控制信号消失后，过零时关断。

固态继电器的驱动方法如图 2-16 所示。

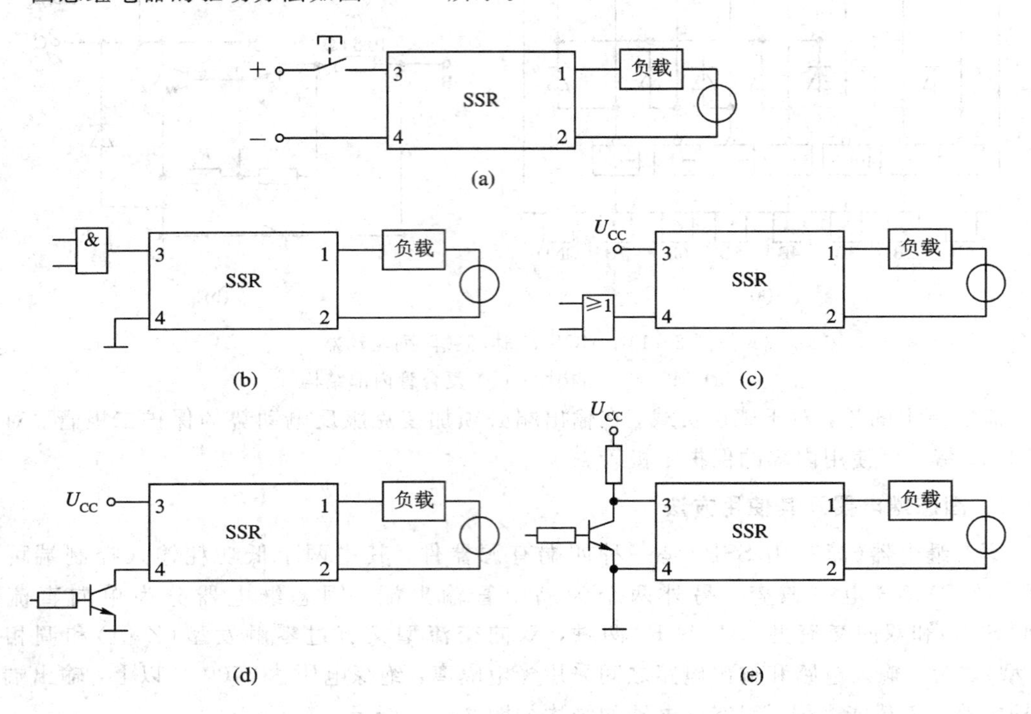

图 2-16　固态继电器的驱动方法

在工程实际中，还有大量的其他驱动电路，如晶闸管驱动、大功率 MOSFET 驱动等。限于篇幅，这里不再一一详述，使用时可参考有关的专著或技术资料。

2.2.4　开关量输入/输出通道的设计

开关量输出通道

1. 开关量输入/输出通道设计中应考虑的问题

在开关量输入/输出通道的设计中，主要应考虑输入信号的拾取、转换、滤波、保护、隔离以及输出信号的驱动等问题。

对于开关量输入信号的转换、滤波、保护、隔离以及开关量输出信号的驱动等，前面已有详细讨论，这里主要讨论一下开关量输入信号的拾取方式。

(1) 开关状态型开关量输入信号的拾取。这是最常见的一种开关量输入形式，如生产设备或过程中某个开关或继电器的断开与闭合等。这种类型的开关量可通过前面已介绍的转换电路将开关的状态转换为电平的高低。

(2) 位置型开关量输入信号的拾取。这种类型的开关量输入信号需要通过合适的传感器来拾取，常用的有行程开关、光电装置及干簧继电器等。

(3) 计数型开关量输入信号的拾取。这种类型的开关量输入信号也需通过合适的传感器来拾取。如用于测量转速时可使用光电对管、霍尔传感器、光电编码器等；测量位移时可使用光栅、磁栅等。

其他类型的开关量输入信号还有液位、荷重的上限和下限、电流或电压的有或无等，均需通过合适的方式来拾取。

2. 开关量输入/输出通道设计实例

图 2-17 是一种典型的开关量输入/输出通道原理图。它具有 16 路开关量输入及 16 路开关量输出。输入及输出通道均采用光电隔离。输出通道采用达林顿管输出的光耦合器 TIL113，可直接用于驱动中小功率继电器或其他中小功率装置。

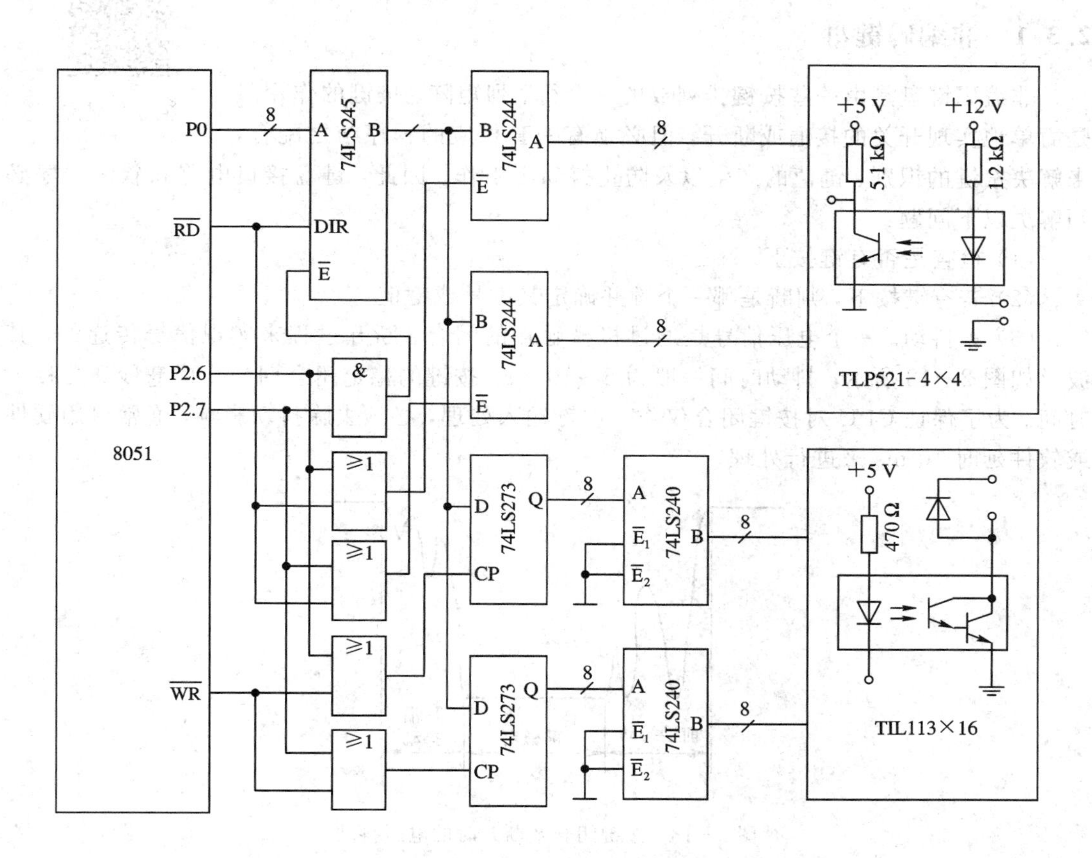

图 2-17 开关量输入/输出通道原理图

2.3 人机接口——键盘

人机接口概述

微机控制系统中除了有与生产过程进行信息传递的过程输入、输出通道与接口外，还有与操作人员进行信息交换的输入、输出设备或器件，这种人机联系的设备或器件称为人机接口。人机接口用于输入程序或数据，完成各种控制操作，显示生产过程的工艺状况与运行结果。这种人机接口的典型装置是一个操作显示台或操作显示面板。由于生产过程要求控制和管理的内容不同，因此操作显示台或操作显示面板也有较大差异。

操作台除开关、旋钮、拨盘及各种打印机、绘图仪类的 I/O 设备以外，一般必不可少的是键盘与 LED 显示器、LCD 显示器或 CRT 显示器。本节主要介绍这类器件、接口电路和装置。

键盘是由若干个按键组成的开关矩阵，它是单片机最简单的信息输入装置，操作员通过键盘向单片机系统输入数据或命令，实现简单的人机通信。按键是以开关的状态来设置控制功能和输入数据的。若键盘上闭合键的识别由专用硬件实现，则称为编码键盘；若靠软件实现，则称为非编码键盘。

2.3.1 非编码键盘

独立式键盘

非编码键盘是由一些按键排列成的一个行、列矩阵。按键的作用只是简单地实现开关的接通或断开，但必须有一套相应的程序与之配合，来解决按键的识别、键值的产生以及防止抖动等工作。因此，键盘接口电路和软件程序必须解决以下问题：

(1) 检查是否有键按下。

(2) 若有键按下，判断是哪一个键并确定其键号或键值。

(3) 去抖动。一个电压信号是通过机械触点的闭合、断开过程来实现信号传递的，其波形如图 2-18 所示。抖动时间一般为 5～10 ms。按键的稳定闭合期为几百毫秒到几秒钟时间。为了保证 CPU 对按键闭合仅作一次键输入处理，必须去除抖动影响，通常可用硬件或软件延时 10 ms 来进行处理。

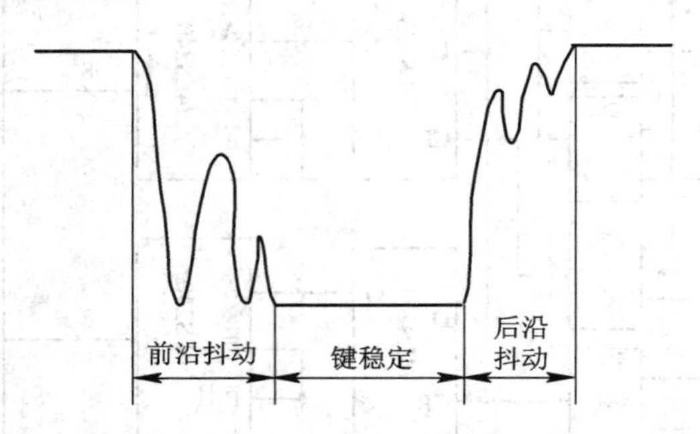

图 2-18　按键闭合及断开时的电压抖动

(4) 处理多键同时按下。对于同时有两个以上的键被按下的情况，有两种处理方法：第一种方法是用软件扫描键盘，当只有一个键按下时才读取键盘的输出，并认为最后按下的键为有效键；第二种方法是当有多键按下时只处理一个键，任何其他按下又松开的键不产生任何键值(通常第一个被按下或最后一个被松开的键产生键值)。后一种方法简单实用。

(5) 键输入软件处理。当有键按下时，单片机应能够完成该按键所设定的功能。一般键盘管理程序是整个应用程序的核心。8031 的散转指令 JMP @A+DPTR 可看成是键输入信息的软件接口。图 2-19 是单片机键输入处理流程图。

键盘通过接口与 CPU 连接，CPU 采用查询或中断方式检查有无键按下，再将该键号

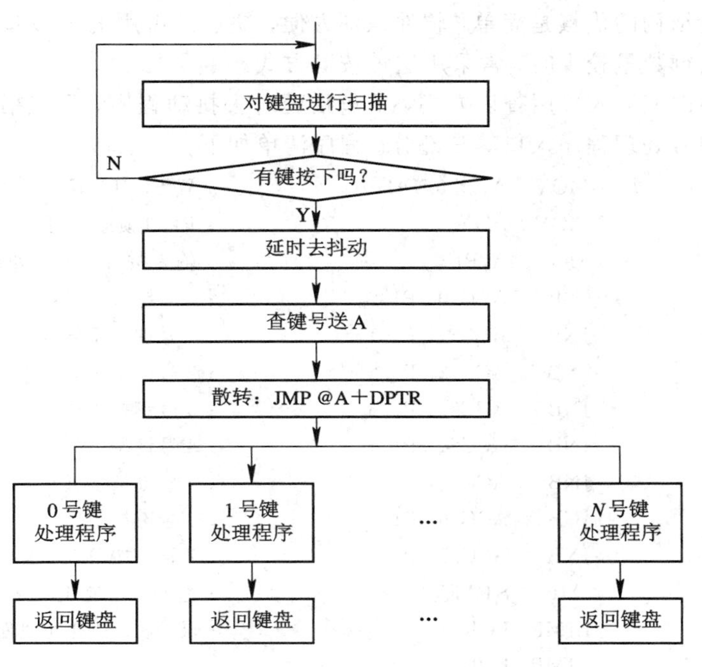

图 2-19　单片机键输入处理流程图

送 A，然后通过散转指令 JMP @A+DPTR 转入执行该键功能的处理程序入口，最后又返回到键盘管理程序的入口。

1. 独立式连接的非编码键盘

独立式连接是指：每一个按键单独占用一根 I/O 线，每根 I/O 线上按键的工作状态不会影响其他 I/O 线的工作状态，如图 2-20 所示。

在图 2-20 中，用 P1 口的 8 根 I/O 线连接 8 个按键。当没有键按下时，与之对应的输入线为 1；当任何一个键按下时，与之相连的输入线被置成 0，CPU 输入 P1 口状态。用查询指令可方便地判断哪一个键被按下。

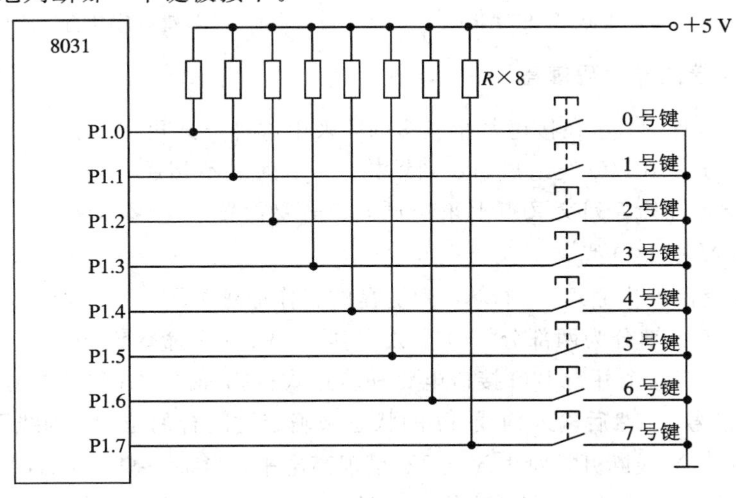

图 2-20　独立式连接的非编码键盘

非编码键盘结构的优点是简单，软件识别方便，缺点是占用的I/O口线较多。在系统配置中需要的按键数量较少时，常采用这种按键方式。

图2-20中键值输入采用查询方式，不包括延时去抖动程序，只包括按键查询、键功能转移和8个键号处理程序入口等三部分。程序清单如下：

```
START:    MOV   A, #0FFH         ;置P1口为输入状态，读引脚
          MOV   P1,A             ;P1口锁存器写1，读引脚有效
          MOV   A,P1             ;输入按键状态供查询用
          JNB   ACC.0, P1.0      ;0号键按下转
          JNB   ACC.1, P1.1      ;1号键按下转
          JNB   ACC.2, P1.2      ;2号键按下转
          JNB   ACC.3, P1.3      ;3号键按下转
          JNB   ACC.4, P1.4      ;4号键按下转
          JNB   ACC.5, P1.5      ;5号键按下转
          JNB   ACC.6, P1.6      ;6号键按下转
          JNB   ACC.7, P1.7      ;7号键按下转
          JMP   START            ;返回接着查询
P1.0:     LJMP  PORT0            ;转0～7号键处理程序入口
P1.1:     LJMP  PORT1            ;
          …
P1.7:     LJMP  PORT7;
```

以下是各功能键处理程序结构：

```
PORT0:    …                      ;0号键处理程序
          LJMP  START            ;0号键程序执行完返回
PORT1:    …                      ;1号键处理程序
          LJMP  START            ;1号键程序执行完返回
          …
PORT7:    …                      ;7号键处理程序
          LJMP  START            ;7号键程序执行完返回
```

2. 矩阵式连接的非编码键盘

矩阵键盘1

矩阵式又称为行列式。在按键数量较多时，采用这种方式可以少占用I/O线。这种方式用I/O线组成行、列结构，行、列线不相通，而是通过一个按键设置在行、列交叉点上来连通。若需要设置 $N \times M$ 个按键，则需要 $M+N$ 根I/O线。

(1) 矩阵式键盘工作原理。4行×4列键盘的工作原理如图2-21所示。

由图可见，16个键分为两部分：10个数字键0～9，6个命令键A～F。对按键的识别由软件来完成。采用两个并行I/O接口电路和步进式行扫描法。CPU每次通过接口对某一行 X_i 输出扫描信号0，然后输入列线 Y_j 的状态来确定键闭合的位置。列线Y接+5 V。无按键时，行X和列Y线断开，列线 Y_1～Y_4 呈现高电平。当某一按键闭合时，该键所在行、列线短接。若该行线输出为0，则该列线电平被拉成0(其余3根列线仍为1)，此时CPU可判断出按键闭合所在行、列及键号。

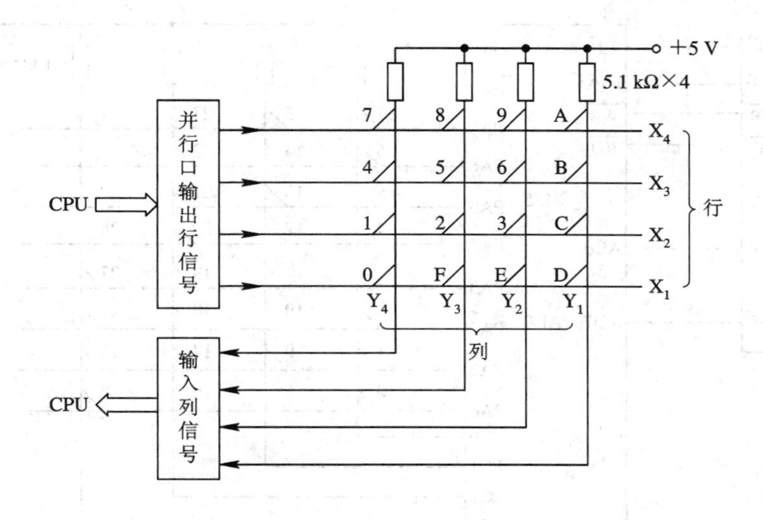

图 2-21　4×4 简单键盘结构

若扫描从第一行有效开始，则 CPU 输出 $X_4X_3X_2X_1=1110$，以下类推：第二行 $X_4X_3X_2X_1=1101$，第三行为 1011，第四行为 0111。设 4 号键按下闭合，代表 4 号键闭合的特征信号为：

列信号：$Y_4Y_3Y_2Y_1=0111$，第 4 列有效。

行信号：$X_4X_3X_2X_1=1011$，第 3 行有效。

为了便于 CPU 处理，将行、列信号拼装成一个字节，然后求反得到 4 号键对应的"特征字"，也叫键值，即：

列线 Y　　　行线 X

0111　　　　1011→1000 0100＝84H

CPU 操作时，先输出行有效信号，再输入列信号，经过拼装、求反得到键值，由于这种对应是唯一的，因此可用来识别键盘上所有的键。根据上述关系可求出其他键的键值，如表 2-1 所示。

表 2-1　键盘上的字符及键值

键盘上的字符	0	1	2	3	4	5	6	7	8	9	A	B	C	D	E	F
键值	81H	82H	42H	22H	84H	44H	24H	88H	48H	28H	18H	14H	12H	11H	21H	41H

CPU 在得到键值后，通过键值表，用一个软件计数器很容易判断按键闭合的号码。不同的接线方式，得到的键值可能不同，但键号和键值的对应关系是唯一的。

(2) 矩阵式非编码键盘接口及程序设计。用 8155 作键盘接口，A 口作为扫描输出口，接键盘 8 条行线，C 口作为输入口，用 PC3～PC0 接键盘 4 条列线，如图 2-22 所示。设 A 口地址为 0101H，C 口地址为 0103H。

① 子程序：键盘扫描程序中要调用两个子程序。

• DIR LED 显示器显示子程序(程序略)。该程序具有延时功能，其延时时间为 6 ms。

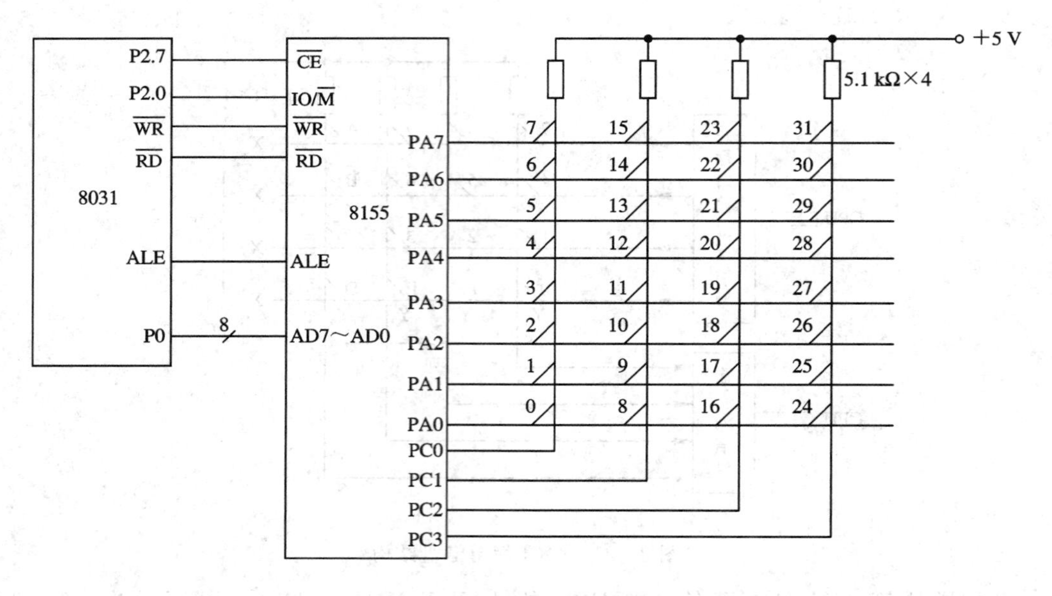

图 2-22　用 8155 作矩阵式非编码键盘接口电路

· KS1 判断子程序。该程序判断是否有键闭合。程序如下：

矩阵键盘 2

```
KS1：    MOV     DPTR，#0101H
         MOV     A，#00H
         MOVX    @DPTR，A
         INC     DPTR
         INC     DPTR              ；建立 C 口地址
         MOVX    A，@DPTR          ；读 C 口
         CPL     A                 ；A 取反，无键按下则全 0
         ANL     A，#0FH           ；屏蔽 A 高半字节
         RET
```

执行 KS1 判断子程序的结果是：若有键闭合，则(A)≠0；若无键闭合，则(A)=0。

② 键盘扫描程序：

```
KEY1：   ACALL   KS1               ；检查有键闭合否
         JNZ     LK1               ；A 非 0 则转移
NI：     ACALL   DIR               ；显示一次(延时 6 ms)
         AJMP    KEY1
LK1：    ACALL   DIR               ；有键闭合二次延时
         ACALL   DIR               ；共 12 ms 去抖动
         ACALL   KS1               ；再检查有键闭合否
         JNZ     LK2               ；有键闭合转 LK2
         ACALL   DIR
         AJMP    KEY1              ；无键闭合，延时 6 ms 后转 KEY1
LK2：    MOV     R2，#0FEH         ；扫描初值送 R2
         MOV     R4，#00H          ；扫描行号送 R4
LK4：    MOV     DPTR，#0101H      ；设 A 口地址
```

```
        MOV     A, R2
        MOVX    @DPTR, A        ; 扫描初值送 A 口
        INC     DPTR
        INC     DPTR            ; 指向 C 口
        MOVX    A, @DPTR        ; 读 C 口
        JB      ACC.0, LONE     ; ACC.0=1, 第 1 列无键闭合, 转 LONE
        MOV     A, #00H         ; 装第 1 列列值
        AJMP    LKP
LONE:   JB      ACC.1, LTWO     ; ACC.1=1, 第 2 列无键闭合, 转 LTWO
        MOV     A, #08H         ; 装第 2 列列值
        AJMP    LKP
LTWO:   JB      ACC.2, LJHR     ; ACC.2=1, 第 3 列无键闭合, 转 LTHR
        MOV     A, #10H         ; 装第 3 列列值
        AJMP    LKP
LTHR:   JB      ACC.3, NEXT     ; ACC.3=1, 第 4 列无键闭合, 转 NEXT
        MOV     A, #18H         ; 装第 4 列列值
LKP:    ADD     A, R4           ; 计算键值
        PUSH    A               ; 保护键值
LK3:    ACALL   DIR             ; 延时 6 ms
        ACALL   KS1             ; 查键是否继续闭合, 若闭合再延时
        JNZ     LK3             ; 若键起, 则键值送 A
        POP     A
        RET
NEXT:   INC     R4              ; 扫描行号加 1
        MOV     A, R2
        JNB     ACC.7, KND      ; 第 7 位为 0, 已扫完最高列, 转 KND
        RL      A               ; 循环左移 1 位
        MOV     R2, A
        AJMP    LK4             ; 扫描下一行
KND:    AJMP    KEY1            ; 扫描完毕, 开始新的一次扫描
```

键盘扫描程序的运行结果是把闭合键键值放在累加器 A 中，然后再根据键值进行下一步工作。本程序未对键值做求反处理。

2.3.2 编码键盘

上面所述的非编码键盘都是通过软件方法来实现键盘扫描、键值处理和消除抖动干扰的。显然，这将占用较多的 CPU 时间。在一个较大的控制系统中，不可能允许 CPU 总是执行键盘程序。下面以二进制编码键盘为例，介绍一种用硬件方法来识别键盘和解决抖动干扰的键盘编码器及其接口电路。

具有优先级的 8 位编码器 CD4532B 的真值见表 2-2。表示芯片优先级的输入允许端 E_{in}为“0”时，无论编码器的信号输入 $I_7 \sim I_0$ 为何状态，编码器输出全为“0”(即编码器处于屏蔽状态)；当输入允许端 E_{in}为“1”，而编码器的信号输入 $I_7 \sim I_0$ 全为“0”时，编码器输出也为“0”，但输出允许端 E_{out}为“1”，表明此编码器输入端无键按下，却允许优先级低的相

邻编码器处于编码状态。这两种情形下的工作状态端 GS 均为“0”。

表 2-2　具有优先级的 8 位编码器 CD4532B 真值表

输入									编码输出				
E_{in}	I_7	I_6	I_5	I_4	I_3	I_2	I_1	I_0	GS	O_2	O_1	O_0	E_{out}
0	×	×	×	×	×	×	×	×	0	0	0	0	0
1	0	0	0	0	0	0	0	0	0	0	0	0	1
1	×	×	×	×	×	×	×	1	1	0	0	0	0
1	×	×	×	×	×	×	1	0	1	0	0	1	0
1	×	×	×	×	×	1	0	0	1	0	1	0	0
1	×	×	×	×	1	0	0	0	1	0	1	1	0
1	×	×	×	1	0	0	0	0	1	1	0	0	0
1	×	×	1	0	0	0	0	0	1	1	0	1	0
1	×	1	0	0	0	0	0	0	1	1	1	0	0
1	1	0	0	0	0	0	0	0	1	1	1	1	0

同一芯片中，I_0 的优先级最高，I_7 的优先级最低。当有多个键按下时，优先级高的被选中。比如处于正常编码状态即 E_{in} 为“1”时，I_0 端为“1”，其余输入端无论为“1”或“0”（即无论按下与否），编码输出均为 00H，同时 GS 端为“1”，E_{out} 端为“0”。以此类推，输入端的键值号与二进制编码输出一一对应。

图 2-23 是一种采用两片 CD4532B 构成的有 16 个按键的二进制编码接口电路。其中，由于 U_1 的 E_{out} 作为 U_2 的 E_{in}，因此按键 S_0 的优先级最高，S_{15} 的优先级最低。U_1 和 U_2 的输出 Q_0～Q_2 经门 A_1～A_3 输出，以便形成低三位编码 D_0～D_2。而最高位 D_3 则由 U_2 的 GS 产生，当按键 S_8～S_{15} 中有一个闭合时，其输出为“1”。因此，当 S_0～S_{15} 中任意一个键被按下时，由编码位 D_3～D_0 均可输出相应的 4 位二进制码。

为了消除键盘按下时产生的抖动干扰，该接口电路还设置了单稳态电路（B_1、B_2、R_2 和 C_2）和延时电路（A_4、R_3 和 C_1），电路中 E、F、G 和 H 这四点的波形如图 2-24 所示。由于 U_1 和 U_2 的 GS 接或门 A_4 的输入端，因此当按下某键时，A_4 为高电平，其输出经 R_3 和 C_1 延时后使 G 点也为高电位，作为与非门 B_3 的输入之一。同时，U_2 的输出信号 E_{out} 触发单稳态（B_1 和 B_2），在单稳态持续时间 ΔT 内，其 F 点输出为低电位，也作为与非门 B_3 的输入之一。由于单稳态期间（ΔT）E 点电位的变化（即按键的抖动）对其输出 F 点电位无影响，因此此时不论 G 点电位如何，与非门 B_3 的输出（H 点）均为高电位。当单稳延时结束时，F 点变为高电位，而 G 点仍为高电平（即按键断开）。也就是说，按下 S_0～S_{15} 中任意一个按键，就会在 ΔT 之后（恰好避开抖动时间）产生选通脉冲 $\overline{STB}$（H 点）或 STB（I 点），作为向 CPU 申请中断的信号，以便通知 CPU 读取稳定的按键编码 D_3～D_0。

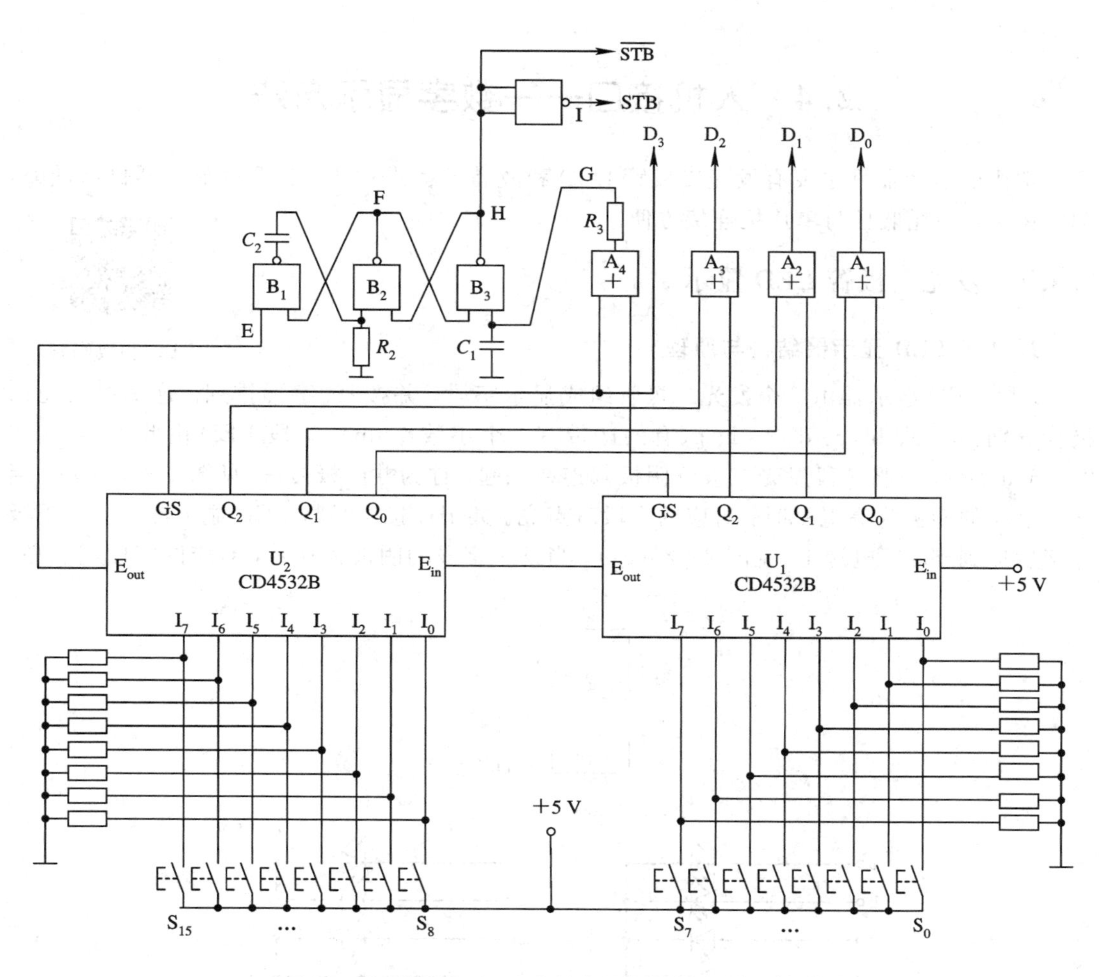

图 2-23　二进制编码键盘电路

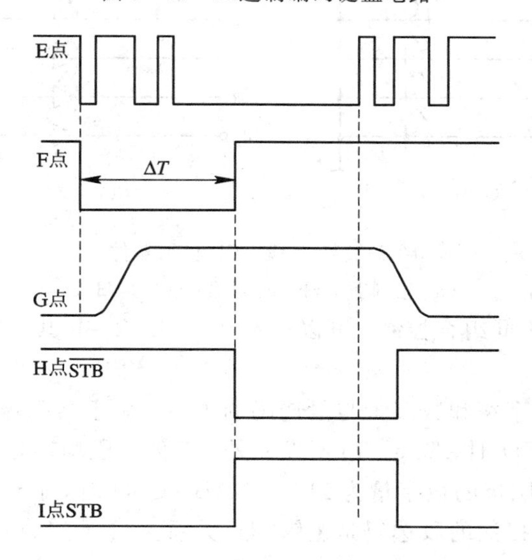

图 2-24　消抖电路波形图

2.4 人机接口——数字显示方法

常用的显示器件主要有发光二极管 LED 和液晶显示器 LCD，这两种显示器价格低廉，配置灵活，功耗低且与单片机连接方便。

2.4.1 发光二极管 LED 显示

LED 和数码管

1. 7 段 LED 显示器结构与原理

7 段 LED 显示器由 7 个发光二极管组成显示字段，并按“8”字形排列。这 7 段发光二极管分别称为 a、b、c、d、e、f、g(有的还带有一个小数点 dp)，7 段 LED 由此得名(如图 2-25(a)所示)。将 7 段发光二极管阴极都连在一起，称为共阴极接法(见图 2-25(b))，当某个字段的阳极为高电平时，对应的字段就点亮。共阳极接法是将 LED 显示器的所有阳极并接后连到 +5 V 电源上(见图 2-25(c))，当某一字段的阴极为 0 时，对应的字段就点亮。

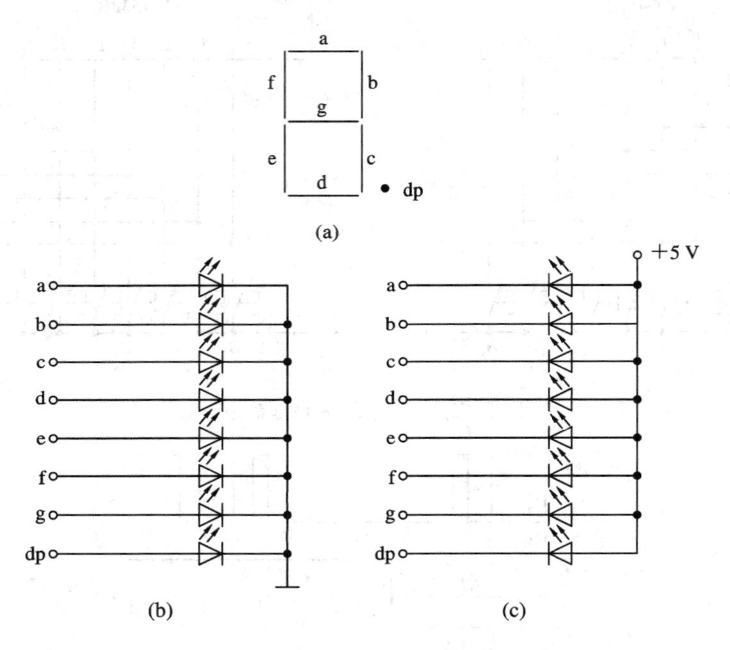

图 2-25　7 段 LED 显示器件

(a) 段排列；(b) 共阴极；(c) 共阳极

通过 7 段 LED 的不同组合控制，可以显示 0～9 和 A～F 共 16 个数字和字母，实现十六进制显示。

下面举例说明显示字符和数字量与段选码的关系。对于共阴极接法，当加到阳极的数字量为 0011 1111B＝3FH 时，除 g、dp 不发光外，其他 6 段均发光，因此显示一个 0 字符；对于共阳极接法，加到阴极的数字量为 1100 0000B＝C0H 时，显示“0”。由此看出，共阳极接法的段选码与共阴极接法的段选码是逻辑“非”关系。

根据上述编码方法可得出显示字符和段选码之间的关系如表 2-3 所示。

表 2-3 LED 段选码和显示字符之间的关系

显示字符	共阴极段选码	共阳极段选码	显示字符	共阴极段选码	共阳极段选码
0	3FH	C0H	8	7FH	80H
1	06H	F9H	9	6FH	90H
2	5BH	A4H	A	77H	88H
3	4FH	B0H	B	7CH	83H
4	66H	99H	C	69H	96H
5	6DH	92H	D	5EH	A1H
6	7DH	82H	E	79H	86H
7	07H	F8H	F	71H	8EH

2. LED 显示器的两种显示方式

点亮 LED 显示器有两种方式：静态显示和动态显示。下面以共阴极接法为例来说明。

(1) LED 静态显示方式。所谓静态显示，就是将 *N* 位共阴极 LED 显示器的阴极连在一起接地，每一位 LED 的 8 位段选线与一个 8 位并行口相连，当显示某一个字符时，相应的发光二极管就恒定地导通或截止。一个 4 位静态 LED 显示电路如图 2-26 所示。

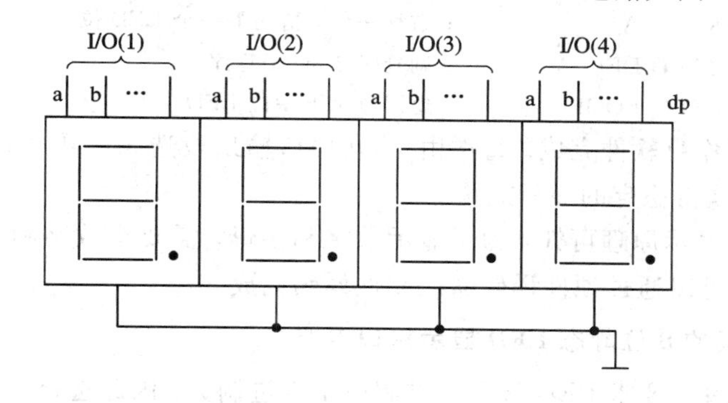

图 2-26 4 位静态 LED 显示电路

在图中，每一位 LED 可独立显示。由于每一位 LED 由一个 8 位输出口控制段选码，故在同一时间里每一位显示的字符可以各不相同。静态显示的优点是所需驱动电流较小，可以由 8155 或 8255 直接驱动，显示稳定；缺点是 *N* 位 LED 要求有 *N*×8 位 I/O 口线，占用 I/O 口线太多，故多在显示位数较少时使用。

(2) LED 动态显示方式。所谓动态显示，就是用扫描方式轮流点亮 LED 显示器的各个位。其特点是将多个 7 段 LED 显示器同名端的段选线复接在一起，只用一个 8 位 I/O 控制各个 LED 显示器的公共阴极轮流接地，逐一扫描点亮，使每位 LED 显示该位应当显示的字符。恰当地选择点亮 LED 的时间间隔(1～5 ms)，可利用人的视觉暂留效应，得到多位 LED 都在“同时”显示的效果。图 2-27 是一个 8 位动态显示原理图。

在图中，控制每个 LED 显示位轮流接地点亮的代码称为“位选码”，由 I/O(2)口输出 8 位代码控制。其特点是每次输出只有一位是 0(点亮)，其余 7 位均为 1(熄灭)，因此每一位 LED 都有一个唯一的 8 位“位选码”。按图 2-27 从左向右轮流显示 8 位 LED 的位选码可

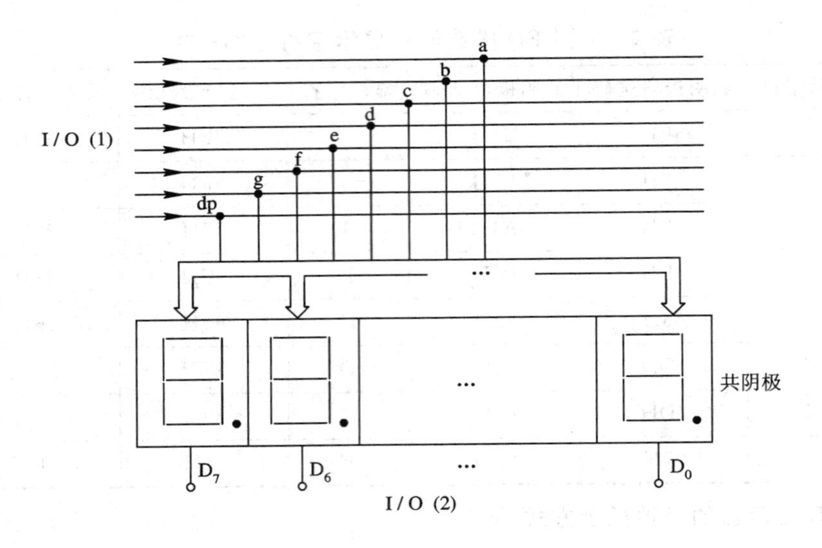

图 2-27　8 位 LED 动态显示原理图

用 8031 右移循环指令实现：

```
        MOV   A, #7FH      ；点亮左 1 LED 的位选码
LOOP:   MOVX  @DPTR, A     ；从 I/O(2)口输出位选码
        RR    A            ；右移一位，指向下一个 LED 位
        LCALL DELAY        ；调延时 3 ms 子程序
        LJMP  LOOP         ；返回显示下一位 LED
```

动态显示的操作由软件完成。每次由 I/O(1)口输出段选码，再由 I/O(2)口输出位选码，经过延时，以获得稳定的显示效果。

从上述分析的显示原理可知，为了显示数字和字母，需要将数字和字母转换成相应的段选码，这种转换可以通过硬件译码器或软件译码完成。

3. 用硬件译码的 8 位静态 LED 显示接口电路

在单片机显示中，要求 LED 显示十进制或十六进制数。因此选择的硬件译码器要能够完成对输入 BCD 码及十六进制数的锁存、译码，并具有直接驱动 LED 的功能。MC14495 BCD-7 段十六进制锁存、译码驱动芯片能够完成上述任务。

(1) MC14495 使用功能介绍。该芯片有 16 条引脚，其内部结构如图 2-28 所示。

由图 2-28 可见，4 位锁存器对 A、B、C 和 D 端输入的 BCD 码进行锁存。由选通线 $\overline{LE}$控制锁存器：当 $\overline{LE}=0$ 时，允许输入数据；当 $\overline{LE}=1$ 时，锁存输入数据。

输入译码电路将输入的 BCD 码 0000～1001、1010～1111 译成 7 段 a、b、c、d、e、f、g。电路特点是用字母 A、B、C、D、E、F 来显示对应的十进制数 10、11、12、13、14、15。引脚 h+i 为输入数据值指示端：当输入值大于 10 时，h+i=1；当输入数值小于 10 时，h+i=0。

当输入 ABCD=1111(15)时，$U_{CR}=0$。

驱动器输出 10 mA 电流，并有内部输出限流电阻，可直接与显示器相连接，故 LED 不需外加限流电阻。MC14495 输入、输出及显示字符关系如表 2-4 所示。

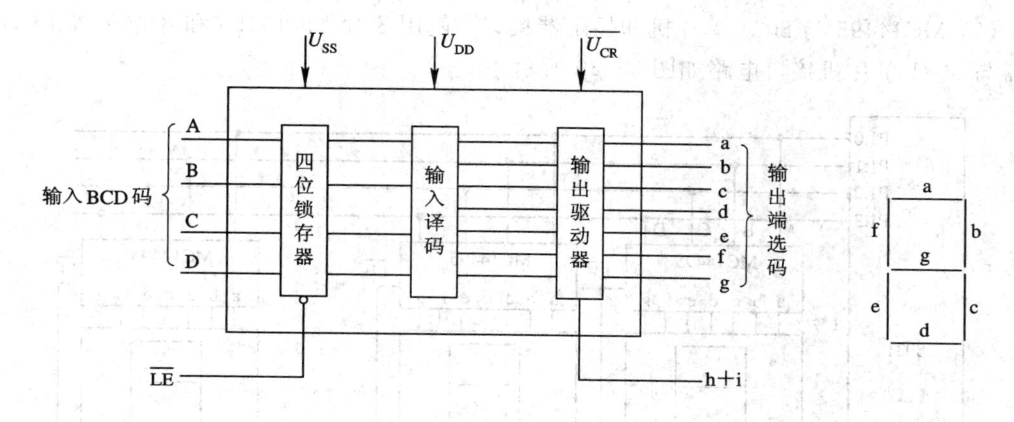

图 2-28　MC14495 BCD-7 段十六进制锁存、译码驱动器

表 2-4　MC14495 输入、输出及显示字符表

输入状态				输出段选码引脚								显示字符
D	C	B	A	h+i	g	f	e	d	c	b	a	
0	0	0	0	0	0	1	1	1	1	1	1	0
0	0	0	1	0	0	0	0	0	1	1	0	1
0	0	1	0	0	1	0	1	1	0	1	1	2
0	0	1	1	0	1	0	0	1	1	1	1	3
0	1	0	0	0	1	1	0	1	1	0	1	4
0	1	0	1	0	1	1	1	1	1	0	1	5
0	1	1	0	0	0	0	0	0	1	1	1	6
0	1	1	1	0	1	1	1	1	1	1	1	7
1	0	0	0	0	1	1	0	1	1	1	1	8
1	0	0	1	0	1	1	1	1	1	0	0	9
1	0	1	0	1	1	1	1	0	1	1	1	A
1	0	1	1	1	1	1	1	1	1	0	0	B
1	1	0	0	1	0	1	1	1	0	0	1	C
1	1	0	1	1	1	0	1	1	1	1	0	D
1	1	1	0	1	1	1	1	1	0	0	1	E
1	1	1	1	1	1	1	1	0	0	0	1	F

(2) MC14495 与 8031 单片机和显示器接口。使用 8 片 MC14495 和 8 位 7 段 LED 显示器与 8031 单片机接口电路如图 2-29 所示。

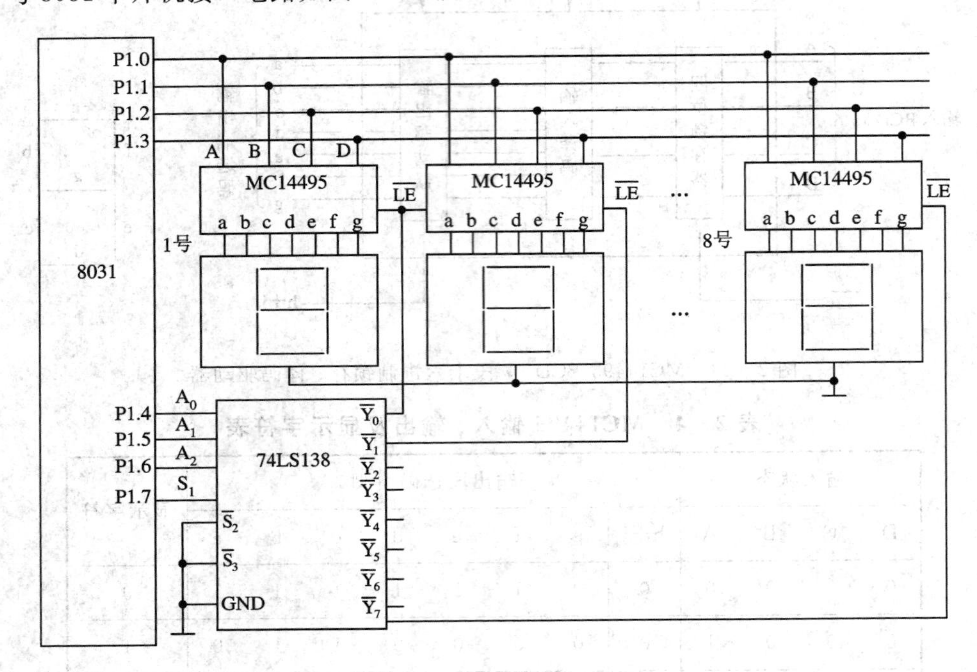

图 2-29 使用 MC14495 的 8 位静态 LED 显示接口

由图 2-29 可见，8 个 7 段 LED 采用共阴极接法。用 P1 口的低 4 位输出 BCD 待显示的数字到 A、B、C、D 公共输入端。由 P1 口高 4 位 P1.4～P1.7 控制 74LS138 译码器的输出，Y_0～Y_7 分别决定 MC14495 哪一个输入锁存器的 $\overline{LE}$ 有效。这样由 P1 口一次输出 8 位代码即可完成一位 LED 静态显示。

图 2-29 的软件驱动显示流程如下：P1.7=1 时，选中 74LS138 译码器有效，由 P1.6、P1.5、P1.4 控制 LE 端依次选中 1#～8# LED 之一；然后根据表 2-4 由 P1.0～P1.3 写入 BCD 码，再使 $\overline{LE}$ 由 0→1，此时锁存该数据并译码、驱动和显示。

若使 1 号 LED 显示 0 字符，则 P1 口输出 1000 0000B=80H，用程序实现即为：

```
MOV  A，#80H     ；选中 1 号 LED，显示 0 字符
MOV  P1，A       ；输出，Y0=0，ABCD=0000
```

其他位的选择和字符显示可根据需要按上述规律编写。

4. 用软件译码的 8 位动态 LED 显示接口电路

在单片机人机联系中，显示器采用软件译码并不复杂，而且软件译码逻辑可根据用户的要求任意编程设定，不受硬件译码器的逻辑限制，可以简化硬件接口电路结构。下面以一个 8 位 7 段动态 LED 显示用软件译码的设计为例加以说明。

(1) 软件译码的动态显示硬件接口设计。8 位 7 段 LED 显示器需要两个 8 位并行输出口：一个输出段选码，另一个输出 8 位位选码。用 8031 扩展一片 8155 I/O 接口可满足要求：用 8155 的 PB 口输出段选码，采用动态扫描方式由 PA 口输出位选码。用 74LS07 作为驱动器。实现上述功能的硬件接口电路如图 2-30 所示。

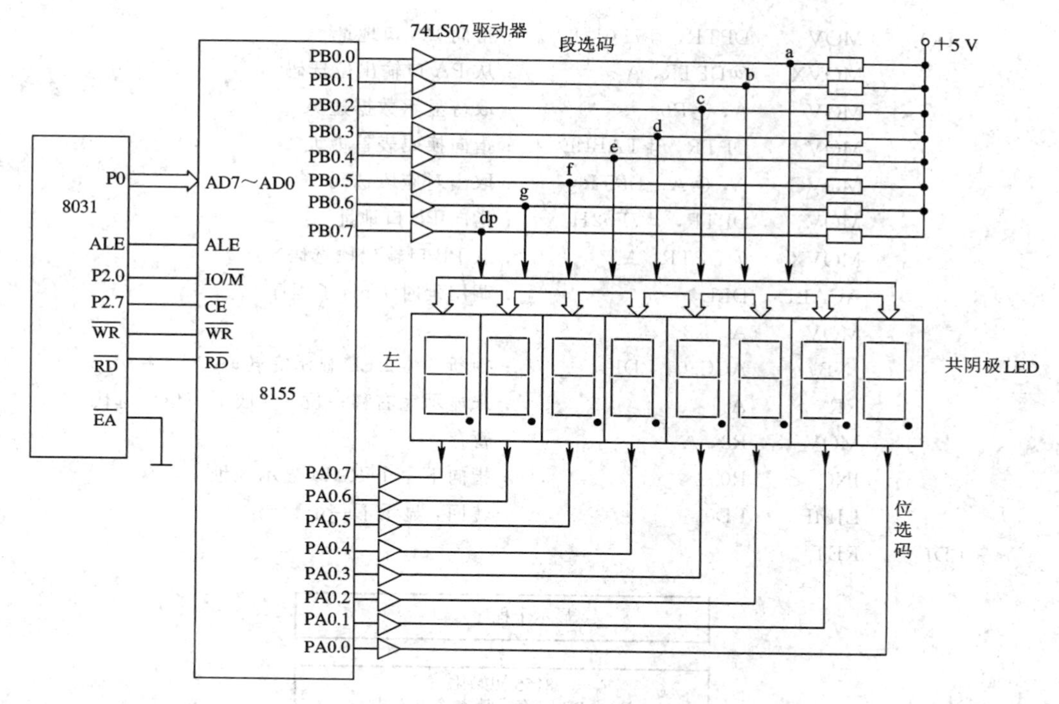

图 2-30　通过 8155 扩展 I/O 口控制的 8 位 LED 动态显示硬件接口电路

(2) 8 位动态 LED 显示程序设计。动态显示程序设计要点有以下三个：

· 8155 初始化。设定 PA 口、PB 口工作在输出状态，PC 口工作在输入状态，且为 ALT1 方式，控制字为 03H。

· 代码转换。从 PB 口输出段选码，应将待显示的字符 0～9、A～F 自动转换成段选码，为此，应在 EPROM 中开辟一个换码表，表中关系由表 2-4 决定，由指令查表取出段选码。

· 位选码的形成。显示从最左边第 1 位 LED 开始，位选码为 7FH，由 PA 口输出，然后右移一位选择左边第 2 位，依次轮流。在两次输出之间延时 1 ms，形成动态显示。

按上述要求编制的程序应在 8031 片内 RAM 区开辟一个显示缓冲区，存放要进行显示的十六进制数。需要 8 个单元，首地址为 10H 单元，存放送往最左边的 LED 数据，如图 2-31 所示。根据上述分析，8 位动态 LED 显示子程序框图如图 2-32 所示。

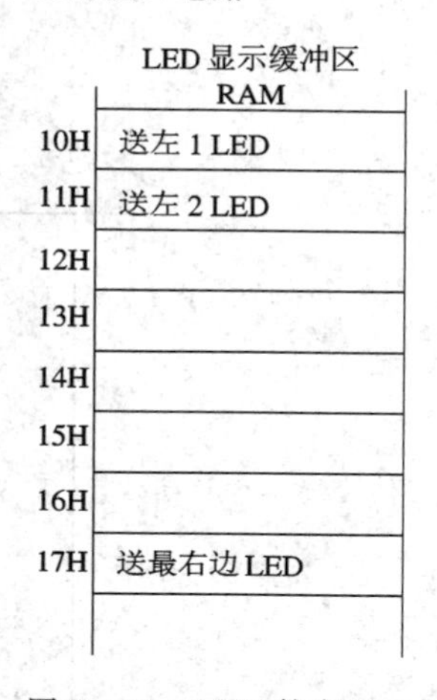

图 2-31　LED 数字显示缓冲区

根据图 2-32 编写的程序清单如下：

```
DIS:    MOV     A，#03H          ；8155 命令字 PA、PB 口基本输出
        MOV     DPTR，#7F00H     ；8155 I/O 命令口地址
        MOVX    @DPTR，A         ；写入 8155 方式命令字
        MOV     R0，#10H         ；送片内显示缓冲区 RAM 首地址
        MOV     R3，#7FH         ；位选码，最左一位先亮
        MOV     A，R3            ；暂存于 A 中
```

```
LDO:   MOV    DPTR, #7F01H      ; 指向 PA 口地址
       MOVX   @DPTR, A          ; 从 PA 口输出位选码
       MOV    A, @R0            ; 取待显示数据送 A
       MOV    DPTR, #TABLE      ; 指向换码表首地址
       MOVC   A, @A+DPTR        ; 取出对应段选码
       MOV    DPTR, #7F02H      ; 指向 PB 口地址
       MOVX   @DPTR, A          ; 从 PB 口输出段选码
       ACALL  DLL               ; 调用延时 1 ms 子程序
       MOV    A, R3
       JNB    ACC.0, LD1        ; 判断 8 位 LED 显示完转(ACC.0=0)
       RR     A                 ; 未显示完右移一位，变成下一位位选码
       MOV    R3, A             ; 暂存
       INC    R0                ; 指向下一个 RAM 显示地址
       LJMP   LD0               ; 转回，显示下一个数码
LD1:   RET
```

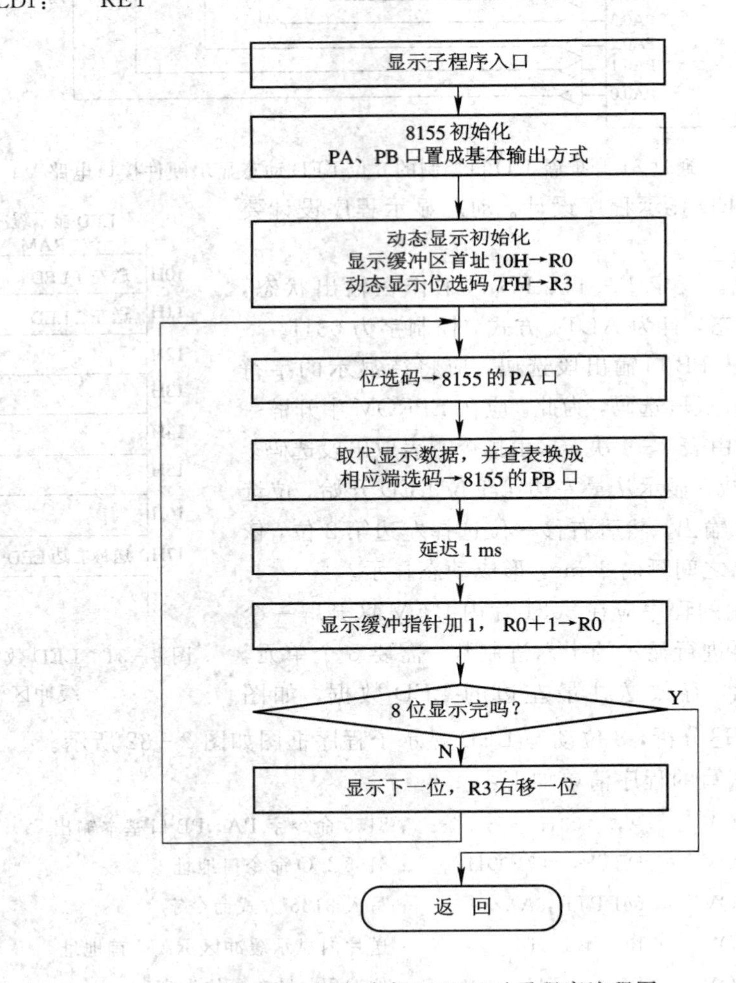

图 2-32　8 位动态 LED 显示子程序流程图

以下是待显示数据对应的段选码换码表：

```
TABLE:    DB 3FH      ；对应字符 0
          DB 06H      ；对应字符 1
          DB 5BH      ；对应字符 2
          DB 4FH      ；对应字符 3
          DB 66H      ；对应字符 4
          DB 6DH      ；对应字符 5
          DB 7DH      ；对应字符 6
          DB 07H      ；对应字符 7
          DB 7FH      ；对应字符 8
          DB 6FH      ；对应字符 9
          DB 77H      ；对应字符 A
          DB 7CH      ；对应字符 B
          DB 39H      ；对应字符 C
          DB 5EH      ；对应字符 D
          DB 79H      ；对应字符 E
          DB 71H      ；对应字符 F
```

以下是软件延时 1 ms 子程序(相对于 8031 为 6 MHz 时钟)：

```
DLL:     MOV     R7, #64H
DLAY:    NOP
         NOP
         NOP
         DJNZ R7, DLAY
         RET
```

显示程序每次只能在一个显示位上显示一种字型，利用软件延时，将该字符显示保存 1 ms 再移向下一位。上述程序设计成子程序，一次只能从左向右显示一次。为了使显示字符稳定下来，必须反复调用该程序。

2.4.2 LCD 显示接口技术

通常我们将物质分为三态：固态、液态和气态，而液晶是一种不属于上述三态中任何一种状态的中间状态。这种中间状态的物质是外观呈流动性的混浊液体，同时它具有光学各向异性和晶体所特有的双折射性。这种能在某个温度范围内兼有液体和晶体二者特性的物质就称为液晶，因此也有人将其称为物质的第四态。用液晶材料做成的显示器称为液晶显示器(Liquid Crystal Display)，简称 LCD。

液晶显示器的显示方式有笔段式、点阵字符式及点阵图形式。

1. 笔段式 LCD

笔段式液晶显示器是以长条状显示像素组成一位显示的液晶显示器件，类似段式 LED 显示器。笔段式液晶显示器的驱动方式主要取决于该器件各显示像素外引线的引出与排列方式，通常有 2×4、3×3 等引出方式，如图 2－33 所示，一般采用动态扫描方式进行驱动。

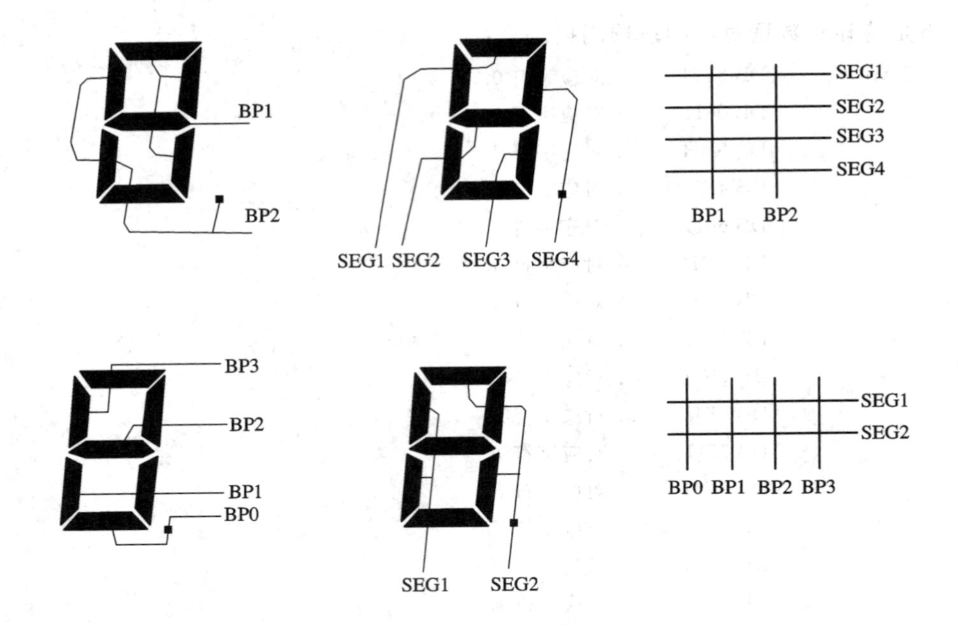

图 2-33　笔段式液晶显示器的基本形状及电极布局

笔段式液晶显示器有多种类型，如数码式、简单字符式等。笔段式液晶显示器主要用于数字及简单字符的显示，如便携式低功耗仪器、电子计算器、家用电器等。一般为降低成本，笔段式液晶显示器多采用专用驱动电路驱动，本书不做进一步论述。

2. 点阵字符式液晶显示器

1）点阵字符式液晶显示器介绍

与笔段式液晶显示器相比，点阵字符式液晶显示器可以显示更多的符号，显示符号的形状也比笔段式液晶显示器显示的符号更接近人们常见的形状。点阵字符式液晶显示器显示的每个字符的组成如图 2-34 所示，图中所示是 5×8 点阵，就是每行 5 个点，8 行共 40 个独立显示的点组合成数字、字符等各种形状。点阵字符式液晶显示器能比较准确地显示出表 2-5 所示的所有字符和数字。

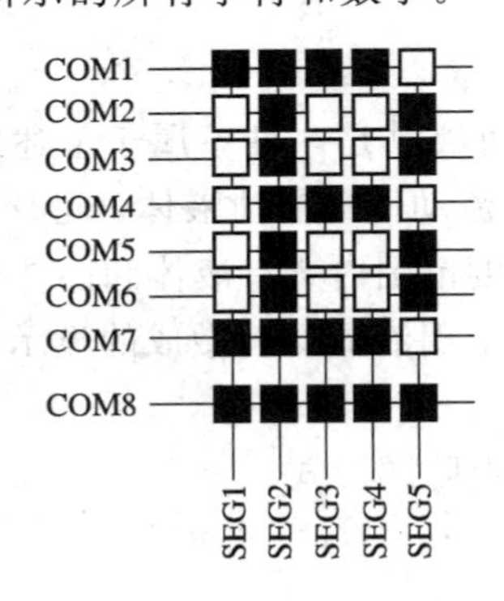

图 2-34　点阵字符式液晶显示器

字符型液晶

表 2-5　字符代码与图形对应图

低　位	高　位												
	0000	0010	0011	0100	0101	0110	0111	1010	1011	1100	1101	1110	1111
××××0000	CGRAM (1)		0	∂	P	\	p		一	タ	三	a	P
××××0001	(2)	!	1	A	Q	a	q	ロ	ア	チ	ム	ä	q
××××0010	(3)	″	2	B	R	b	r	┌	イ	川	メ	β	θ
××××0011	(4)	#	3	C	S	c	s	ノ	ウ	ラ	モ	ε	∞
××××0100	(5)	$	4	D	T	d	t	\	エ	ト	セ	μ	Ω
××××0101	(6)	%	5	E	U	e	u	ロ	オ	ナ	ユ	B	0
××××0110	(7)	&	6	F	V	f	v	テ	カ	ニ	ヨ	P	Σ
××××0111	(8)	>	7	G	W	g	w	ア	キ	ヌ	ラ	g	π
××××1000	(1)	(	8	H	X	h	x	イ	ク	ネ	リ	∫	X
××××1001	(2)	)	9	I	Y	i	y	ウ	ケ	ノ	ル	-1	y
××××1010	(3)	*	;	J	Z	j	z	エ	コ	リ	レ	j	千
××××1011	(4)	+	:	K	[	k	{	オ	サ	ヒ	ロ	X	万
××××1100	(5)	フ	<	L	¥	l	|	セ	シ	フ	ワ	¢	⊕
××××1101	(6)	—	=	M	]	m	}	ユ	ス	ヽ	ソ	≑	+
××××1110	(7)	,	>	N	^	n	.	ヨ	セ	ホ	ハ	n̄	
××××1111	(8)	/	?	O	—	o	←	ツ	ソ	マ	ロ	Ö	

字符型液晶显示模块是一种专门用于显示字母、数字等符号的点阵式 LCD，目前常用16(字)×1(行)、16(字)×2(行)、20(字)×2(行)和 40(字)×2(行)的模块。下面以 1602 字符型液晶显示器为例，介绍其用法。1602 是能够显示两行、每行 16 个字符的显示器，实物如图 2-35 所示。1602 的外形尺寸如图 2-36 所示。

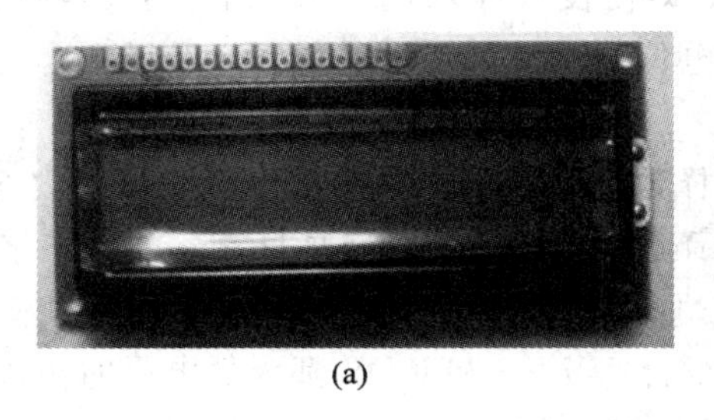
(a)

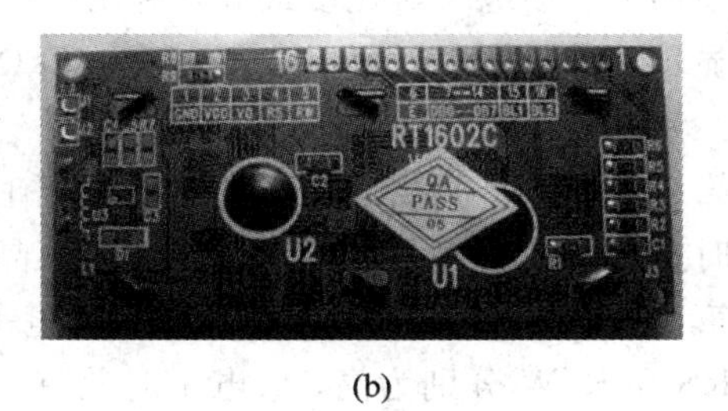

(b)

图 2-35　1602 字符型液晶显示器实物图

(a) 正面；(b) 反面

2) 1602 的引脚功能说明

1602 采用标准的 14 脚(无背光)或 16 脚(带背光)接口，各引脚功能说明如表 2-6 所示。

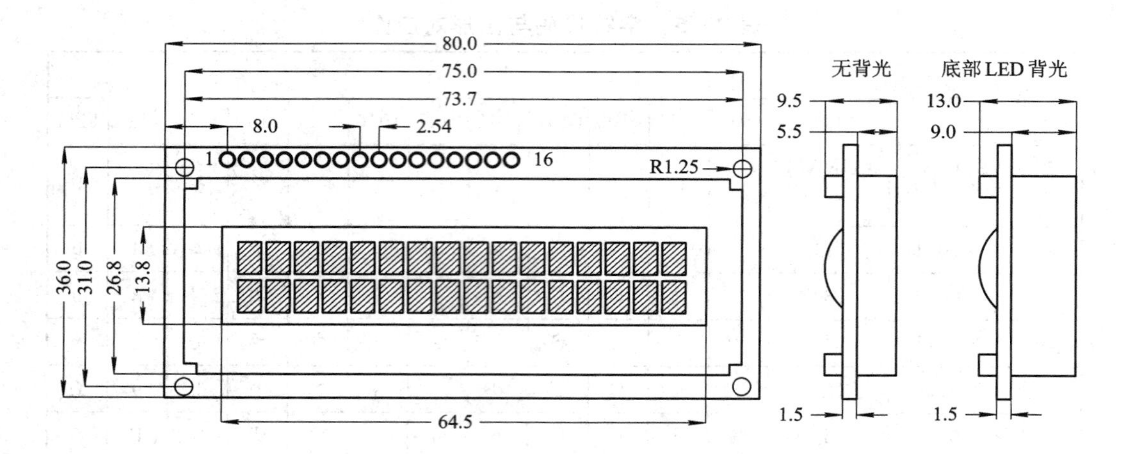

图 2-36　1602 的外形尺寸图

表 2-6　引脚功能说明

编号	符号	引脚说明	编号	符号	引脚说明
1	VSS	电源地	9	D2	数据
2	VDD	电源正极	10	D3	数据
3	VL	液晶显示偏压(对比度)	11	D4	数据
4	RS	数据/命令选择	12	D5	数据
5	R/W	读/写选择	13	D6	数据
6	E	使能信号	14	D7	数据
7	D0	数据	15	BLA	背光源正极
8	D1	数据	16	BLK	背光源负极

第 1 脚：VSS，为电源地。

第 2 脚：VDD，接 5 V 正电源。

第 3 脚：VL，为液晶显示器对比度调整端，接正电源时对比度最弱，即使有字符显示也看不出来；接地时对比度最高，对比度过高时即使没有显示也是黑色的，会影响正常字符的显示。实际使用时可以通过一个 10 kΩ 的电位器调整第 3 脚的电压，以得到合适的对比度。

第 4 脚：RS，为寄存器选择，高电平时选择数据寄存器，也就是传输显示的内容；低电平时选择指令寄存器，也就是传输对液晶显示器的指令或读取液晶显示器的状态字。

第 5 脚：R/W，为读/写信号线，高电平时进行读操作，低电平时进行写操作。

RS 和 R/W 分别为高、低电平时共有 4 种组合：当 RS 和 R/W 都为低电平时可以写入指令；当 RS 为低电平、R/W 为高电平时可以读取液晶显示器的状态，状态包括 Busy 状态位等；当 RS 为高电平、R/W 为低电平时可以写入数据；当 RS 和 R/W 都为高电平时可以读出当前光标位置的显示数据。

第 6 脚：E，为使能端。当 E 为高电平时，可以对液晶模块执行操作；当 E 为低电平时，液晶模块不会接收任何信号。

第 7～14 脚：由低到高对应 D0～D7，共 8 位双向数据线。

第 15 脚：背光源正极。

第 16 脚：背光源负极。

3）1602 的指令说明及时序

（1）指令说明。1602 液晶显示模块内部的控制器共有 11 条控制指令，如表 2-7 所示。

表 2-7　1602 液晶显示模块控制命令表

序号	指　　令	RS	R/W	D7	D6	D5	D4	D3	D2	D1	D0
1	清显示	0	0	0	0	0	0	0	0	0	1
2	光标返回	0	0	0	0	0	0	0	0	1	*
3	置输入模式	0	0	0	0	0	0	0	1	I/D	S
4	显示开/关控制	0	0	0	0	0	0	1	D	C	B
5	光标或字符移位	0	0	0	0	0	1	S/C	R/L	*	*
6	置功能	0	0	0	0	1	DL	N	F	*	*
7	置字符发生存储器地址	0	0	0	1	字符发生存储器地址					
8	置数据存储器地址	0	0	1	显示数据存储器地址						
9	读忙标志或地址	0	1	BF	计数器地址						
10	写数到 CGRAM 或 DDRAM	1	0	要写的数据内容							
11	从 CGRAM 或 DDRAM 读数	1	1	读出的数据内容							

注：表中 1 为高电平，0 为低电平。

1602 液晶模块的读/写操作、屏幕和光标的操作都是通过编程，由 CPU 给液晶显示模块传送各种指令来实现的。

指令 1：指令码 01H，清除显示，同时将光标复位到地址 00H 位置。

指令 2：指令码 02H 或 03H，光标复位，光标返回到地址 00H，最低位不起作用。

指令 3：指令码 04H 到 07H，光标和显示模式设置。其中：

- I/D：光标移动方向，高电平右移，低电平左移。
- S：屏幕上所有文字是否移动，高电平表示移动，低电平表示不动。

指令 4：指令码 08H 到 0FH，显示开关控制。其中：

- D：控制整体显示的开与关，高电平表示开显示，低电平表示关显示。
- C：控制光标的开与关，高电平表示有光标，低电平表示无光标。
- B：控制光标是否闪烁，高电平闪烁，低电平不闪烁。

指令 5：指令码 10H 到 1FH，光标或显示移位。其中：

- S/C：高电平时移动显示的文字，低电平时移动光标。
- R/L：高电平时向右移动，低电平时向左移动。

最低两位数据不起作用。

指令 6：指令码 20H 到 3FH，功能设置命令。其中：

- DL：高电平时为 4 位总线，低电平时为 8 位总线。
- N：低电平时为单行显示，高电平时为双行显示。
- F：低电平时显示 5×7 的点阵字符，高电平时显示 5×8 的点阵字符。

最低两位数据不起作用。

指令 7：指令码 40H 到 7FH，字符发生器 RAM 地址设置。

指令 8：指令码 80H 到 FFH，DDRAM 地址设置。

指令 9：读忙信号和光标地址。其中：BF 为忙标志位，高电平表示忙，此时模块不能接收命令或者数据；如果为低电平则表示不忙。

指令 10：写数据。

指令 11：读数据。

(2) 时序。1602 液晶模块的时序如表 2-8 所示。

表 2-8　基本操作时序表

读状态	输入	RS=L，R/W=H，E=H	输出	D0～D7 为状态字
写指令	输入	RS=L，R/W=L，D0～D7 为指令码，E 为高脉冲	输出	无
读数据	输入	RS=H，R/W=H，E=H	输出	D0～D7 为数据
写数据	输入	RS=H，R/W=L，D0～D7 为数据，E 为高脉冲	输出	无

读操作和写操作时序分别如图 2-37 和图 2-38 所示。

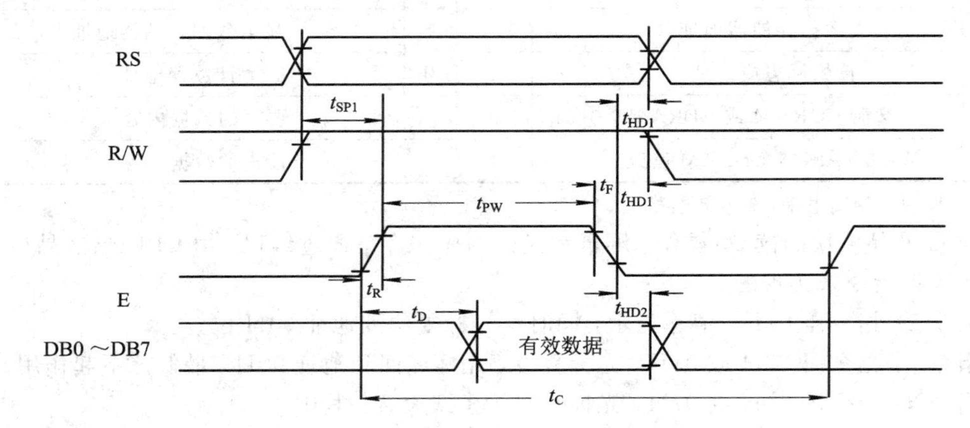

图 2-37　读操作时序

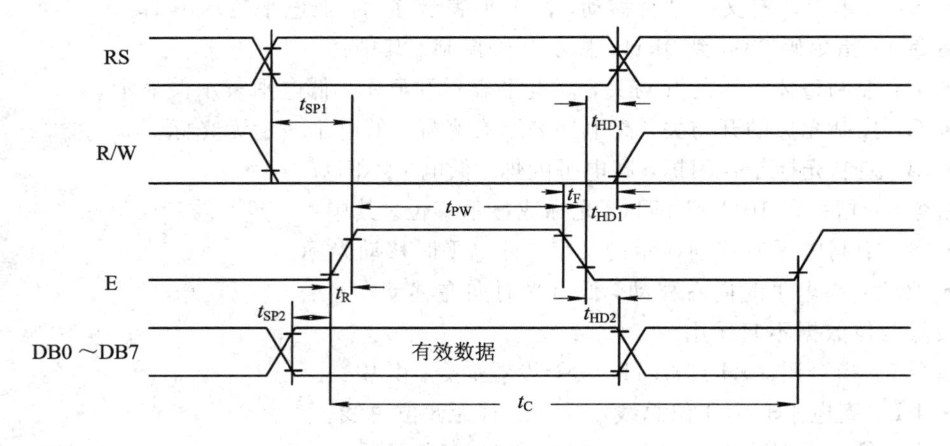

图 2-38　写操作时序

4) 1602 的 RAM 地址映射及标准字库表

液晶显示模块是一个慢显示器件，它的运行速度比 CPU 运行速度慢，所以在执行每条指令之前一定要确认模块的忙标志为低电平，表示不忙，否则对于 CPU 送出的指令，液晶显示模块来不及反应，即达不到期望的效果。显示字符时要先输入显示字符地址，也就是告诉模块在哪里显示字符。图 2-39 是 1602 的内部显示地址。

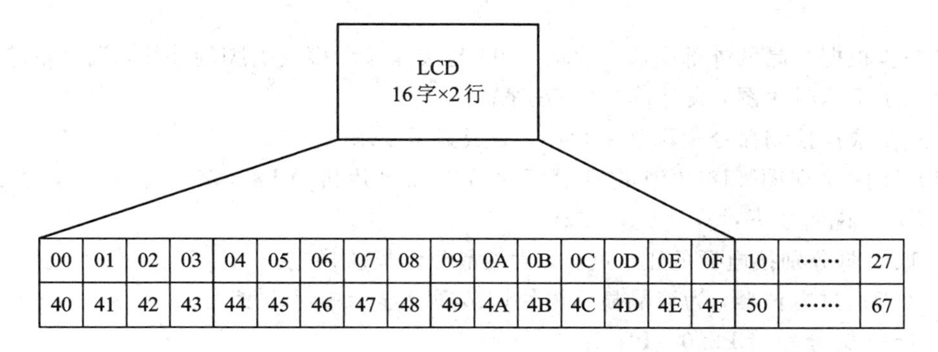

图 2-39 1602 的内部显示地址

例如，第二行第一个字符的地址是 40H，那么是否直接写入 40H 就可以将光标定位在第二行第一个字符的位置呢？答案是不行，因为写入显示地址时要求最高位 D7 恒定为高电平 1，所以实际写入的数据应该是 01000000B(40H)＋10000000B(80H)＝11000000B(C0H)。以此类推，第二行第二个字符的地址应是 41H＋80H＝C1H。第一行第一个字符的地址是 00H，那么实际写入的数据应该是 00000000B(00H)＋10000000B(80H)＝10000000B(80H)。以此类推，第一行第二个字符的地址是 01H＋80H＝81H。

在对液晶模块进行初始化时要先设置其显示模式。在液晶模块显示字符时光标是自动右移的，无需人工干预。每次输入指令前都要判断液晶模块是否处于忙的状态。

1602 液晶模块内部的字符发生存储器(CGROM)已经存储了不同的点阵字符图形，如表 2-5 所示，这些字符有阿拉伯数字、英文字母的大小写、常用的符号和日文假名等，每一个字符都有一个固定的代码，比如大写的英文字母“A”的代码是 01000001B(41H)，显示时模块把地址 41H 中的点阵字符图形显示出来，我们就能看到字母“A”了。

5) 1602 的一般初始化(复位)过程

延时 15 ms；

写指令 38H(不检测忙信号，8 位总线，双行显示，5×7 点阵)；

延时 5 ms；

写指令 38H(不检测忙信号，8 位总线，双行显示，5×7 点阵)；

延时 5 ms；

写指令 38H(不检测忙信号，8 位总线，双行显示，5×7 点阵)；

(以后每次进行写指令、读/写数据操作均需要检测忙信号)

写指令 38H：显示模式设置，8 位总线，双行显示，5×7 点阵；

写指令 08H：显示关闭；

写指令 01H：显示清屏；

写指令 06H：显示光标移动设置(光标向右移动，文字不动)；

写指令 0CH：显示开及光标设置(开显示，无光标，光标不闪烁)。

6) 1602 的软、硬件设计实例

实例：要求通过硬件设计和软件编程，在 1602 液晶显示模块第一行自第二个字符位置开始显示“HELLO!”，在第二行第三个字符位置开始显示“GOOD MORNING!”。

和所有电子产品的芯片或外围器件的开发过程一样，需要按照以下三个步骤进行设计：

第一步根据液晶的外部引脚，确定 CPU 与液晶显示模块引脚的连线，设计电路图；

第二步根据时序图，设计读/写子程序；

第三步根据控制命令表设计主程序，完成显示要求。

(1) 硬件原理图。1602 液晶显示模块可以和单片机 AT89C51 直接接口，电路如图 2-40 所示。说明如下：

- 1、2 脚分别接电源的正、负极，为液晶显示模块供电。
- 3 脚通过电位器，为液晶显示模块调节适合显示的对比度。
- 4～6 脚分别接 P2.0～P2.2。
- 7～14 脚为 8 条数据线，连接 P0.0～P0.7。
- 15 脚接正电源，P2.6 通过一个三极管接 16 脚，用 P2.6 控制液晶背光的亮灭。

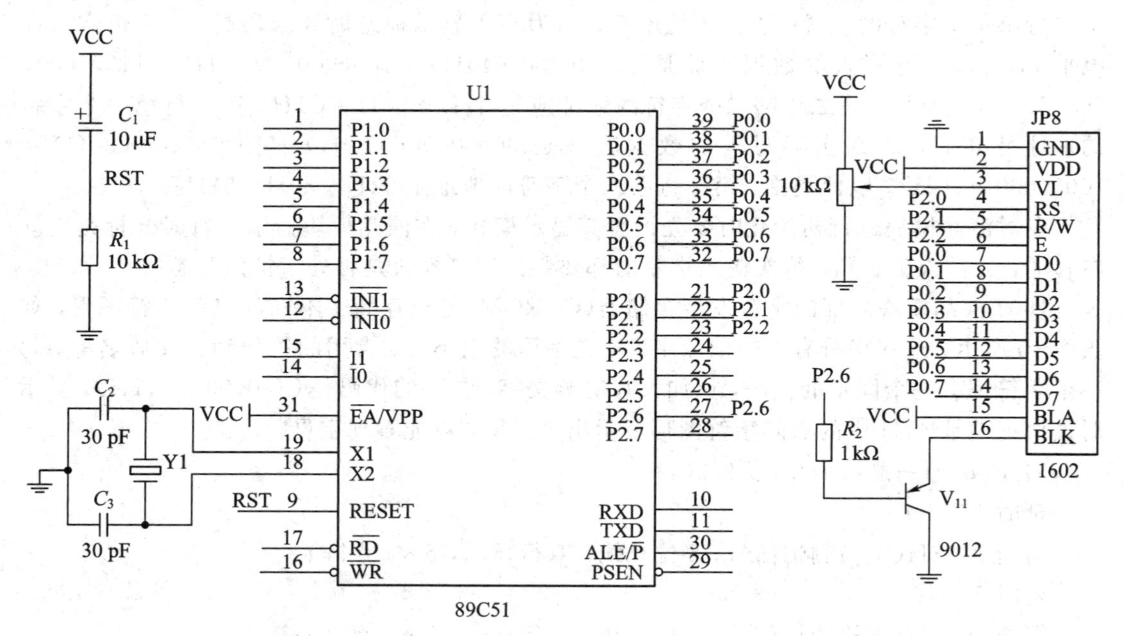

图 2-40　硬件原理图

至此，液晶显示模块的每一个管脚都接到了合适的地方，硬件设计就完成了，实物如图 2-41 所示。其显示文字如图 2-42 所示。

(2) 读/写子程序的编写。读/写子程序是 CPU 与液晶显示模块交换信息的基础程序，必须编好子程序，才能实现交换指令、状态和显示数据的功能。读/写子程序编写的依据是元器件手册上的时序图。下面以“写入显示数据到 LCD 子程序”为例讲解子程序的编写方法。

图 2-41　1602 实验演示图

图 2-42　1602 显示文字样例

时序图应该从左向右看。首先发生变化的是 RS 和 R/W，与之对应的指令是 SETB P2.0 和 CLR P2.1；然后把要写的数据送到 P0 口，对应的指令是 MOV P0，A；图 2-43 中的下一步变化就是 E 由低电平变为高电平，对应的指令是 SETB P2.2；在 E 的上升沿，CPU 开始与液晶显示模块交换信息；P0 口数据交换完毕后，设 E=0，禁止 CPU 与液晶显示模块进行信息交换，等待以后的命令，对应的指令是 CLR P2.2。由于液晶显示模块的速度比 CPU 慢，因此程序中加入 delay 子程序，用以配合液晶显示模块的速度，让 CPU 向显示模块发信息的速度放慢，保证 CPU 发送的每条指令都能正确传递给显示模块。

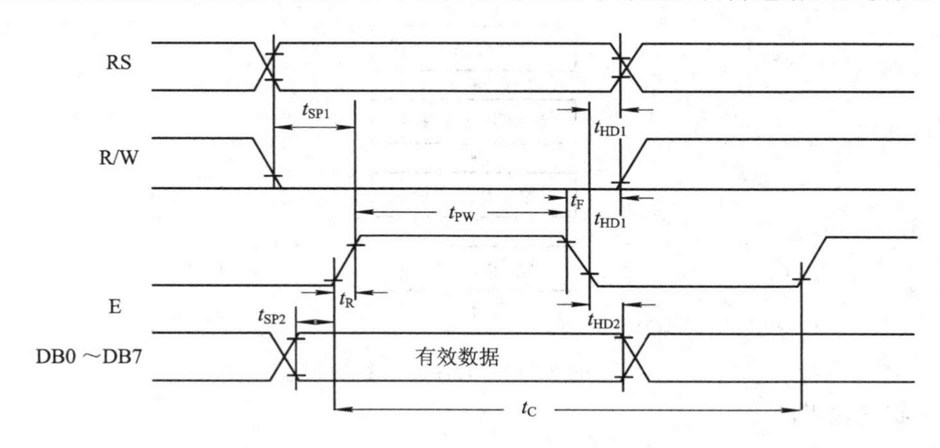

图 2-43　写操作时序

```
/*****************************************************
        函数功能：写入显示数据到 LCD 子程序
*****************************************************/
```

```
WRD:  LCALL  RDBUSY  ；判断 LCD 是否忙碌，具体指令在另一个子程序中
      MOV    A,R2
      SETB   P2.0    ；RS=1 表示 CPU 与液晶显示模块交换数据，读和写数据
                     ；都要求 RS=1
      CLR    P2.1    ；R/W=0 表示 CPU 向液晶显示模块写信息，写指令和写
                     ；数据都要求 R/W=0
      ；以上两条指令组合，表示的意思就是 CPU 向显示模块写数据，也就是显示的内容
      LCALL  DELAY
      SETB   P2.2    ；E
      LCALL  DELAY
      MOV    P0,A    ；把要写的数据送到 P0 口
      LCALL  DELAY
      CLR    P2.2    ；数据交换完毕，E=0，禁止 CPU 与液晶显示模块进行信息
                     ；交换，等待命令
      RET
```

“写入指令数据到 LCD 子程序”与“写入显示数据到 LCD 子程序”几乎一模一样，唯一不同的就是将程序第三行改为“CLR P2.0”。

“测试 LCD 忙碌状态”与“写入指令数据到 LCD 子程序”几乎一模一样，唯一不同的就是第三行改为“SETB P2.1”。

(3) 程序流程图，如图 2-44 所示。

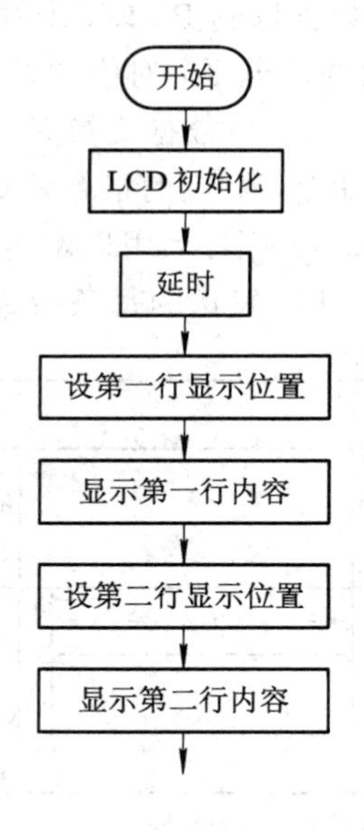

图 2-44　软件流程图

(4) 软件代码。

```
/*************************************/
/*1602LCD 演示程序*/
/*************************************
主程序
*************************************/
```

```
            ORG     0000H
            AJMP    MAIN

            ORG     0080H
MAIN:       MOV     SP，#60H        ；设置堆栈指针
            MOV     IE，#00H        ；关中断
            SETB    P3.3            ；点亮背光
            CLR     P3.4            ；复位
            LCALL   DELAY500MS
            SETB    P3.4            ；复位结束

            LCALL   INIT            ；LCD 初始化

            MOV     R2，#81H        ；01H+80H，设置显示位置，第 1 行，第 2 个位置
            LCALL   WRI
            MOV     R2，#48H        ；显示“HELLO!”
            LCALL   WRD
            MOV     R2，#45H
            LCALL   WRD
            MOV     R2，#4CH
            LCALL   WRD
            MOV     R2，#4CH
            LCALL   WRD
            MOV     R2，#4FH
            LCALL   WRD
            MOV     R2，#21H
            LCALL   WRD

            MOV     R2，#0C2H       ；42H+80H，设置显示位置，第 2 行，第 3 个位置
            LCALL   WRI
            MOV     R2，#47H        ；显示“GOOD MORNING!”
            LCALL   WRD
            MOV     R2，#4FH
            LCALL   WRD
            MOV     R2，#4FH
            LCALL   WRD
            MOV     R2，#44H
            LCALL   WRD
            MOV     R2，#20H
            LCALL   WRD
            MOV     R2，#4DH
            LCALL   WRD
            MOV     R2，#4FH
```

```
        LCALL  WRD
        MOV    R2, ＃52H
        LCALL  WRD
        MOV    R2, ＃4EH
        LCALL  WRD
        MOV    R2, ＃49H
        LCALL  WRD
        MOV    R2, ＃4EH
        LCALL  WRD
        MOV    R2, ＃47H
        LCALL  WRD
        MOV    R2,＃21H
        LCALL  WRD

        LCALL  DELAY2S
        LJMP MAIN

/****************************************
        函数功能：LCD初始化子程序
****************************************/
INIT:   MOV    R2,＃38H      ；写指令38H(不检测忙信号，8位总线，双行显示，
                             ；5×7点阵)
        LCALL  WRI
        MOV    R2,＃0CH      ；写指令0CH：显示开及光标设置(开显示，无光标，
                             ；光标不闪烁)
        LCALL  WRI
        MOV    R2,＃06H      ；写指令06H：显示光标移动设置(光标向右移动，
                             ；文字不动)
        ICALL  WRI
        MOV    R2,＃01H      ；写指令01H：显示清屏
        LCALL  WRI
        RET

/****************************************
        函数功能：读LCD状态，判断液晶显示模块是否忙
****************************************/
RDBUSY: CLR    P2.0          ；RS＝0表示CPU与液晶显示模块交换指令或状态，
                             ；读和写都要求RS＝0
        SETB   P2.1          ；R/W＝1表示CPU从液晶显示模块读信息，读状态和
                             ；读数据都要求R/W＝1
P01:    ORL    P1,＃0FFH
        LCALL  DELAY
        SETB   P2.2          ；E的上升沿启动CPU与液晶显示模块的信息交换
```

```
        MOV     A,P0            ；从 P0 口读入信息，D7 是 Busy 标志位
        LCALL   DELAY
        CLR     P2.2            ；数据交换完毕，设 E=0，禁止 CPU 与液晶交换信息，
                                ；等待以后的命令
        JB      ACC.7,P01       ；如果忙就循环检测，等待 Busy 变为低电平
        RET

/**************************************
    函数功能：WRITE COMMAND 写指令到 LCD 子程序
**************************************/
WRI:    LCALL   RDBUSY          ；判断 LCD 是否忙
        MOV     A,R2
        CLR     P2.0            ；RS=0 表示 CPU 与液晶显示模块交换指令或状态，
                                ；读和写都要求 RS =0
        CLR     P2.1            ；R/W=0 表示 CPU 向液晶显示模块写信息，写指令和
                                ；写数据都要求 R/W=0
        ；以上两条组合，表示的意思就是 CPU 向液晶显示模块写指令，包括位置、光标等
        LCALL   DELAY
        SETB    P2.2            ；E 的上升沿启动 CPU 与液晶显示模块的信息交换
        LCALL   DELAY
        MOV     P0,A            ；把要写的数据送到 P0 口
        LCALL   DELAY
        CLR     P2.2            ；数据交换完毕，设 E=0，禁止 CPU 与液晶显示模块
                                ；交换信息，等待以后的命令
        RET

/**************************************
    函数功能：WRITE DATA 写显示数据到 LCD 子程序
**************************************/
WRD:    LCALL   RDBUSY；判断 LCD 是否忙，具体指令在另一个子程序中
        MOV     A,R2
        SETB    P2.0            ；RS=1 表示 CPU 与液晶显示模块交换数据，读和写
                                ；数据都要求 RS =1
        CLR     P2.1            ；R/W=0 表示 CPU 向液晶显示模块写信息，写指令和
                                ；写数据都要求 R/W=0
                                ；以上两条指令组合，表示 CPU 向液晶显示模块写数据，
                                ；也就是显示的内容
        LCALL   DELAY
        SETB    P2.2            ；P0 口数据已准备好，设 E=1，E 的上升沿启动 CPU 与
                                ；液晶显示模块的信息交换
        LCALL   DELAY
        MOV     P0,A            ；把要写的数据送到 P0 口
        LCALL   DELAY
```

```
        CLR     P2.2            ；数据交换完毕，E=0，禁止CPU与液晶显示模块交换
                                ；信息，等待以后的命令
        RET

/***********************************
    函数功能：READ DATA 读LCD显示数据到CPU子程序(实际较少使用)
***********************************/
RDD:    LCALL   RDBUSY          ；判断LCD是否忙，具体指令在另一个子程序中
        SETB    P2.0            ；RS=1表示CPU与液晶显示模块交换数据，此处表示
                                ；数据
        SETB    P2.1            ；R/W=1表示CPU从液晶显示模块读信息，
                                ；此处表示读数据
        ORL     P1,#0FFH
        LCALL   DELAY
        SETB    P2.2            ；P0口数据已准备好，设E=1，E的上升沿启动CPU与
                                ；液晶显示模块的信息交换
        LCALL   DELAY
        MOV     A,P0            ；从P0口读入信息到A
        LCALL   DELAY
        CLR     P2.2            ；数据交换完毕，E=0，禁止CPU与液晶显示模块交换
                                ；信息，等待以后的命令
        RET

/**********************************
    函数功能：延时子程序
**********************************/
DELAY2S:    LCALL   DELAY500MS
            LCALL   DELAY500MS
            LCALL   DELAY500MS
            LCALL   DELAY500MS
            RET

DELAY500MS:     MOV     R6,#00H
DELAY500MS1:    MOV     R7,#00H
DELAY500MS2:    DJNZ    R7,DELAY500MS2
                DJNZ    R6,DELAY500MS1
                RET

DELAY:          NOP
                NOP
                NOP
                NOP
                NOP
```

```
NOP
NOP
RET
```

点阵式液晶

3. 带汉字库的点阵图形式液晶显示器 TG12864E

点阵图形式液晶显示器的显示面积较大，它的显示像素是连续排列的，所以不仅可以显示任意字符，而且可以显示各种曲线与图形；同时图形与字符还可以实现与、或、异或等逻辑组合，然后再混合显示。点阵图形液晶显示器的规格很多，在此对使用广泛、价格低廉、性能可靠的点阵图形式液晶显示模块 TG12864E 的结构和使用方法作一介绍。

1）TG12864E 介绍

TG12864E 主要由行驱动器/列驱动器及 128×64 全点阵液晶显示器组成，可完成图形显示，也可以显示 8×4 个(16×16 点阵)汉字。

(1) 主要技术参数和性能：

① 电源(VDD)：＋2.7～＋5 V；模块内自带－10 V 负压，用于 LCD 的驱动。

② 显示内容：128(列)×64(行)点。

③ 全屏幕点阵。

④ 与 CPU 接口采用 8 位数据总线并行输入输出和 3 条控制线。

(2) 外形尺寸，如图 2－45 所示。各参数值如表 2－9 所示。

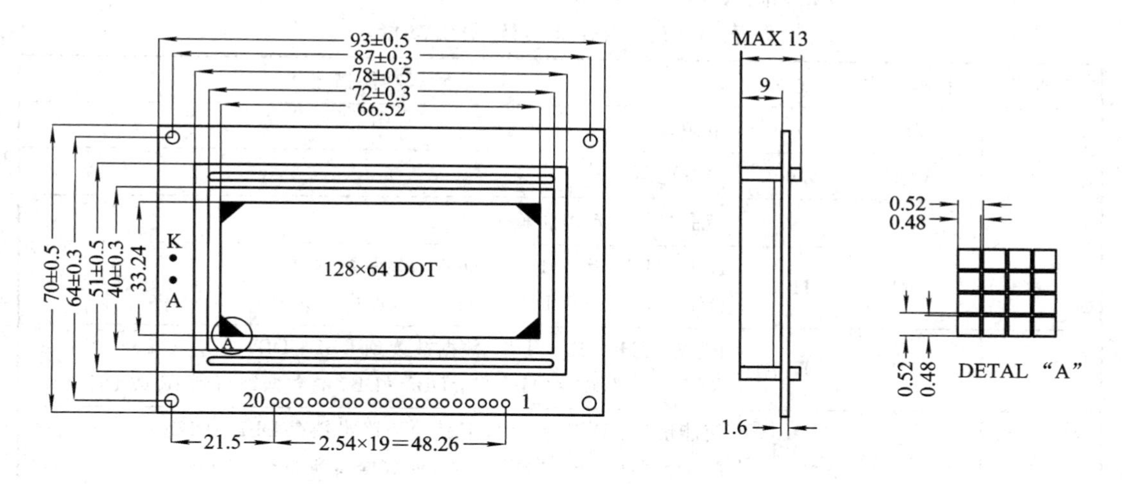

图 2－45　TG12864E 外形尺寸图

表 2－9　TG12864E 参数

参　数	值	单　位
模块体积	93.0×70.0×13	mm
视域	72.0×40.0	mm
行列点阵数	128×64	DOTS
点距离	0.52×0.52	mm
点大小	0.48×0.48	mm

（3）模块内部主要硬件构成如图 2－46 所示。其中，IC1 和 IC2 是列显示驱动芯片，IC3 是行显示驱动芯片，LCD PANEL 是显示玻璃面板，LED 是照明用的背光 LED 灯。

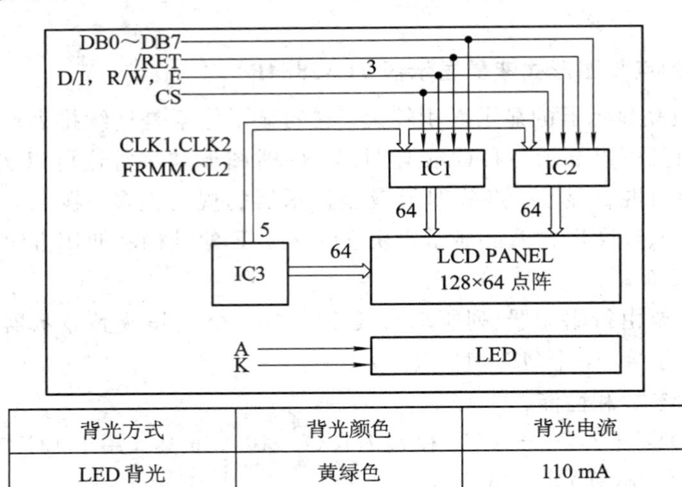

背光方式	背光颜色	背光电流
LED 背光	黄绿色	110 mA

图 2－46　TG12864E 模块内部主要硬件构成

2）TG12864E 引脚功能说明及工作模式

（1）TG12864E 引脚功能，如表 2－10 所示。

表 2－10　TG12864E 引脚功能

管脚号	管脚名称	电平	管脚功能描述
1	VSS	0 V	电源地
2	VDD	5.0 V	电源电压
3	V0	—	液晶显示驱动电压输入
4	D/I	H/L	D/I＝“H”，表示 DB7～DB0 为显示数据 D/I＝“L”，表示 DB7～DB0 为显示指令数据
5	R/W	H/L	R/W＝“H”，E＝“H”，数据被读到 DB7～DB0 R/W＝“L”，E＝“H→L”，DB7～DB0 的数据被写到 IR 或 DR
6	E	H/L	使能信号：R/W＝“L”，E 信号下降沿锁存 DB7～DB0 R/W＝“H”，E＝“H”，DRAM 数据读到 DB7～DB0
7	DB0	H/L	数据线
8	DB1	H/L	数据线
9	DB2	H/L	数据线
10	DB3	H/L	数据线
11	DB4	H/L	数据线
12	DB5	H/L	数据线
13	DB6	H/L	数据线
14	DB7	H/L	数据线

续表

管脚号	管脚名称	电平	管脚功能描述
15	PSB	H/L	H：串行模式 L：并行模式
16	NC	H/L	空
17	$\overline{RST}$	H/L	复位信号
18	NC	—	空
19	LEDK	0 V	背光接地
20	LEDA	+5 V	背光电源+

第 1 脚：VSS，为电源地。

第 2 脚：VDD，接正电源(2.7～5 V)。

第 3 脚：V0，为液晶显示器对比度调整端，接正电源时对比度最弱，即使有字符显示也看不出来；接地时对比度最高，对比度过高时即使没有图形显示，LCD 屏幕也是黑色的，会影响正常字符的显示。实际使用时可以通过一个 10 kΩ 的电位器调整第 3 脚的电压来调整对比度。

第 4 脚：D/I，为寄存器选择，高电平时选择数据寄存器，也就是传输显示的内容；低电平时选择指令寄存器，也就是传输对液晶显示模块的指令或读取液晶显示模块的状态字。

第 5 脚：R/W 为读/写信号线，高电平时进行读操作，低电平时进行写操作。

D/I 和 R/W 高低电平共有 4 种组合：当 D/I 和 R/W 都为低电平时可以写入指令；当 D/I 为低电平、R/W 为高电平时可以读液晶显示模块状态，状态包括 Busy(LCD 忙)状态位等；当 D/I 为高电平、R/W 为低电平时可以写入数据；当 D/I 和 R/W 都为高电平时可以读出当前光标位置的显示数据。

第 6 脚：E，为使能端，当 E 为低电平时，可以对液晶显示模块执行操作；当 E 为高电平时，液晶显示模块不会接收任何信号。

第 7～14 脚：由低到高对应 D0～D7，共 8 位双向数据线。

第 15 脚：PSB，高电平时，为串行工作模式；低电平时，为并行工作模式。

第 16 脚：悬空，不接线。

第 17 脚：$\overline{RST}$，置低电平时液晶显示模块复位，置高电平时液晶显示模块进入正常工作状态。

第 18 脚：悬空，不接线。

第 19 脚：接背光正电源。

第 20 脚：接背光负电源。

(2) 工作模式。并行模式是 CPU 和 LCD 常用的连接形式，但是需要占用 CPU 较多的数据线。在 CPU 数据线比较紧张时，TG12864E 还可以工作在串行模式下。串行模式下的引脚功能如表 2 - 11 所示。

表 2－11　串行模式下的引脚功能

引脚名称	连接 CPU 管脚号	输入/输出	功　能	
PSB	23	输入	—	微处理器控制界面选择： 0：串行控制模式 1：8/4 位总线控制模式
D/I(CS*)	17	输入	微处理器	选择暂存器(总线控制模式) 0：指令暂存器(写入) Busy 标志、地址计数器(读取) 1：数据暂存器(写入或读取) 芯片选择(串行控制模式) 1：选通芯片 0：不选通芯片
R/W(SID*)	18	输入	微处理器	读/写控制脚(总线控制模式) 0：写入 1：读出 输入串行数据(串行控制模式)
E(SCLK*)	19	输入	微处理器	读/写数据起始脚(总线控制模式) 输入串行脉冲(串行控制模式)

当 TG12864E 显示模块的第 15 脚 PSB 接高电平时，工作在串行工作模式；在串行模式下 TG12864E 的第 4～6 脚的作用如表 2－11 中括号内的功能，具体功能如下：

第 4 脚：串行模式下是 CS 功能，高电平时选通模块，低电平时不选通模块。

第 5 脚：SID 功能，即串行模式下的数据线。

第 6 脚：SCLK 功能，即串行模式下的时钟信号线。

可见，当 PSB 和 D/I 都接高电平时，模块工作在串行工作状态，第 4 脚和第 5 脚配合完成数据和指令的读写过程。

3) TG12864E 读/写操作时序及指令说明

(1) 写操作时序如图 2－47 所示。

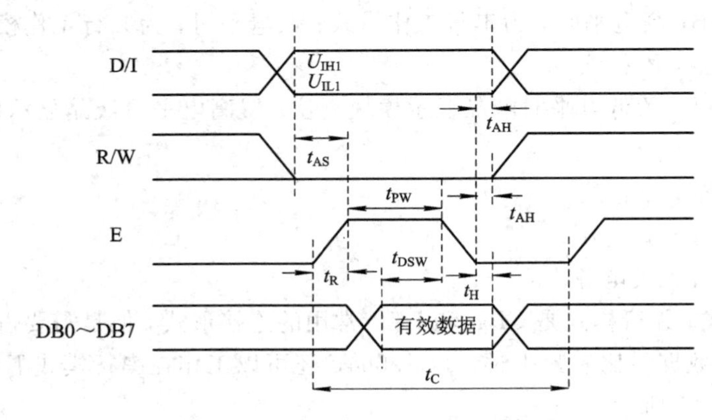

图 2－47　TG12864E 写操作时序图

(2) 读操作时序如图 2 - 48 所示。

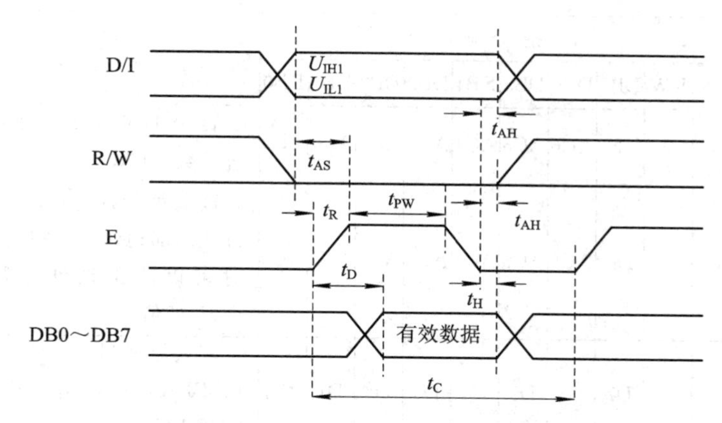

图 2 - 48　TG12864E 读操作时序图

(3) 指令说明。TG12864E 的指令分为“基本指令集”和“扩充指令集”，分别见表 2 - 12 和表 2 - 13。

表 2 - 12　基本指令集

指　令	指令码										说　　明	执行时间 (540 kHz)
	RS	RW	DB7	DB6	DB5	DB4	DB3	DB2	DB1	DB0		
清除显示	0	0	0	0	0	0	0	0	0	1	将 DDRAM 填满“20H”，并且设定 DDRAM 的地址计数器(AC)到“00H”	4.6 ms
地址归位	0	0	0	0	0	0	0	0	1	X	设定 DDRAM 的地址计数器(AC)到“00H”，并且将光标移到开头原点位置。这个指令并不改变 DDRAM 的内容	4.6 ms
进入点设定	0	0	0	0	0	0	0	1	I/D	S	指定在资料的读取与写入时，设定光标移动方向及指定显示的移位	72 μs
显示状态开/关	0	0	0	0	0	0	1	D	C	B	D=1：整体显示 ON C=1：光标 ON B=1：光标位置 ON	72 μs
光标或显示移位控制	0	0	0	0	0	1	S/C	R/L	X	X	设定光标的移动与显示的移位控制字节；这个指令并不改变 DDRAM 的内容	72 μs
功能设定	0	0	0	0	1	DL	X	0 RE	X	X	DL=1(必须设为 1) RE=1：扩充指令集动作 RE=0：基本指令集动作	72 μm
设定 CGRAM 地址	0	0	0	1	AC5	AC4	AC3	AC2	AC1	AC0	设定 CGRAM 地址到地址计数器(AC)	72 μs

续表

指　令	指令码										说　　明	执行时间(540 kHz)
	RS	RW	DB7	DB6	DB5	DB4	DB3	DB2	DB1	DB0		
设定 DDRAM 地址	0	0	1	AC6	AC5	AC4	AC3	AC2	AC1	AC0	设定 DDRAM 地址到地址计数器(AC)	72 μs
读取忙碌标志(BF)和地址	0	1	BF	AC6	AC5	AC4	AC3	AC2	AC1	AC0	读取忙碌标志(BF)可以确认内部动作是否完成，同时可以读出地址计数器(AC)的值	0
写数据到 RAM	1	0	D7	D6	D5	D4	D3	D2	D1	D0	写入数据到内部的 RAM(DDRAM/CGRAM/IRAM/GDRAM)	72 μs
读出 RAM 的值	1	1	D7	D6	D5	D4	D3	D2	D1	D0	从内部 RAM(DDRAM/CGRAM/IRAM/DGRAM)读取资料	72 μs

表 2-13　扩充指令集

指　令	指令码										说　　明	执行时间(540 kHz)
	RS	RW	DB7	DB6	DB5	DB4	DB3	DB2	DB1	DB0		
待命模式	0	0	0	0	0	0	0	0	0	1	将 DDRAM 填满“20H”，并且设定 DDRAM 的地址计数器(AC)到“00H”	72 μs
卷动地址或 IRAM 地址选择	0	0	0	0	0	0	0	0	1	SR	SR=1：允许输入垂直卷动地址 SR=0：允许输入 IRAM 地址	72 μs
反白选择	0	0	0	0	0	0	0	1	R1	R0	选择 4 行中的任一行作反白显示，并可决定反白与否	72 μs
睡眠模式	0	0	0	0	0	0	1	SL	X	X	SL=1：脱离睡眠模式 SL=0：进入睡眠模式	72 μs
扩充功能设定	0	0	0	0	1	1	X	1 RE	G	0	RE=1：扩充指令集动作 RE=0：基本指令集动作 G=1：绘图显示 ON G=0：绘图显示 OFF	72 μs
设定 IRAM 地址或卷动地址	0	0	0	1	AC5	AC4	AC3	AC2	AC1	AC0	SR=1：AC5～AC0 为垂直卷动地址 SR=0：AC3～AC0 为 ICON IRAM 地址	72 μs
设定绘图 RAM 地址	0	0	1	AC6	AC5	AC4	AC3	AC2	AC1	AC0	设定 CGRAM 地址到地址计数器(AC)	72 μs

TG12864E液晶模块的读/写操作、屏幕和光标的操作都是通过编程由CPU向LCD传送一系列指令来实现的。

模块在接收指令前，微处理器必须先确认模块内部处于非忙碌状态，即读取液晶BF(Busy Flag)忙标志时BF需为0；如果在送出一个指令前不检查BF标志，那么在前一个指令和这个指令中间必须延迟一段较长的时间，即等待前一个指令确实执行完成。

"RE"为基本指令集与扩充指令集的选择控制位，当变更"RE"位后，指令集将维持在最后的状态，除非再次变更"RE"位，否则继续使用相同指令集，不需每次重设"RE"位。

① 基本指令集动作(向液晶显示模式块写入30H控制字后使用基本指令)。

指令1：指令码为01H，清除显示屏幕，把DDRAM地址计数器调整为"00H"。

D/I	R/W	DB7	DB6	DB5	DB4	DB3	DB2	DB1	DB0
L	L	L	L	L	L	L	L	L	H

指令2：指令码为02H或03H，光标复位，把DDRAM地址计数器调整为"00H"，光标回原点。该功能不影响显示DDRAM，最低位不起作用。

D/I	R/W	DB7	DB6	DB5	DB4	DB3	DB2	DB1	DB0
L	L	L	L	L	L	L	L	H	X

指令3：指令码为04H～07H，光标和显示模式设置。

I/D：光标移动方向，高电平右移，低电平左移。

S：屏幕上所有文字是否左移或者右移。高电平表示有效，低电平表示无效。

把DDRAM地址计数器调整为"00H"，光标回原点。该功能不影响显示DDRAM。执行该命令后，所设置的行将显示在屏幕的第一行。显示起始行是由Z地址计数器控制的，该命令自动将A0～A5位地址送入Z地址计数器，起始地址可以是0～63范围内的任意一行。Z地址计数器具有循环计数功能，用于显示行扫描同步，当扫描完一行后自动加一。

D/I	R/W	DB7	DB6	DB5	DB4	DB3	DB2	DB1	DB0
L	L	L	L	L	L	L	H	I/D	S

指令4：指令码为08H～0FH，显示开关控制。

D：控制整体显示的开与关，高电平表示开显示，低电平表示关显示。

C：控制光标的开与关，高电平表示有光标，低电平表示无光标。

B：控制光标是否闪烁，高电平闪烁，低电平不闪烁。

D/I	R/W	DB7	DB6	DB5	DB4	DB3	DB2	DB1	DB0
L	L	L	L	L	L	H	D	C	B

指令5：指令码为10H～1FH，设定光标或显示移位。

S/C：高电平时移动显示的文字，低电平时移动光标。

R/L：高电平时向右移动，低电平时向左移动。

最低两位数据不起作用。

D/I	R/W	DB7	DB6	DB5	DB4	DB3	DB2	DB1	DB0
L	L	L	L	L	H	S/C	R/L	X	X

指令 6：指令码为 30H～3FH，功能设置命令。

DL＝1(必须设为 1)。

RE＝1：扩充指令集动作；RE＝0：基本指令集动作。

DB0、DB1、DB3 不起作用。

D/I	R/W	DB7	DB6	DB5	DB4	DB3	DB2	DB1	DB0
L	L	L	L	H	DL	X	RE	X	X

指令 7：指令码为 40H～7FH，设定 CGRAM 地址码；字符发生器 RAM 地址设置，设定 CGRAM 地址到地址计数器(AC)。

D/I	R/W	DB7	DB6	DB5	DB4	DB3	DB2	DB1	DB0
L	L	L	H	AC5	AC4	AC3	AC2	AC1	AC0

指令 8：指令码为 80H 到 FFH，设定 DDRAM 地址到地址计数器(AC)。

D/I	R/W	DB7	DB6	DB5	DB4	DB3	DB2	DB1	DB0
L	L	H	AC6	AC5	AC4	AC3	AC2	AC1	AC0

指令 9：读忙信号和光标地址。BF 为忙标志位，高电平表示忙，此时模块不能接收命令或者数据；如果为低电平表示不忙，表示内部动作已完成，同时可以读出地址计数器(AC)的值。

D/I	R/W	DB7	DB6	DB5	DB4	DB3	DB2	DB1	DB0
L	H	BF	AC6	AC5	AC4	AC3	AC2	AC1	AC0

指令 10：写入数据到内部的 RAM(DDRAM/CGRAM/TRAM/GDRAM)。

D/I	R/W	DB7	DB6	DB5	DB4	DB3	DB2	DB1	DB0
H	L	D7	D6	D5	D4	D3	D2	D1	D0

指令 11：读出 RAM 的数据。从内部 RAM(DDRAM/CGRAM/TRAM/GDRAM)读取数据。

D/I	R/W	DB7	DB6	DB5	DB4	DB3	DB2	DB1	DB0
H	H	D7	D6	D5	D4	D3	D2	D1	D0

② 扩充指令集动作(向液晶显示模块写入 34H 控制字后使用扩充指令)。

指令 12：指令码为 01H，待命模式码。进入待命模式后，执行其他命令都可终止待命模式。

D/I	R/W	DB7	DB6	DB5	DB4	DB3	DB2	DB1	DB0
L	L	L	L	L	L	L	L	L	H

指令 13：指令码为 02H 或 03H，卷动地址或 IRAM 地址选择。SR＝1，允许输入卷动地址；SR＝0，允许输入 IRAM 地址。

D/I	R/W	DB7	DB6	DB5	DB4	DB3	DB2	DB1	DB0
L	L	L	L	L	L	L	L	H	SR

指令 14：指令码为 04H～07H，反白选择。由 R0 和 R1 组合选择 4 行中的任一行作反白显示，并可决定反白与否。

D/I	R/W	DB7	DB6	DB5	DB4	DB3	DB2	DB1	DB0
L	L	L	L	L	L	L	H	R1	R0

指令 15：指令码为 08H～0FH，睡眠模式。SL＝1，脱离睡眠模式；SL＝0，进入睡眠模式。最低两位数据不起作用。

D/I	R/W	DB7	DB6	DB5	DB4	DB3	DB2	DB1	DB0
L	L	L	L	L	L	H	SL	X	X

指令 16：指令码为 30H～3EH，扩充功能设定。RE＝1，扩充指令集动作；RE＝0，基本指令集动作。RE＝1 时，若 G＝1，则绘图显示 ON；若 G＝0，则绘图显示 OFF。

D/I	R/W	DB7	DB6	DB5	DB4	DB3	DB2	DB1	DB0
L	L	L	L	H	H	X	1 RE	G	L

指令 17：指令码为 40H～4FH，设定 IRAM 地址或卷动地址。和指令 13 配合，若 SR＝1，则 AC5～AC0 为垂直卷动地址；若 SR＝0，则 AC3～AC0 为写 ICONRAM 地址。

D/I	R/W	DB7	DB6	DB5	DB4	DB3	DB2	DB1	DB0
L	L	L	H	AC5	AC4	AC3	AC2	AC1	AC0

指令 18：设定绘图 RAM 地址，设定 GDRAM 地址到地址计数器(AC)。

D/I	R/W	DB7	DB6	DB5	DB4	DB3	DB2	DB1	DB0
L	L	H	AC6	AC5	AC4	AC3	AC2	AC1	AC0

4）TG12864E 显示坐标

(1) 图形显示坐标，如图 2－49 所示。

(2) 汉字显示坐标，如表 2－14 所示。

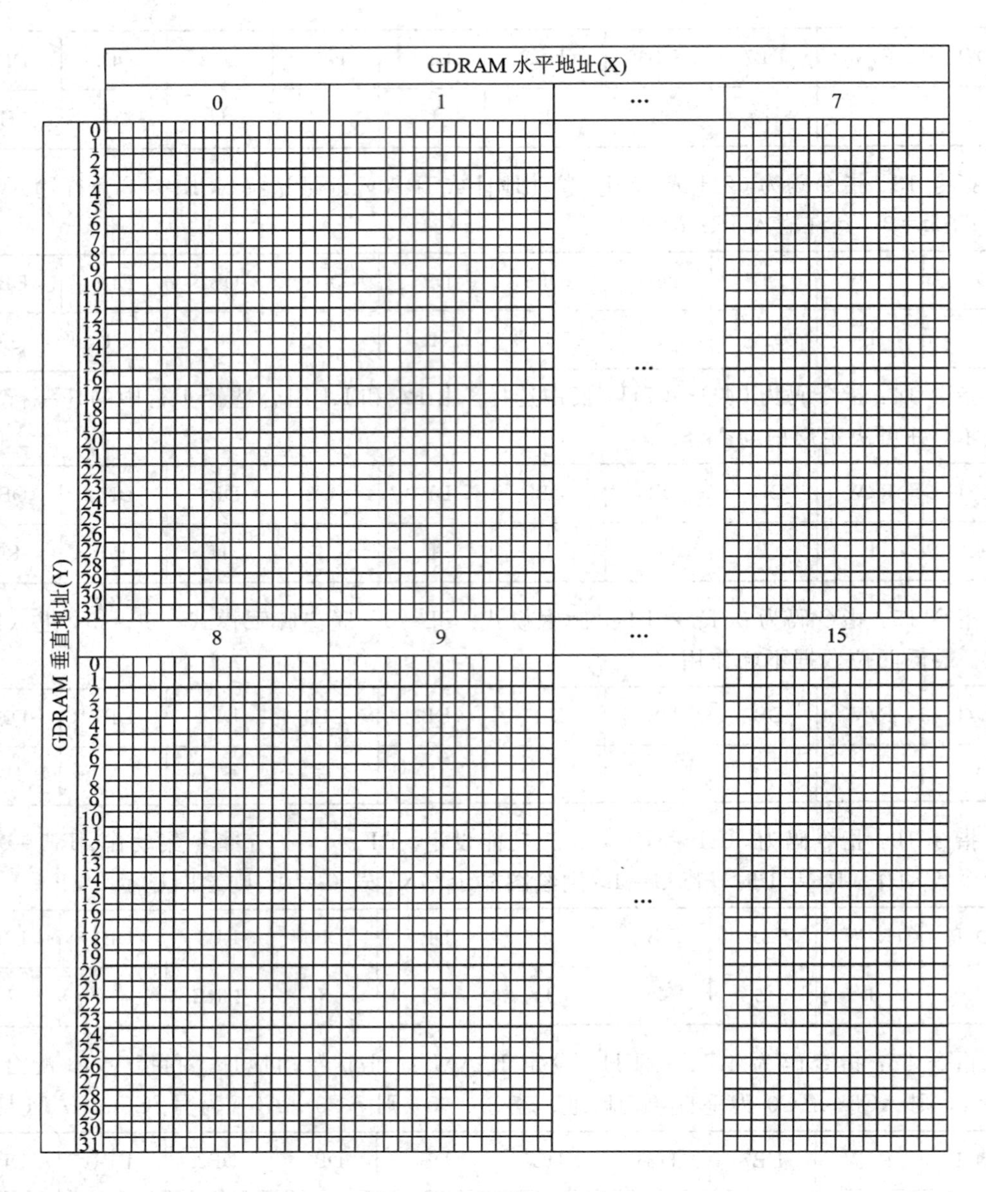

图 2-49　图形显示坐标

表 2-14　汉字显示坐标对应表

Y 坐标	X 坐标							
Line1	80H	81H	82H	83H	84H	85H	86H	87H
Line2	90H	91H	92H	93H	94H	95H	96H	97H
Line3	88H	89H	8AH	8BH	8CH	8DH	8EH	8FH
Line4	98H	99H	9AH	9BH	9CH	9DH	9EH	9FH

5）TG12864E 显示步骤

（1）显示数据 RAM(DDRAM)。显示数据 RAM 提供 64×2 个字节的空间，每个汉字用两个字节作为代码，最多可以控制 4×16 字(64 个字)的中文字型显示。当写入显示数据 RAM 时，可以分别显示半宽的 HCGROM 字型和 CGRAM 字型及中文 CGROM 字型。三种字型的选择由在 DDRAM 中写入的编码选择。在 0000H～0006H 的编码中将自动地结合下一个字节，组成两个字节的编码，达成中文字型的编码(A140～D75F)。各种字型详细编码如下：

① 显示半宽字型：将 8 位资料写入 DDRAM 中，编码范围为 02H～7FH。字符如表 2-15 所示。

表 2-15 字 符 表

☒	☒	☻	♥	♦	♣	♠	•	◘	○	◙	♂	♀	♪	♫	☼
►	◄	↕	‼	¶	§	▬	↨	↑	↓	→	←	∟	↔	▲	▼
	!	"	#	$	%	&	'	(	)	*	+	,	-	.	/
0	1	2	3	4	5	6	7	8	9	:	;	<	=	>	?
@	A	B	C	D	E	F	G	H	I	J	K	L	M	N	O
P	Q	R	S	T	U	V	W	X	Y	Z	[	\	]	^	_
`	a	b	c	d	e	f	g	h	i	j	k	l	m	n	o
p	q	r	s	t	u	v	w	x	y	z	{	|	}	~	⌂

② 显示 CGRAM 字型：将 16 位数据写入 DDRAM 中，总共有 0000H、0002H、0004H、0006H 四种编码。

③ 显示中文字型：将 16 位数据写入 DDRAM 中，编码范围为 A1A1H～F7FEH。每个字符及汉字的编码见附录。

(2) 绘图 RAM(GDRAM)。绘图 RAM 提供 64×32 个字节的存储空间(由扩充指令集设定)，最多可以控制 256×64 点的二维绘图缓冲空间。在更改绘图 RAM 时，先连续写入水平与垂直的坐标值，再写入两个 8 位的数据，而地址计数器(AC)会自动加一。在写入绘图 RAM 期间，绘图显示必须关闭。整个写入绘图 RAM 的步骤如下：

① 关闭绘图显示功能。

② 先将垂直的字节坐标(Y)写入绘图 RAM 地址，再将水平的坐标(X)写入绘图 RAM 地址。

③ 将 D15～D8 写入 RAM 中。

④ 将 D7～D0 写入 RAM 中。

⑤ 打开绘图显示功能。

绘图显示的存储器对应分布如图 2-50 所示。

(3) 光标/闪烁控制。由地址计数器(Address Counter)的值来指定 DDRAM 中的光标或闪烁位置。

6) TG12864E 的软/硬件设计实例

实例：要求通过硬件设计和软件编程，在 TG12864E 液晶显示模块上一行显示“你好”，在另一行显示“Hello!”。

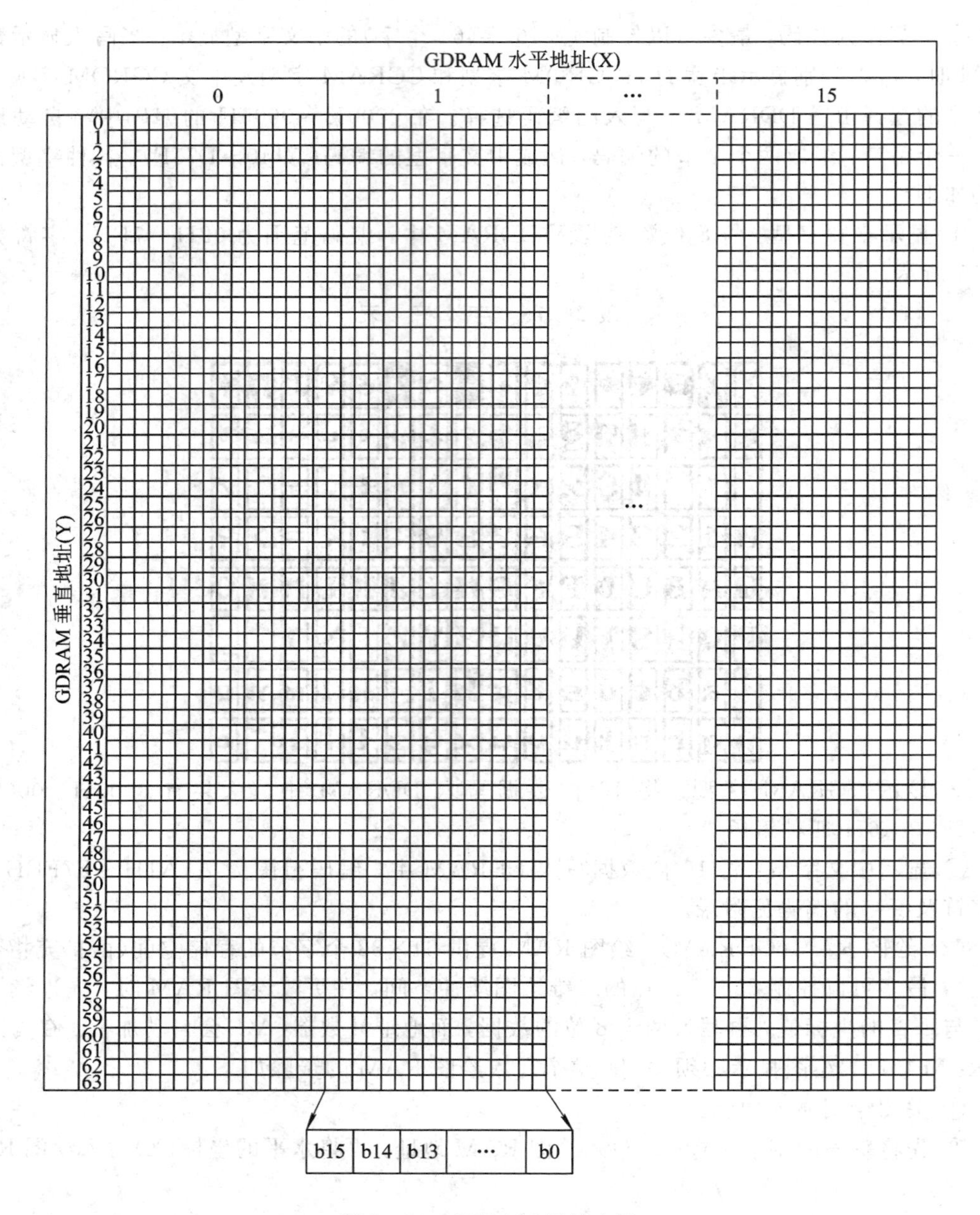

图 2－50　GDRAM 显示坐标

和所有电子产品开发中芯片和外围器件的开发过程一样，需要按照以下三个步骤进行设计：

第一步：根据液晶显示模块的外部引脚，确定 CPU 与液晶显示模块引脚的连线，设计电路图。

第二步：根据时序图，设计读/写子程序；

第三步：根据控制命令表，设计主程序，完成显示要求。

(1) 硬件原理图。TG12864E 液晶显示模块可以和单片机 AT89C51 直接接口，电路如图 2－51 所示。说明如下：

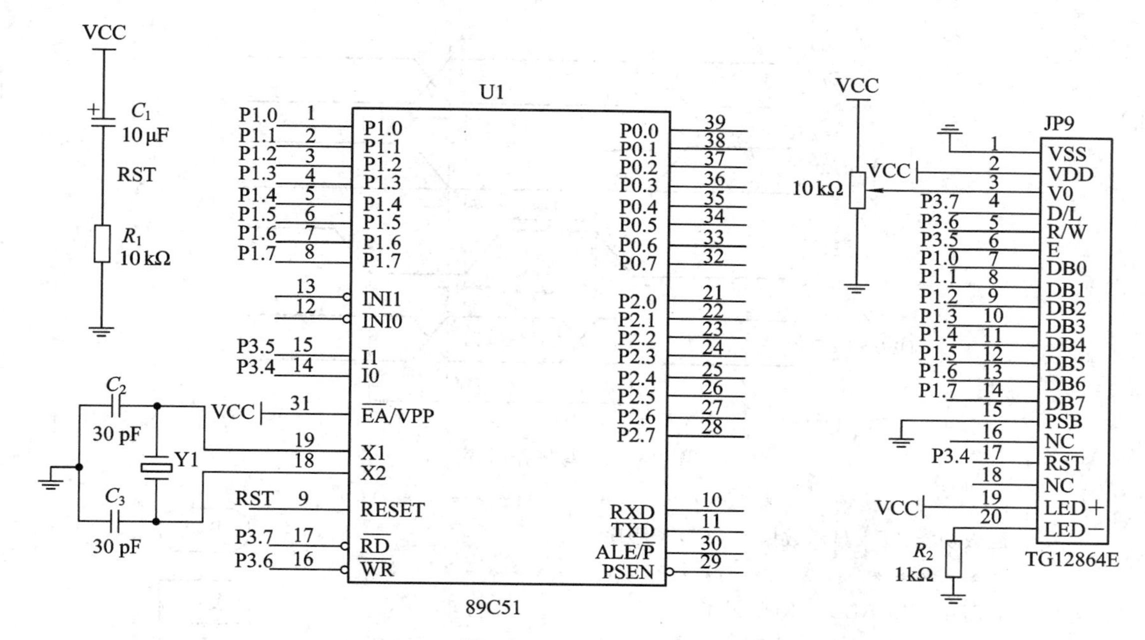

图 2-51　电路原理图

- 1、2 脚分别接电源的正负极，为液晶显示模块供电；
- 3 脚通过电位器，为液晶显示调节适合的对比度；
- 4 脚 D/I 接 P3.7；
- 5 脚 R/W 接 P3.6；
- 6 脚 E 接 P3.5；
- 7～14 脚接 8 条数据线 P1.0～P1.7；
- 15 脚 PSB 接地，选择并行工作模式；
- 17 脚 RST 接 P3.4，置低电平时液晶显示模块复位，延时一段后置高电平，液晶显示模块正常显示；
- 16 脚和 18 脚悬空，不接线；
- 19 脚接正电源；
- 20 脚通过一个电阻接地，液晶显示模块背光持续亮。

至此，液晶显示器的每一个管脚都接到了合适的地方，硬件设计就完成了。

(2) 读/写子程序编写。读/写子程序是 CPU 与液晶显示模块交换信息的基础程序。读/写子程序编写的依据是元器件手册上的时序图。下面以“写入显示数据到 LCD 子程序”为例讲解子程序编写方法。写操作时序如图 2-52 所示。

时序图应该从左向右看。首先发生变化的是 D/I 和 R/W，与之对应的指令是“SETB P3.7”和“CLR P3.6”；之后就是 E 由低电平变为高电平，对应的指令是“SETB P3.5”；然后把要写的数据 A 送到 P1 口，对应的指令是“MOV P1,A”；在 E 的下降沿启动 CPU 与液晶显示模块信息的交换；之后用“CLR P3.5”停止 CPU 与液晶显示模块信息的交换，等待以后的命令。液晶显示模块的速度比 CPU 慢，程序中的 DELAY 是配合液晶显示模块速度的延时子程序，以保证 CPU 发送的每条指令都能正确传递给液晶显示模块。

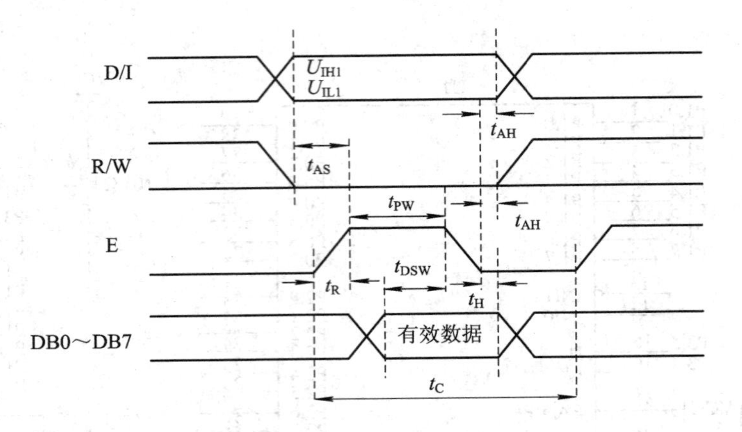

图 2-52　写操作时序

```
/*****************************
函数功能:写入显示数据到 LCD 子程序
*****************************/
WRD:   LCALL   RDBUSY
       MOV     A,R2
       SETB    P3.7        ; D/I DATA
       CLR     P3.6        ; R/W READ
       LCALL   DELAY
       SETB    P3.5        ; E
       LCALL   DELAY
       MOV     P1,A
       LCALL   DELAY
       CLR     P3.5
       RET
```

"写入指令数据到 LCD 子程序"与"写入显示数据到 LCD 子程序"几乎一模一样，唯一不同的就是将上面程序的第三行改为"CLR P3.7"。

"测试 LCD 忙碌状态"与"写入指令数据到 LCD 子程序" 几乎一模一样，唯一不同的就是将上面程序的第三行改为"SETB P3.6"。

(3) 程序流程图如图 2-53 所示。

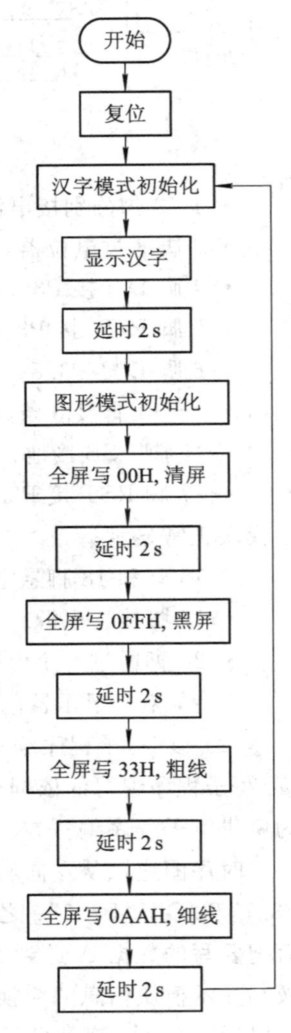

图 2-53　软件流程图

(4) 软件代码。

```
        DI      EQU P3.7
        RW      EQU P3.6
        E       EQU P3.5
        RST     EQU P3.4
        BKL     EQU P3.3

        ORG     0000H
```

```
            AJMP    MAIN
            ORG     0080H
MAIN:       MOV     SP, #60H        ；设置堆栈指针
            MOV     IE, #00H        ；关中断
            SETB    P3.3            ；点亮背光
            CLR     P3.4            ；复位
            LCALL   DELAY500MS
            SETB    P3.4            ；复位结束
            LCALL   HANZIINIT       ；汉字模式初始化
            LCALL   HANZI           ；显示汉字
            LCALL   DELAY2S         ；延时，便于看清汉字
            CLR     P3.4            ；复位
            LCALL   DELAY500MS
            SETB    P3.4            ；复位结束
            LCALL   TUXINGINI       ；图形模式初始化
            MOV     22H, #00H       ；全屏写00H，完成清屏作用
            LCALL   TUXING
            LCALL   DELAY2S
            MOV     22H, #0FFH      ；全屏写FFH，全屏显示深色
            LCALL   TUXING
            LCALL   DELAY2S
            MOV     22H, #33H       ；全屏写55H，黑点、白点相间隔，实际显示细线
            LCALL   TUXING
            LCALL   DELAY2S
            MOV     22H, #0AAH      ；全屏写AAH，白点、黑点相间隔，实际显示细线
            LCALL   TUXING
            LCALL   DELAY2S
            LJMP    MAIN
TUXING:     MOV     R5,#10H
            MOV     20H,#80H        ；垂直坐标
            MOV     21H,#80H        ；水平坐标
            MOV     R3,22H
            MOV     R1,#20H         ；循环次数
    LOOP2:  MOV     R2,20H          ；Y地址
            LCALL   WRI ;
            MOV     R2,21H          ；X地址
            LCALL   WRI
            MOV     A,R3
            MOV     R2,A
            LCALL   WRD
            LCALL   WRD
```

```
            INC     20H
            DJNZ    R1,LOOP2
            INC     21H
            MOV     R1,#20H
            MOV     20H,#80H        ;垂直坐标
            DJNZ    R5,LOOP2
            RET
TUXINGINIT: MOV     R2,#36H         ;扩充指令
            LCALL   WRI
            MOV     R2,#0CH         ;开显示
            LCALL   WRI
            MOV     R2,#01H         ;清除显示
            LCALL   WRI
            MOV     R2,#03H         ;地址归位,允许卷屏
            LCALL   WRI
            MOV     R2,#40H         ;CGRAM 地址
            LCALL   WRI             ;完成图形模式的初始化
            RET
HANZIINIT:  MOV     R2,#30H         ;基本指令
            LCALL   WRI
            MOV     R2,#01H         ;清除显示
            LCALL   WRI
            MOV     R2,#02H         ;地址归位
            LCALL   WRI
            MOV     R2,#06H         ;光标设定
            LCALL   WRI
            MOV     R2,#0FH         ;光标设定
            LCALL   WRI
            MOV     R2,#14H         ;光标设定
            LCALL   WRI
            MOV     R2,#40H         ;CGRAM 地址
            LCALL   WRI
            MOV     R2,#84H         ;DDRAM 地址
            LCALL   WRI
            RET
HANZI:      MOV     R2,#0C4H        ;汉字“你”的第一个代码
            LCALL   WRD
            MOV     R2,#0FAH        ;汉字“你”的第二个代码
            LCALL   WRD
            MOV     R2,#0BAH        ;汉字“好”的第一个代码
            LCALL   WRD
            MOV     R2,#0C3H        ;汉字“好”的第二个代码
```

```
        LCALL   WRD
        MOV     R2,#48H         ;显示"Hello!"
        LCALL   WRD
        MOV     R2,#65H
        LCALL   WRD
        MOV     R2,#6CH
        LCALL   WRD
        MOV     R2,#6CH
        LCALL   WRD
        MOV     R2,#6FH
        LCALL   WRD
        MOV     R2,#21H
        LCALL   WRD
        RET
        ;READ DATA 读数据
RDD:    LCALL   RDBUSY
        SETB    P3.7            ;D/I DATA
        SETB    P3.6            ;R/W READ
        ORL     P1,#0FFH
        LCALL   DELAY
        SETB    P3.5            ;E
        LCALL   DELAY
        MOV     A,P1
        LCALL   DELAY
        CLR     P3.5
        RET
        ;WRITE DATA 写数据
WRD:    LCALL   RDBUSY
        MOV     A,R2
        SETB    P3.7            ;D/I DATA
        CLR     P3.6            ;R/W READ
        LCALL   DELAY
        SETB    P3.5            ;E
        LCALL   DELAY
        MOV     P1,A
        LCALL   DELAY
        CLR     P3.5
        RET
        ;WRITE COMMAND 写指令
WRI:    LCALL   RDBUSY
        MOV     A,R2
        CLR     P3.7            ;D/I COMMAND
```

```
        CLR     P3.6            ; R/W
        LCALL   DELAY
        SETB    P3.5            ; E
        LCALL   DELAY
        MOV     P1,A
        LCALL   DELAY
        CLR     P3.5
        RET
        ;读状态，判断液晶显示模块忙与否
RDBUSY: CLR     P3.7            ; D/I COMMAND STATUS
        LCALL   DELAY
        SETB    P3.6            ; R/W=1,READ
P01:    ORL     P1,#0FFH
        LCALL   DELAY
        SETB    P3.5            ; E
        MOV     A,P1
        LCALL   DEALY
        CLR     P3.5
        JB      ACC.7,P01       ;如果忙就等待
        RET
DELAY2S: LCALL  DELAY500MS
        LCALL   DELAY500MS
        LCALL   DELAY500MS
        LCALL   DELAY500MS
        RET
DEALY500MS:  MOV   R6,#00H
DELAY500MS1: MOV   R7,#00H
DELAY500MS2: DJNZ  R7,DELAY500MS2
             DJNZ  R6,DELAY500MS1
             RET
DELAY:  NOP
        NOP
        NOP
        NOP
        NOP
        NOP
        NOP
        RET
```

7）TG12864E 的串行工作状态

当 TG12864E 的第 15 脚 PSB 接高电平时，工作在串行工作模式。在串行模式下 TG12864E 相关管脚的具体功能如下：

- 第 4 脚：串行模式下是 CS 功能，高电平时选通 LCD，低电平时不选通 LCD。

• 第 5 脚：SID 功能，即串行模式下的数据线。

• 第 6 脚：SCLK 功能，即串行模式下的时钟信号线。

可见，当 PSB 和 CS 都接高电平时，LCD 工作在串行工作模式下，第 5 脚 SID 和第 6 脚 SCLK 配合完成数据和指令的读写过程，如图 2－54 所示。

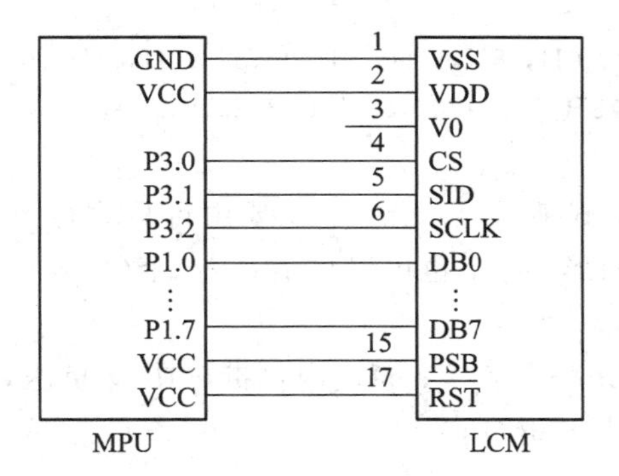

图 2－54　串行模式电路图

4. 不带汉字库的点阵图形式液晶显示器 12864

不带汉字库的点阵图形式液晶显示器 12864 与带汉字库的点阵图形式液晶显示器 TG12864E 的显示面积相同，可以显示的内容也相同，不同之处是：TG12864E 内部带有一块集成了汉字字库的芯片，只要输入两个字节的代码就可以显示对应的汉字，而 12864 没有这个功能。如果要显示汉字，需要先利用计算机软件查找汉字字库，然后把汉字字库随程序烧录在存储程序的 EEPROM 或 Flash 中，再通过编程把汉字作为图形显示出来。

现在有很多种汉字字库生成软件，图 2－55 是其中一种软件——“PCtoLCD2002”的界面。利用该软件可以设置汉字的点阵大小(本书采用 16×16 点阵)，还具有左转 90°、右转 90°、镜面翻转、字体选择等功能。

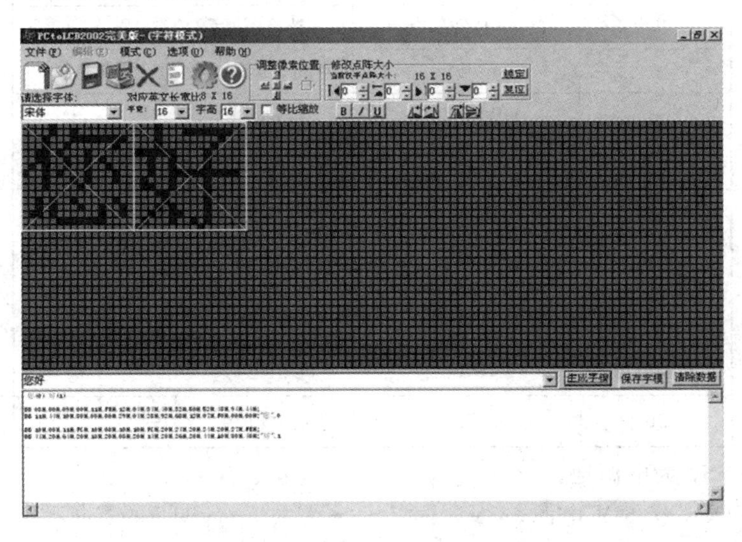

图 2－55　PCtoLCD2002 的界面

在界面的文本框内输入需要转换的汉字，点击“生成字模”按钮，就可以在最下面的对话框内生成汉字的字库代码，即：

NIN:
DB 08H,00H,09H,00H,11H,0FEH,12H,04H,34H,40H,32H,50H,52H,48H,94H,44H;
DB 11H,44H,10H,80H,00H,00H,29H,04H,28H,92H, 68H,12H,07H,0F0H,00H,00H; "您"

HAO:
DB 10H,00H,11H,0FCH,10H,08H,10H,10H,0FCH,20H,24H,20H,24H,20H,27H,0FEH;
DB 44H,20H,64H,20H,18H,20H,08H,20H,14H,20H,26H,20H,44H,0A0H,80H,40H; "好"

1) 12864 介绍

12864 是一种点阵图形式液晶显示器，它主要由行驱动器/列驱动器及 128×64 全点阵液晶显示器组成，可完成图形显示，也可以显示 8×4 个(16×16 点阵)汉字。

主要技术参数和性能：

(1) 电源：VDD 为+2.7～+5 V；模块内自带－10 V 负压，用于 LCD 的驱动电压。

(2) 显示内容：128(列)×64(行)点。

(3) 全屏幕点阵。

(4) 与 CPU 接口采用 8 位数据总线并行输入/输出。

2) 12864 引脚功能说明

12864 引脚功能如表 2-16 所示。

表 2-16　12864 引脚功能

引脚	符号	功　能
1	VSS	电源地
2	VDD	逻辑电路正电源
3	V0	LCD 对比度驱动电源
4	RS	1：指令，0：数据
5	R/W	1：读，0：写
6	E	使能，1：有效，0：无效
7～14	DB0～DB7	8 条数据线
15	CS1	左半边片选信号
16	CS2	右半边片选信号
17	$\overline{RES}$	0：复位，1：正常工作
18	VEE	LCD 驱动电源(负压)
19	LED1	背光正电源
20	LED2	背光负电源

第 1 脚：VSS，为电源地。

第 2 脚：VDD，接 5 V 电源。

第 3 脚：V0，为液晶显示器对比度调整端。接正电源时对比度最弱，即使有字符显示也看不出来；接地时对比度最高，对比度过高时即使没有显示也是黑色的，会影响正常字符的显示。实际使用时可以通过一个 10 kΩ 的电位器调整第 3 脚的电压来调整对比度。

第 4 脚：RS，为寄存器选择，高电平时选择数据寄存器，也就是传输显示的内容；低电平时选择指令寄存器，也就是传输对液晶的指令或读取液晶的状态字。

第 5 脚：R/W，为读/写信号线，高电平时进行读操作，低电平时进行写操作。

RS 和 R/W 高低电平共有 4 种组合：当 RS 和 R/W 都为低电平时可以写入指令；当 RS 为低电平、R/W 为高电平时可以读液晶显示状态，状态包括 Busy 状态位等；当 RS 为高电平、R/W 为低电平时可以写入数据；当 RS 和 R/W 都为高电平时可以读出当前光标位置的显示数据。

第 6 脚：E 端，为使能端，当 E 端为低电平时，可以对液晶模块执行操作；当 E 端为高电平时，液晶模块不会接收任何信号。

第 7～14 脚：由低到高对应 D0～D7 共 8 条双向数据线。

第 15 脚：CS1。

第 16 脚：CS2。

12864 可以平分为两个 64×64 的组合：CS1 接低电平时，选中左边的 64×64 显示数据交换；CS2 接低电平时，选中右边的 64×64 显示数据交换；CS1 或 CS2 为高电平时，对应的半边显示数据和显示状态不变。

第 17 脚：$\overline{RES}$，置低电平时液晶模块复位，置高电平时液晶模块进入正常工作状态；

第 18 脚：VEE，显示用负电压，由于液晶显示器是用比较高的电压差来驱动对比度显示的，所以在液晶显示内部有电压变换芯片，在通以 5 V 电源时，芯片产生－10 V 左右的负电压，通过电位器分压接入 V0，调节电位器就可以调节液晶显示的对比度。接线图如图 2－56 所示。

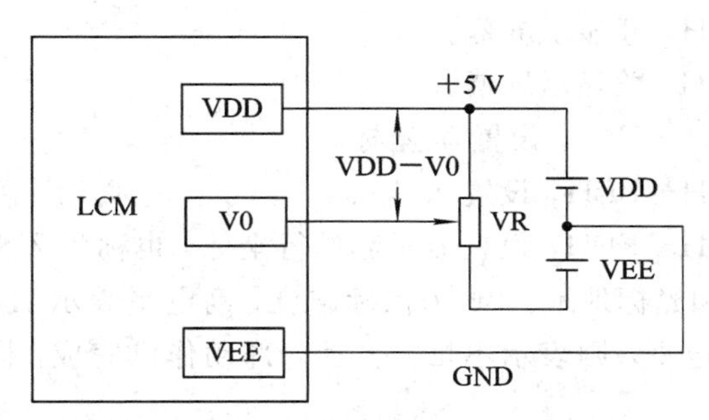

图 2－56　LCD 对比度 V0 接线电路图

第 19 脚：接背光正电源。

第 20 脚：接背光负电源。

3）指令说明及读/写操作时序

(1) 写操作时序：与 TG12864E 时序相同。

(2) 读操作时序：与 TG12864E 时序相同。

因为不带字库的 LCD 与带字库的 LCD 具有相同的读/写操作时序，所以这两种液晶模块的读/写子程序完全相同。

(3) 用户指令集，如表 2－17 所示。

表 2-17　12864 指令集

指令	RS	R/W	DB7	DB6	DB5	DB4	DB3	DB2	DB1	DB0	功　能
显示开/关	0	0	0	0	1	1	1	1	1	1/0	控制显示开/关 1：开显示 0：关显示
设 Y 地址	0	0	0	1	Y 地址(0～63)						设 Y 地址
设 X 地址	0	0	1	0	1	1	1	X 地址(0～7)			设 X 地址
设起始行 (Z 地址)	0	0	1	1	显示起始行						设置从哪一行开始显示
读状态	0	1	忙	0	开/关	复位	0	0			BUSY：0—Ready 1—忙 开/关：0—显示开 1—显示关 复位：0—工作 1—在复位
写显示数据	1	0	要显示的数据								每完成一次写数据操作，Y 地址自动加 1
读显示数据	1	1	当前指针输出的显示数据								把显示数据从 LCD 读到 CPU

(4) 指令说明。

指令 1：指令码 3FH，开显示屏幕。

指令 2：指令码 3EH，关显示屏幕。

指令 3：指令码 40H～7FH，设置 Y 坐标。

指令 4：指令码 B8H～BFH，设置 X 坐标。

指令 5：指令码 C0H～FFH，设置显示起始行坐标，也称为 Z 坐标。

指令 6：读忙信号和光标地址。BF 为忙标志位，高电平表示忙，此时模块不能接收命令或者数据；如果为低电平，则表示不忙，表示内部动作已完成，同时可以读出地址计数器(AC)的值。

指令 7：写入数据到液晶显示器。

指令 8：读出液晶显示模块 RAM 的数据。

4) 显示坐标

从表 2-17 可以看出，设置 Y 地址指令码 40H～7FH，即 01000000B～01111111，共有 64 种组合。如果输入指令码 40H，就将数据写到第一行；如果输入指令码 7FH，就将数据写到第 64 行。

从表 2-17 还可看出，设置 X 地址指令码 B8H～BFH，即 10101000B～10101111B，共有 8 种组合。如果输入指令码 B8H，就将数据写到第一列；如果输入指令码 BFH，就将数据写到第 8 列。但是我们需要控制 64 列的显示点，8 列能否满足我们的需求呢？

实际上，CPU 每次给 LCD 传递显示数据的单位是一个字节，一个字节是 8 位，也就是 8 个二进制位，每一个二进制位控制一个点，所以每一列数据是 8 个点，8 列数据共

8×8＝64 个点。这样就实现了对 64×64 点阵每一个点的亮暗控制。

与 CS1 和 CS2 配合，就可以对 128×64 点阵的每一个点的亮暗进行控制。

5）显示步骤

在绘图时，先写入水平 X 与垂直 Y 的地址值，再写入 8 位显示数据，而 Y 地址计数器会自动加一，就是下一个数据将自动写到同一列的下一行。整个写入绘图 RAM 的步骤如下：

（1）将垂直的字节地址（Y）写入绘图 RAM 地址。

（2）再将水平地址（X）写入绘图 RAM 地址。

（3）将显示数据 D7～D0 写入 RAM 中。

以上三步可完成 8 个点亮暗状态的设定。要想显示汉字，需要按正确的顺序把字库的数据输到正确的地址。

例如：如果一个汉字是 16×16 点阵，也就是 16 行×16 列，每行就是 16 个点，需要 2 个字节才能表示一行的亮灭状态，16 行就需要 32 个字节。也就是说，一个 16×16 点阵的汉字需要 CPU 向 LCD 按照预定的位置传递 32 个字节才能正确显示。

6）12864 的软/硬件设计实例

实例：要求通过硬件设计和软件编程，在 12864 液晶模块左半屏第一行第一列显示“您好”，在右半屏第二行第三列显示“您好”。

和所有电子产品开发中芯片和外围器件的开发过程一样，需要按照以下三个步骤进行设计：

第一步，根据液晶模块的外部引脚，确定 CPU 与液晶模块引脚的连线，设计电路图。

第二步，根据时序图，设计读/写子程序。

第三步，根据控制命令，设计主程序，完成显示要求。

（1）硬件原理图。12864 液晶显示模块可以和单片机 AT89C51 直接接口，电路如图 2－57 所示。说明如下：

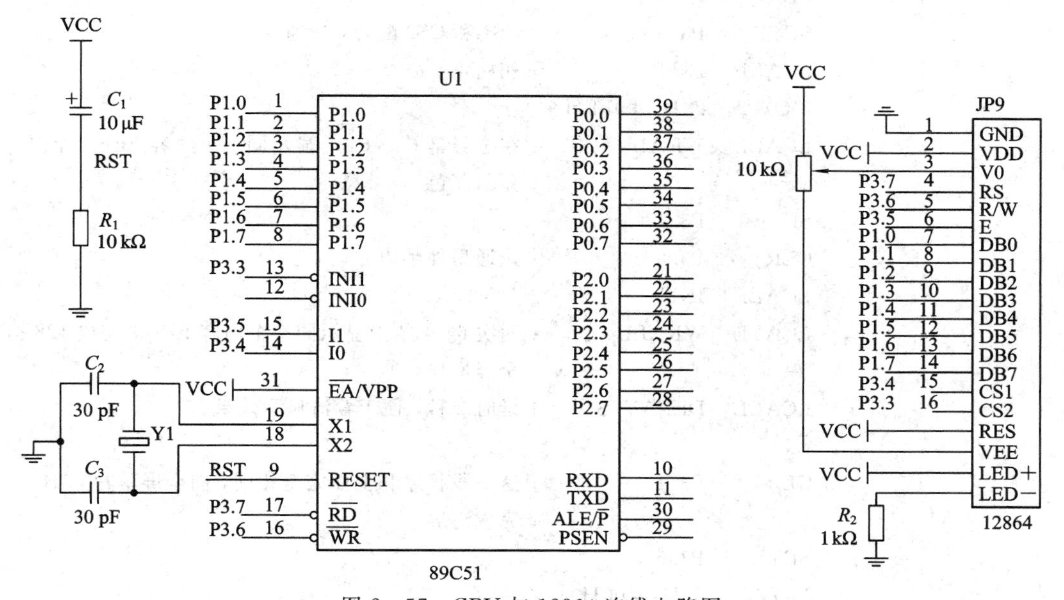

图 2－57　CPU 与 12864 连线电路图

- 1、2 脚分别接电源的正负极，为液晶模块供电；
- 3 脚通过电位器，为液晶显示调节适合的对比度；
- 4 脚 RS 接 P3.7；
- 5 脚 R/W 接 P3.6；
- 6 脚 E 接 P3.5；
- 7～14 为 8 条数据线，连接 P1.0～P1.7；
- 15 脚：CS1 接 P3.4；
- 16 脚：CS2 接 P3.3；
- 17 脚：RES 置高电平，液晶模块正常工作；
- 18 脚：VEE，显示用负电压，电路如图 2-56 所示。
- 19 脚：接背光正电源，
- 20 脚：接背光负电源。

（2）编写读/写子程序。与 TG12864E 的完全相同。

（3）程序流程图，如图 2-58 所示。

（4）软件代码。

```
                ORG     0000H
                AJMP    MAIN

                ORG     0008H
                ；不带字库的 LCD 12864
MAIN：          MOV     SP，#60H        ；堆栈指针
                MOV     IE，#00H        ；关中断

START：         CLR     P3.1
                SETB    P3.5            ；CS1 和 CS2 配合，选通半边
                LCALL   INIT            ；初始化
                MOV     23H，#0FFH
                LCALL   WRALL           ；在全屏幕 64×64 上显示同一个内容 FFH，全屏
                                        ；显示深色
                SETB    P3.1
                CLR     P3.5            ；选通另外半边
                LCALL   INIT
                LCALL   WRALL           ；两次 64×64 上显示同一个内容 FFH，完成 128×64
                                        ；全屏操作
                LCALL   DELAY2S         ；延时 2 秒，便于看清显示效果

                CLR     P3.1            ；这一段程序和上面完全相同，向全屏幕写 00H，
                                        ；完成清屏
                SETB    P3.5
                MOV     23H，#00H
                LCALL   INIT
```

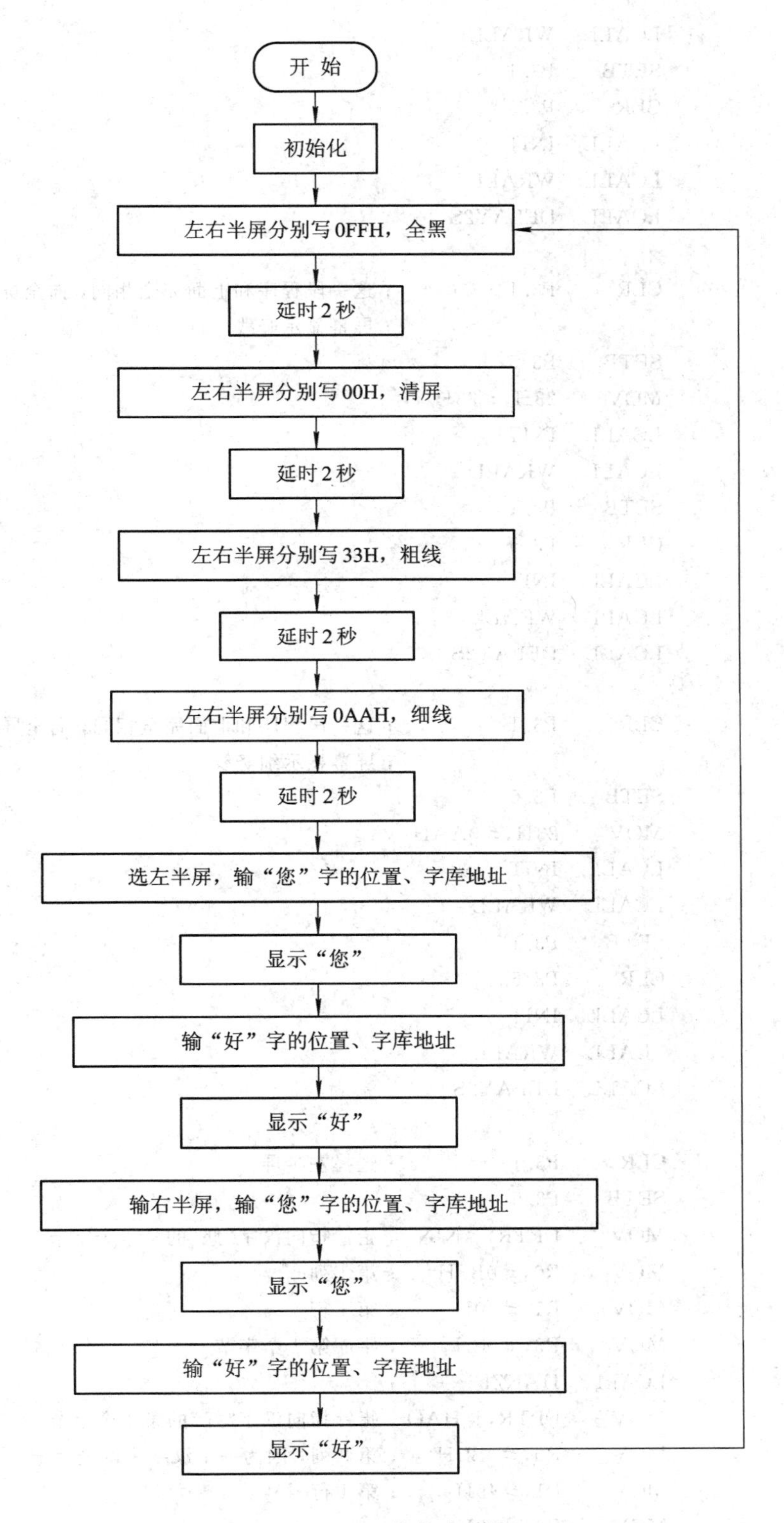
开 始
初始化
左右半屏分别写0FFH，全黑
延时2秒
左右半屏分别写00H，清屏
延时2秒
左右半屏分别写33H，粗线
延时2秒
左右半屏分别写0AAH，细线
延时2秒
选左半屏，输“您”字的位置、字库地址
显示“您”
输“好”字的位置、字库地址
显示“好”
输右半屏，输“您”字的位置、字库地址
显示“您”
输“好”字的位置、字库地址
显示“好”

图 2-58　软件流程图

```
        LCALL   WRALL
        SETB    P3.1
        CLR     P3.5
        LCALL   INIT
        LCALL   WRALL
        LCALL   DELAY2S

        CLR     P3.1           ；这一段程序和上面完全相同，向全屏幕写 33H，
                               ；屏幕显示竖线
        SETB    P3.5
        MOV     23H，#33H
        LCALL   INIT
        LCALL   WRALL
        SETB    P3.1
        CLR     P3.5
        LCALL   INIT
        LCALL   WRALL
        LCALL   DELAY2S

        CLR     P3.1           ；这一段程序和上面完全相同，向全屏幕写 AAH，
                               ；屏幕显示细竖线
        SETB    P3.5
        MOV     23H，#0AAH
        LCALL   INIT
        LCALL   WRALL
        SETB    P3.1
        CLR     P3.5
        LCALL   INIT
        LCALL   WRALL
        LCALL   DELAY2S

        CLR     P3.1           ；选择左半屏
        SETB    P3.5
        MOV     DPTR，#NIN     ；指针指向汉字“您”的第 1 个字节
        MOV     R0，#0BFH      ；第 1 列
        MOV     R1，#40H       ；第 1 行
        MOV     R3，#00H       ；字库第 1 个字节
        LCALL   HANZI          ；
        MOV     DPTR，#HAO     ；指针指向汉字“好”的第 1 个字节
        MOV     R0，#0BDH      ；第 3 列，因为一个汉字占两列
        MOV     R1，#40H       ；第 1 行
        MOV     R3，#00H；
        LCALL   HANZI
```

```
        SETB    P3.1            ；选择右半屏
        CLR     P3.5
        MOV     DPTR,＃NIN      ；指针指向汉字“您”的第 1 个字节
        MOV     R0,＃0BBH       ；第 5 列，因为一个汉字占两列
        MOV     R1,＃50H        ；第 2 行
        MOV     R3,＃00H        ；字库第 1 个字节
        LCALL   HANZI
        MOV     DPTR,＃HAO      ；指针指向汉字“好”的第 1 个字节
        MOV     R0,＃0B9H       ；第 7 列，因为一个汉字占两列
        MOV     R1,＃50H        ；第 2 行
        MOV     R3,＃00H        ；字库第 1 个字节
        LCALL   HANZI

        LCALL   DELAY2S
        LJMP    START
  NIN：
DB 08H,00H,09H,00H,11H,0FEH,12H,04H,34H,40H,32H,50H,52H,48H,94H,44H；
DB 11H,44H,10H,80H,00H,00H,29H,04H,28H,92H, 68H,12H,07H,0F0H,00H,00H；"您"

HAO：
DB 10H, 00H, 11H, 0FCH, 10H, 08H, 10H, 10H, 0FCH, 20H, 24H, 20H, 24H, 20H, 27H,
0FEH；
DB 44H,20H,64H,20H,18H,20H,08H,20H,14H,20H,26H,20H,44H,0A0H,80H,40H；"好"
HANZI：  MOV     A,R0            ；X 坐标
        MOV     R2,A
        LCALL   WRI             ；写 X 坐标，列
        DEC     R0              ；R0 减 1，为写另外半边做准备
        MOV     A,R1            ；写行的值
        MOV     R2,A
        LCALL   WRI             ；写 Y 坐标，行
        MOV     R5,＃10H        ；16 次循环，写 16×16 点阵汉字的左半边
HANZI1： MOV     A,R3            ；R3 作为指针，指向汉字库的指定字节
        MOVC    A,@a+DPTR       ；读出汉字库的一个字节
        MOV     R2,A
        LCALL   WRD             ；WRITE DATA，写显示数据
        INC     R3
        INC     R3              ；R3 加两次，读第 3 个字节
        DJNZ    R5,HANZI1       ；循环 16 次，写入左半边
```

（说明：一个 16×16 点阵汉字共 32 个字节，存储顺序是左边第一行（一个字节 8 位，代表 8 个点），右边第一行（一个字节 8 位，代表 8 个点），然后是左边第二行（一个字节 8 位，代表 8 个点），右边第二行（一个字节 8 位，代表 8 个点），依此类推。显示时先写入左

边第一行(一个字节 8 位，代表 8 个点)，再写入左边第二行(一个字节 8 位，代表 8 个点)，依此类推。因此要把指针加两次，也就是汉字库的第一个字节写完后，要写字库的第 3 个字节、第 5 个字节，依此类推，循环写 16 次，完成一个汉字左半边的写入过程。)

```
            MOV     R3,#01H       ;指针指向第二个字节，也就是右半边的第一个字节
            MOV     A,R1
            MOV     R2,A
            LCALL   WRI           ;Y ADD
            MOV     A,R0          ;R0 已在上面的程序中减 1 了，指向右边一列，也就是
                                  ;第二列了
            MOV     R2,A
            LCALL   WRI           ;X ADD
            MOV     R5,#10H       ;循环 16 次
HANZI2:     MOV     A,R3          ;R3 作为指针，指向汉字库的指定字节
            MOVC    A,@a+DPTR     ;读出汉字库的一个字节
            MOV     R2,A
            LCALL   WRD           ;WRITE DATA，写显示数据
            INC     R3
            INC     R3            ;R3 加两次，读第 4 个字节
            DJNZ    R5,HANZI2     ;循环 16 次，写入右半边
```

(说明：原理同上一段程序一样，不同的是，依次写入第 2、4、6、8 等字节，共写 16 次，完成一个汉字右半边的写入。)

```
            RET

INIT:       MOV     R2,#3FH       ;在全屏幕上显示同一个内容，可以完成清屏操作
            LCALL   WRI           ;DISPLAY ON 开显示
            MOV     R2,#0C0H
            LCALL   WRI           ;Y 坐标指向第 1 行
            MOV     20H,#0B8H     ;X 坐标指向第 1 列
            RET

WRALL:      MOV     R6,#08H       ;R6 设为 8，即进行 8 次循环，对 8 列数据操作，控制
                                  ;8×8=64 个点
WRALL1:     MOV     R2,20H
            LCALL   WRI           ;X 坐标指向第 1 列
            MOV     R2,#40H
            LCALL   WRI           ;Y 坐标指向第 1 行
            MOV     R7,#40H       ;R7 设为 64，即进行 64 次循环，对 64 行进行操作
WRALL2:     MOV     A,23H         ;23H 是调用子程序前设定的显示数据值
            MOV     R2,A
            LCALL   WRD           ;WRITE DATA
            CLR     A
            DJNZ    R7,WRALL2     ;循环 64 次，相当于对一列 64 行写入相同的数据
```

```
        MOV    A,20H          ；X坐标加1
        INC    A
        MOV    20H,A          ；第1列写完后，写第2列，依此类推，共写8列数据
        DJNZ   R6,WRALL1      ；循环8次，完成整个屏幕的写入
        RET

        ；READ DATA 读数据

RDD:    LCALL  RDBUSY
        SETB   P3.7           ；RS DATA
        SETB   P3.6           ；R/W READ
        ORL    P1,#0FFH
        LCALL  DELAY
        SETB   P3.5           ；E
        LCALL  DELAY
        MOV    A,P1
        LCALL DELAY
        CLR    P3.5
        RET

        ；WRITE DATA 写数据
WRD:    LCALL  RDBUSY
        MOV    A,R2
        SETB   P3.7           ；RS DATA
        CLR    P3.6           ；R/W READ
        LCALL  DELAY
        SETB   P3.5           ；E
        LCALL  DELAY
        MOV    P1,A
        LCALL  DELAY
        CLR    P3.5
        RET

        ；WRITE COMMAND 写指令
WRI:    LCALL  RDBUSY
        MOV    A,R2
        CLR    P3.7           ；RS COMMAND
        CLR    P3.6           ；R/W
        LCALL  DELAY
        SETB   P3.5           ；E
        LCALL  DELAY
        MOV    P1,A
        LCALL  DELAY
```

```
        CLR     P3.5
        RET

        ;读状态，判断液晶模块忙与否
RDBUSY: CLR     P3.7            ;RS COMMAND STATUS
        LCALL   DEALY
        SETB    P3.6            ;R/W=1,READ
P01:    ORL     P1,#0FFH
        LCALL   DEALY
        SETB    P3.5            ;E
        MOV     A,P1
        LCALL   DELAY
        CLR     P3.5
        JB      ACC.7,P01       ;如果忙就等待
        RET

DELAY2S:LCALL   DELAY500MS
        LCALL   DELAY500MS
        LCALL   DELAY500MS
        LCALL   DELAY500MS
        RET

DELAY500MS:  MOV    R6,#00H
DELAY500MS1: MOV    R7,#00H
DELAY500MS2: DJNZ   R7, DELAY500MS2
             DJNZ   R6, DELAY500MS1
             RET

DELAY:  NOP
        NOP
        NOP
        NOP
        NOP
        NOP
        NOP
        RET
```

彩色液晶

习　题

1. 过程通道分为哪些类型？它们各有什么作用？

2. 开关量输入/输出通道一般由哪几部分组成？输入缓冲器和输出锁存器各有什么作用？

3. 开关量输入信号调理的主要任务是什么？

4. 光电隔离时，光耦合器两侧能否使用同一个电源？为什么？

5. 使用固态继电器时，是否还需要光电隔离？为什么？

6. 键盘设计需要解决的几个问题是什么？键盘为什么要去除抖动？在计算机控制系统中如何实现去抖动？

7. 在工业过程控制中，键盘分为哪几种类型？它们各有什么特点和用途？

8. 试说明非编码键盘的工作原理。

9. 非编码键盘的工作方式有哪几种？请简要说明。

10. 设计一 3×3 的键盘，画出电路连接图，并编写相应的键盘扫描程序。

11. 设计一显示电路，当题 10 中的键盘有键按下时，能够显示按键对应的数值。设按键对应的数值为 1～9。

12. 试设计一计时秒表，当按下计时键后，开始计时；按下停止键后，终止计时，并显示计时时间。试画出电路图并写出相应程序。

13. LED 发光二极管组成的七段数码管显示器，就其结构来讲有哪两种接法？不同接法对字符显示有什么影响？

14. 多位 LED 显示器的显示方法有哪几种？它们各有什么特点？

15. LCD 显示与 LED 显示原理有什么不同？这两种显示方法各有什么优缺点？

16. 8031 单片机的 P3 口接一个共阴极的数码管，P1 口接 4×4 的键盘，每个键的键值依次是 0～F，要求任意按下一个键，则在数码管上显示该键的键值。请编写一段程序完成上述任务。

17. 试编程实现在字符型液晶模块 1602 的第一行显示你自己的姓的汉语拼音，在第二行显示你自己名字的汉语拼音的程序。

18. 试编程实现在带字库的液晶模块 TG12864E 的第一行显示你自己的姓的汉字，第二行显示你自己名字的汉字的程序。

19. 试编程实现在不带字库的液晶模块 12864 的第一行显示你自己的姓的汉字，第二行显示你自己名字的汉字的程序。

第3章　顺序控制与数字控制

3.1　顺 序 控 制

所谓顺序控制方式，是指以预先规定好的时间或条件为依据，按预先规定好的动作次序顺序地进行工作。顺序控制方式不仅适用于多数中小企业，实现加工、装配、检验、包装等工序的自动化，而且在大型计算机控制的高度自动化的工厂中也是不可缺少的。

顺序控制系统的类型

3.1.1　顺序控制系统的类型

1. 按被控对象的特性分类

顺序控制包括时间顺序控制系统、逻辑顺序控制系统和条件顺序控制系统等。

时间顺序控制系统是固定时间程序的控制系统。它以执行时间为依据，每个设备的运行或停止都与时间有关。例如，在物料的输送过程中，为了防止各输送带电动机同时启动造成负荷的突然增大，并且为了防止物料的堵塞，通常先启动后级的输送带电动机，经一定时间延时后，再启动前级的输送带电动机。在停止输送时，先停止前级输送带的电动机，延时后再停止后级输送带的电动机，使在输送带上的物料能输送完毕。又例如，在交通控制系统中，东西南北方向各色信号灯的点亮和熄灭是在时间上已经确定的，所以，它将按照一定的时间来点亮或熄灭信号灯。这类顺序控制系统的特点是各设备运行时间是事先已确定的，一旦顺序执行，将按预定的时间执行操作指令。

逻辑顺序控制系统按照逻辑顺序执行操作指令，它与时间无严格的关系。例如，在批量控制的反应釜中，反应初期，首先打开基料阀，基料流入反应釜中，达到一定液位时，启动搅拌机。在搅拌开始后，液位因基料在继续流入而升高，当达到某一液位时，反应基料停止加入，其他物料开始加入，当液位达到另一设定液位时，物料停止加入，开始加入蒸汽升温，并开始反应。图3-1为反

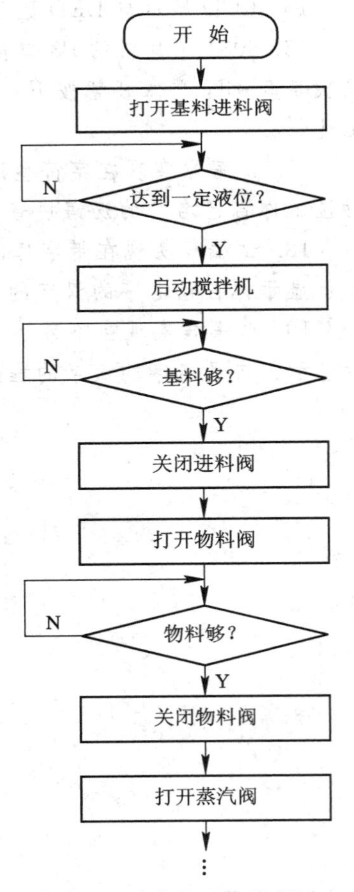

图3-1　反应釜工作流程图

应釜工作流程图。

在实际中基料与物料分别存放在各自的储液罐内，在这个过程中，进料的流量大小受到进料储罐液位的影响，液位高，则进料压力大，流量也大，达到启动搅拌机的液位所需时间也短。同样，在加入其他物料时，因受物料流量的影响，液位达到所需液位的时间也不同。但是，在这类控制系统中，执行操作指令的逻辑顺序关系不变，因此，称这类控制系统是逻辑顺序控制系统。这类控制系统在工业生产过程的控制中应用较多。

条件顺序控制系统以执行操作指令的条件是否满足为依据，当条件满足时，相应的操作就被执行，不满足时，将执行另外的操作。典型的例子是电梯控制系统。当某一层有乘客按了向上按钮后，如电梯空闲，则电梯自动向该层运行。当乘客进入电梯轿厢，并按了所需去的楼层按钮后，经过一定的时间延时，电梯门关闭，电梯将运行，一直等到电梯到达了所需的楼层，自动打开轿厢门。这里，电梯的运行根据条件确定，可向上运行也可向下运行，所停的楼层也根据乘客所需确定。这类顺序控制系统在工业生产过程控制中也有较多的应用。

2. 按控制技术手段分类

顺序控制系统在工业控制领域的应用很广，其实现方案包括采用继电器组成的逻辑控制系统、采用晶体管的无触点逻辑控制系统、采用可编程序控制器的逻辑控制系统和采用计算机的逻辑控制系统等。

继电器组成的顺序逻辑控制系统是历史最久的一种实现方法。它的控制功能全部由硬件完成，即采用继电器的常开常闭触点、延时断开延时闭合触点等可动触点和普通继电器、时间继电器、接触器等执行装置完成所需的顺序逻辑功能，例如电动机的开停控制等。受继电器触点可靠性的影响和使用寿命的限制，这类控制系统的使用故障较多，使用寿命较短，加上因采用硬件完成顺序逻辑功能，因此更改不便，维修困难。

晶体管组成的无触点顺序逻辑控制因减少了连接点的可动部件，可靠性大大提高。晶体管、晶闸管等半导体元器件的使用寿命也较继电器的触点使用寿命长，因此，在20世纪70年代这种控制系统得到了较大的发展。它也是用硬件完成顺序逻辑功能的，更改也不很方便，但因采用功能模块的结构，部件的更换和维修较继电器顺序逻辑控制系统要方便一些。

可编程序控制器是在计算机技术的促进下得以发展起来的新一代顺序逻辑控制装置。与上述两种方法不同，它用软件完成顺序逻辑功能，用计算机来执行操作指令，实施操作，因此，顺序逻辑功能的更改十分方便。加上得益于计算机的高可靠性和高运算速度，可编程序控制器一出现就得到了广泛的应用。

计算机组成的顺序逻辑控制系统指在集散控制系统或工控机中实现顺序逻辑控制功能的控制系统。在大型的顺序逻辑控制和连续控制相结合的工程应用中，这类控制系统大有用武之地。在这类控制系统中，有连续量的控制和开关量的控制。采用计算机对它们进行操作和管理，必要时，可把信息传送到上位机或下送到现场控制器和执行机构。

由于计算机技术、半导体技术、通信和网络技术、控制技术、软件技术等高新科学技术的发展，工业生产过程的控制技术也出现了飞速的发展，可编程序控制器将与其他计算机控制装置一起成为21世纪工业控制领域的主流控制装置。

3.1.2　顺序控制系统的组成

顺序控制系统的组成见图 3－2，它由五部分组成：

(1) 输入接口：实现输入信号的电平转换。

(2) 控制器：接收控制输入信号，按一定的控制算法运算后，输出控制信号到执行机构。控制器具有记忆功能，能实现所需的控制运算功能。

(3) 输出接口：实现输出信号的功率转换。

(4) 检测机构：检测被控对象的状态信息。

(5) 显示报警装置：显示系统的输入、输出状态及报警信息等，便于了解过程运行状态和对过程的操作、调试、事故处理等。

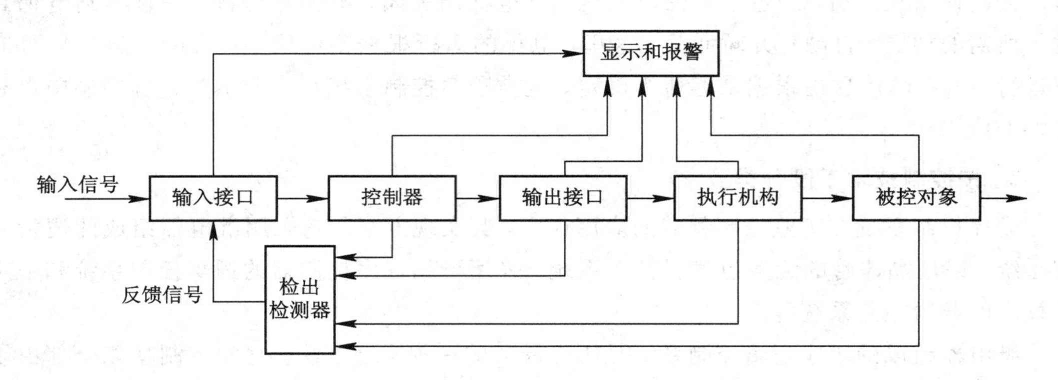

图 3－2　顺序控制系统的组成

3.1.3　顺序控制系统的应用领域

顺序控制系统的
应用案例 1

1. 工业生产流水线

在机械、电子等制造工业中，采用流水线的工作方式按先后次序生产产品。在这类工业生产过程中，部分控制操作是按时间的次序进行的，大部分控制操作是按逻辑顺序进行的。这类顺序控制系统的应用十分广泛，例如数控机床、柔性制造系统、物料输送系统、生产流水线等。另外，在批量控制系统中，对不同批号的产品有不同的生产顺序、不同的配方和控制条件，这类控制系统对程序更改有较多的要求，在继电器顺序控制时期，这类控制系统实现较困难，采用可编程序控制器可较方便地实现。

2. 安全生产监控系统

在石油化工、核电、冶金等工业领域，由于工作环境具有高温、高压、易燃、易爆、核辐射等特点，工作过程参数一旦偏离规定的范围，就会发生事故，造成设备损坏或人员伤亡，因此，必须对操作的过程参数进行控制。在这些工业生产过程中，要设置控制系统，以防止事故的发生，这是顺序控制系统的另一个很重要的应用场合。

3. 家电产品

在家电产品中，顺序控制系统也有较广泛的应用。洗衣机的顺序控制、冰箱的温度控制、空调系统等顺序逻辑控制系统是较常见的应用例子。家用电器的一些模糊控制系统、自动烹调系统等顺序逻辑控制系统也得到应用。总之，在家电领域，顺序控制系统还刚开始应用，有很大的发展前途。

3.1.4 顺序控制的应用实例

顺序控制系统的应用案例 2

下面以冷加工自动线中钻孔动力头的自动控制顺序作为实际例子，来说明顺序控制的应用。其加工过程分为以下几步：

(1) 动力头在原位(原位行程开关 x_0 受压)并按启动按钮 A，电磁阀 DT_1 通电，动力头快进。

(2) 碰上行程开关 x_1——电磁阀 DT_2 通电(DT_1 保持通电)，由快进转工进。

(3) 碰上行程开关 x_2——开始延时(继续工进)。

(4) 延时时间到——DT_1、DT_2 断电，DT_3 通电，动力头快退。

(5) 动力头退回到原位(x_0 又受压)——DT_3 断电，动力头停止。

完成一个周期的循环动作之后，又返回到第一步，开始下一个循环的动作。钻孔动力头控制逻辑功能图如图 3-3 所示。

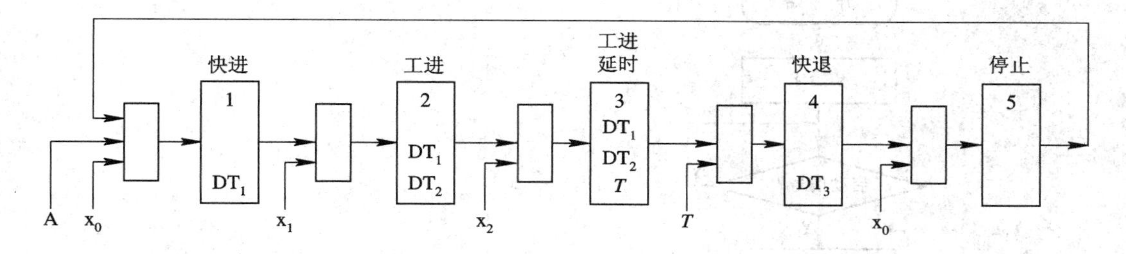

图 3-3 钻孔动力头控制逻辑功能图

在加工过程中，钻孔动力头有快进、工进、工进延时、快退、停止等五个工作状态，各工作状态的顺序转换是根据现场输入信号(由按钮、行程开关、延时继电器发出的)而定的。显然，钻孔动力头的自动控制就是顺序控制。

前已述，钻孔动力头在一个工作循环中有快进、工进、工进延时、快退和停止等五个工作状态。从前一个工作状态转入下一个工作状态，是根据来自现场的输入信号的逻辑判断决定的。现场输入信号有启动按钮 A、原位开关 x_0、行程开关 x_1 和 x_2 以及延时信号。这些电器触点的通断，通过输入电路变成电位信号，引入到微型计算机的输入接口的输入端上，CPU 按一定逻辑顺序读取这些信号，并逐一判断是否满足各工作状态转换条件。若满足，则发出相应的转换工作状态的控制信号。控制信号从微型计算机的输出接口引出，经过隔离放大电路驱动相应的电磁阀吸合或释放，从而改变液压油路的状态，使动力头进入新的工作状态。若不满足，则等待(当 CPU 只控制一台动力头时)或跳过，转向询问另一台动力头(当 CPU 控制多台动力头时)。整个工作过程是以一定的硬件为基础，通过 CPU 执行一段控制程序来实现的。下面介绍采用 AT89C51 单片微型计算机实现动力头的顺序控制。

1. 输入/输出接口设置

采用 AT89C51 单片微型计算机通过接口电路直接与外部连接，控制各执行机构完成生产过程。输入/输出信号安排如表 3-1 所示。

表 3-1 输入/输出信号安排

输入信号	启动按钮 A	原位开关 x_0	行程开关 x_1	行程开关 x_2
	P1.0	P1.1	P1.2	P1.3
输出信号	快进 DT_1	工进 DT_2	快退 DT_3	
	P3.0	P3.1	P3.2	

单片机 AT89C51 的 P1 口设置为输入，P3 口设置为输出。表 3-1 中所标现场输入信号 A、x_0、x_1、x_2 是经过输入电路处理后送来的电位信号。当开关受压时，送来"1"信号，不受压时，送来"0"信号。计算机送出的控制信号使 DT_1、DT_2 或 DT_3 吸合或释放，完成相应执行机构的控制动作(实际上应经过驱动电路)。

2. 控制程序流程图

控制程序流程图如图 3-4 所示。

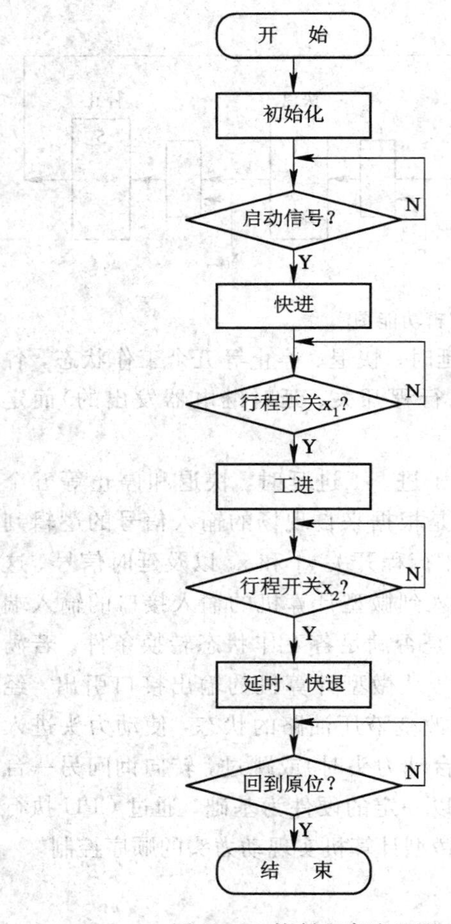

图 3-4 控制程序流程图

顺序控制系统的应用案例 3

3. 控制程序

从图 3-4 可以看到，控制程序所要完成的任务是：按一定的逻辑顺序读取现场工作状态信号；按预先规定的逻辑算式进行与、或、非等逻辑运算；按运算结果判断是否发出某种控制信号。根据图 3-4 所给出的流程图及表 3-1 所示输入/输出信号安排，按程序实现数字逻辑功能的方法，可编出控制程序如下：

```
                ...
STAGE1：  MOV    A,P1        ；读 P1 口输入信号
          ANL    A,#03H      ；取出 A 信号和原位信号
CJNE      A,#03H STAGE1      ；没有 A 信号和原位信号，继续等待
STAGE2：  MOV    P3,#01H     ；发快进命令
STAGE20： MOV    A,P1        ；读 P1 口输入信号
          ANL    A,#04H      ；取出 x1 信号
CJNE      A,#04H STAGE20     ；没有 x1 信号，继续快进
STAGE3：  MOV    P3,#02H     ；发工进命令
STAGE30： MOV    A,P1        ；读 P1 口输入信号
          ANL    A,#08H      ；取出 x2 信号
CJNE      A,#08H STAGE30     ；没有 x2 信号，继续工进
STAGE4：  LCALL  DELAY       ；调延时子程序
          MOV    P3,#04H     ；发快退命令
STAGE40： MOV    A,P1        ；读 P1 口输入信号
          ANL    A,#02H      ；取出原位信号
CJNE      A,#02H STAGE40     ；没有回到原位，继续快退
STAGE5：  LJMP   STAGE1      ；返回，转下次循环
                ...
```

顺序控制系统的应用案例 4

顺序控制系统的设计步骤总结

延时子程序 DELAY 此处从略。

3.2 数字程序控制

数字程序控制概念

3.2.1 数值插补计算方法

能根据输入的指令和数据，控制生产机械按规定的工作顺序、运动轨迹、运动距离和运动速度等规律自动完成工作的自动控制称为数字程序控制。

数字程序控制主要应用于机床自动控制，如用于铣床、车床、加工中心、线切割机以及焊接机、气割机等的自动控制系统中。采用数字程序控制系统的机床叫做数字程序控制机床，具有能加工形状复杂的零件、加工精度高、生产效率高、便于改变加工零件品种等许多特点，是实现机床自动化的一个重要发展方向。

数字程序控制系统一般由输入装置、输出装置、控制器和插补器等四大部分组成。目前硬件数控系统已很少被采用，多数采用计算机数控系统，控制器和插补器功能以及部分输入/输出功能都由计算机承担。

数字程序控制系统的插补器用于完成插补计算。插补计算就是按给定的基本数据(如直线的终点坐标，圆弧的起、终点坐标等)，插补(插值)中间坐标数据，从而把曲线形状描述出来的一种计算。插补器实际上是一个函数发生器，能按给定的基本数据，产生一定的函数曲线，并以增量形式(例如脉冲)将各坐标连续输出，以控制机床刀具按给定的图形运动。

多年来，在数字程序控制机床中最常采用的插补计算方法是逐点比较插补计算法(简称逐点比较法)和数字积分器插补计算法(简称数字积分法)。近几年又采用了一些新的插补计算法，如时间分割插补计算法(简称时间分割法)和样条插补计算法等。

按插补器的功能可以分为平面的直线插补器、圆弧插补器和非圆二次曲线插补器及空间直线和圆弧插补器。因为大部分加工零件图形都可由直线和圆弧两种插补器得到，所以，在数字程序控制系统中直线插补器和圆弧插补器应用得最多。

所谓逐点比较插补法，就是它每走一步都要和给定轨迹上的坐标值进行一次比较，看这点在给定轨迹的上方或下方，还是在给定轨迹的里面或外面，从而决定下一步的进给方向。如果在给定轨迹的下方，下一步就向给定轨迹的上方走，如果在给定轨迹的里面，下一步就向给定轨迹的外面走…… 如此，走一步，看一看，比较一次，决定下一步的走向，以逼近给定轨迹，即形成“逐点比较法”插补。

逐点比较法是以阶梯折线来逼近直线或圆弧等曲线的，它与规定的加工直线或圆弧之间的最大误差为一个脉冲当量，因此只要把脉冲当量(每走一步的距离)取得足够小，就可达到加工精度的要求。

下面分别介绍逐点比较法直线和圆弧插补原理及其插补计算的程序实现方法。

3.2.2 逐点比较法直线插补

逐点比较法

1. 直线插补计算原理

(1) 偏差计算公式。按逐点比较法的原理，必须把每一插值点(动点)的实际位置与给定轨迹的理想位置间的误差，即“偏差”计算出来，根据偏差的正、负决定下一步的定向，逼近给定轨迹。因此，偏差计算是逐点比较法关键的一步。下面以第一象限平面直线为例来推导其偏差计算公式。

假定加工如图 3-5 所示的直线 OA。取直线起点 O 为坐标原点，(x_e、y_e)是已知的直线终点坐标，m(x_m、y_m)为加工点(动点)。若 m 在 OA 直线上，则根据相似三角形的关系可得

$$\frac{x_m}{y_m}=\frac{x_e}{y_e}$$

即

$$y_m x_e - x_m y_e = 0$$

取直线插补的偏差判别式 F_m 为

$$F_m = y_m x_e - x_m y_e \qquad (3-1)$$

若 $F_m=0$，表明 m 点在 OA 直线上；

若 $F_m>0$，说明 $x_e=x_m$ 时，$y_m>y_e$，表明 m 点在 OA 直线上方；

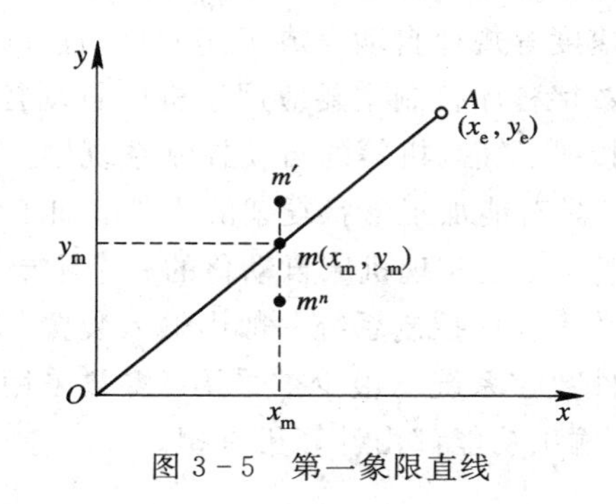

图 3-5 第一象限直线

若 $F_m<0$，说明 $x_e=x_m$ 时，$y_m<y_e$，表明 m 点在 OA 直线下方。

逐点比较法直线插补的原理是：从第一象限直线的起点(即坐标原点)出发，当 $F_m\geqslant 0$ 时，沿 $+x$ 轴方向走一步，当 $F_m<0$ 时，沿 $+y$ 方向走一步，当两方向所走的步数与终点坐标(x_e、y_e)相等时，发出终点到信号，停止插补。

如果直线按式(3-1)计算偏差，要做两次乘法，一次减法，比较麻烦，因此需要进一步简化。

对于第一象限而言，设加工点正处于 m 点，当 $F_m\geqslant 0$ 时，表明 m 点在 OA 上或在 OA 的上方，应沿 $+x$ 方向进给一步，走一步后新的坐标值为

$$x_{m+1}=x_m+1$$
$$y_{m+1}=y_m$$

第一象限逐点比较法直线插补原理

该点的偏差为

$$\begin{aligned}F_{m+1}&=y_{m+1}x_e-x_{m+1}y_e\\&=y_mx_e-(x_m+1)y_e\\&=y_mx_e-x_my_e-y_e\\&=F_m-y_e\end{aligned}\tag{3-2}$$

当 $F_m<0$ 时，表明 m 点在 OA 的下方，应向 $+y$ 方向进给一步，走一步后新的坐标值为

$$x_{m+1}=x_m$$
$$y_{m+1}=y_m+1$$

该点的偏差为

$$\begin{aligned}F_{m+1}&=y_{m+1}x_e-x_{m+1}y_e=(y_m+1)x_e-x_my_e\\&=y_mx_e-x_my_e+x_e=F_m+x_e\end{aligned}\tag{3-3}$$

式(3-2)和式(3-3)是简化后的偏差计算公式，在公式中只有加、减运算，只要将前一点的偏差值与等于常数的终点坐标值 x_e、y_e 相加或相减，即可得到新的坐标点的偏差值。加工的起点是坐标原点，起点的偏差是已知的，即 $F_0=0$，这样，随着加工点的前进，新加工点的偏差 F_{m+1} 都可以由前一点偏差 F_m 和终点坐标相加或相减得到。这样就省去了乘法运算。

(2) 终点判断方法。逐点比较法的终点判断有多种方法，下面介绍两种：

第一种方法是，设置 x、y 两个减法计数器，在加工开始前，在 x、y 计数器中分别存入终点坐标值 x_e、y_e，在 x 坐标(或 y 坐标)进给一步时，就在 x 计数器(或 y 计数器)中减去1，直到这两个计数器中的数都减到零时，到达终点。

第二种方法是，用一个终点计数器，寄存 x 和 y 两个坐标进给的总步数 Σ，x 或 y 坐标每进给一步，则 $\Sigma-1$，当 $\Sigma-1=0$ 时，就到达终点。

(3) 插补计算过程。插补计算时，每走一步，都要进行以下四个步骤(又称四个节拍)的逻辑运算和算术运算：

偏差判别——判别偏差 $F\geqslant 0$ 或 $F<0$，这是逻辑运算，根据逻辑运算结果决定进行何种运算及何种进给。

坐标进给——根据所在象限及偏差符号，决定沿哪个坐标轴以及是沿正向还是负向进给，这也是逻辑运算。

偏差计算——进给一步后，计算新的加工点对规定图形的偏差，作为下一次偏差判别

的依据，这是算术运算。

终点判断——进给一步后，终点计数器减 1。判断是否到达终点，到达终点则停止运算，未到终点则返回到第一步。如此不断循环直到到达终点为止。

2. 直线插补计算举例

设加工第一象限直线 OA，起点为坐标原点，终点坐标 $x_e=6$，$y_e=4$，试进行插补计算并作出走步轨迹图。

计算过程如表 3－2 所示。表中的终点判断采用前述的第二种方法，即设置一个终点计数器，寄存 x 和 y 两个坐标进给的总步数 Σ，每进给一步 $\Sigma-1$，若 $\Sigma-1=0$，则到达终点。

表 3－2　直线插补过程

步数	偏差判别	坐标进给	偏差计算	终点判断
起点			$F_0=0$	$\Sigma=10$
1	$F=0$	$+x$	$F_1=F_0-y_e=0-4=-4$	$\Sigma=10-1=9$
2	$F<0$	$+y$	$F_2=F_1+x_e=-4+6=2$	$\Sigma=9-1=8$
3	$F>0$	$+x$	$F_3=F_2-y_e=-2$	$\Sigma=7$
4	$F<0$	$+y$	$F_4=F_3+x_e=4$	$\Sigma=6$
5	$F>0$	$+x$	$F_5=F_4-y_e=0$	$\Sigma=5$
6	$F=0$	$+x$	$F_6=F_5-y_e=-4$	$\Sigma=4$
7	$F<0$	$+y$	$F_7=F_6+x_e=2$	$\Sigma=3$
8	$F>0$	$+x$	$F_8=F_7-y_e=-2$	$\Sigma=2$
9	$F<0$	$+y$	$F_9=F_8+x_e=4$	$\Sigma=1$
10	$F>0$	$+x$	$F_{10}=F_9-y_e=0$	$\Sigma=0$

走步轨迹如图 3－6 所示。

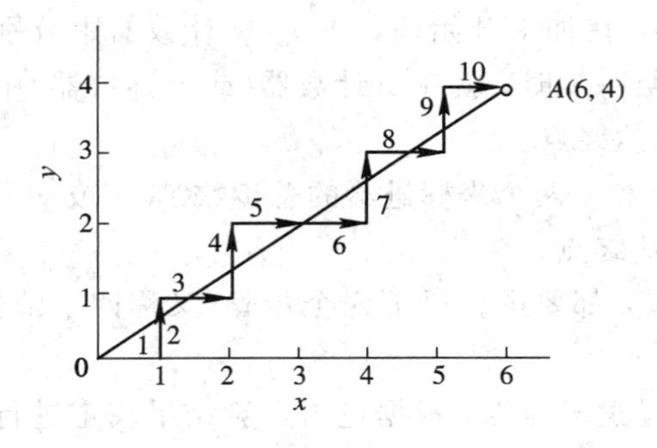

图 3－6　直线插补走步轨迹图

四个象限逐点比较法直线插补原理

3. 四个象限直线插补计算公式

不同象限直线插补的偏差符号及进给方向如图 3－7 所示。由图可知，第二象限的直线

OA_2，其终点坐标为($-x_e$，y_e)，在第一象限有一条和它关于 y 轴对称的直线 OA_1，其终点坐标为(x_e，y_e)。当我们从 O 点出发，按第一象限直线 OA_1 进行插补时，若把沿 x 轴正向进给改为沿 x 轴负向进给，这时实际插补所得的就是第二象限直线 OA_2，亦即第二象限直线 OA_2 插补时的偏差计算公式与第一象限的直线 OA_1 的偏差计算公式相同，差别在 x 轴的进给反向。同理，如果插补第三象限终点为($-x_e$，$-y_e$)的直线，只要插补终点值为(x_e，y_e)的第一象限的直线，而将输出的进给脉冲由 $+x$ 变为 $-x$、$+y$ 变为 $-y$ 方向即可。以此类推，所有四个象限的偏差计算公式和进给方向列于表 3-3 中。

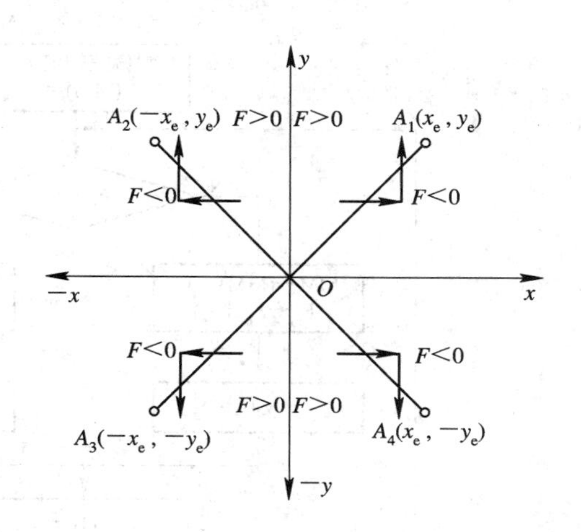

图 3-7　四个象限直线的偏差符号和进给方向

表 3-3　直线插补计算公式及进给方向表

$F\geqslant0$			$F<0$		
直线坐标	进给方向	偏差计算	直线坐标	进给方向	偏差计算
L_1、L_4	$+x$	$F_{m+1}=F_m-y_e$	L_1、L_2	$+y$	$F_{m+1}=F_m+x_e$
L_2、L_3	$-x$		L_3、L_4	$-y$	

* 注意：四个象限直线的终点坐标值均取数字的绝对值。

4. 直线插补计算的程序实现

由前面所述可知，逐点比较法插补计算是一些加、减运算和逻辑运算，在以往的硬件数控系统中，是用硬件数字电路构成硬件插补器(运算器)来完成这些运算的。显然采用微型计算机来完成这些运算是十分容易的，而且与硬件插补器相比较还具有可靠性高、灵活性大、装置体积小、成本低等许多优点。

与硬件插补器相对应，我们称完成插补计算的一段程序为“软件插补器”。下面以插补第一象限直线为例，介绍软件插补器的程序流程图及程序设计。

(1) 数据的输入及存放。在内存中开辟四个单元 XX、YY、JJ、MM，分别存放终点值 x_e、终点值 y_e、总步数 Σ、加工点偏差值 F_m。其中 XX、YY 的内容 x_e 和 y_e 在加工指令中提供，装入后在加工过程中保持不变。JJ 的内容也在加工指令中提供，加工过程中作减 1 修改，直至(JJ)=0 表示加工结束。MM 的内容初始清除为零，依据加工过程中偏差计算结果而变化。

(2) 程序流程图及程序。第一象限直线插补计算程序流程图如图 3-8 所示。从流程图中可明显看出插补计算的四个节拍。偏差判别、偏差计算及终点判断是逻辑运算和算术运算，容易编写程序，而坐标进给通常都是给步进电机发走步脉冲，通过步进电机(或再经液压放大)带动机床工作台或刀具移动。有关步进电机的控制问题待后面再介绍，这里先作为两个走步子程序调用。

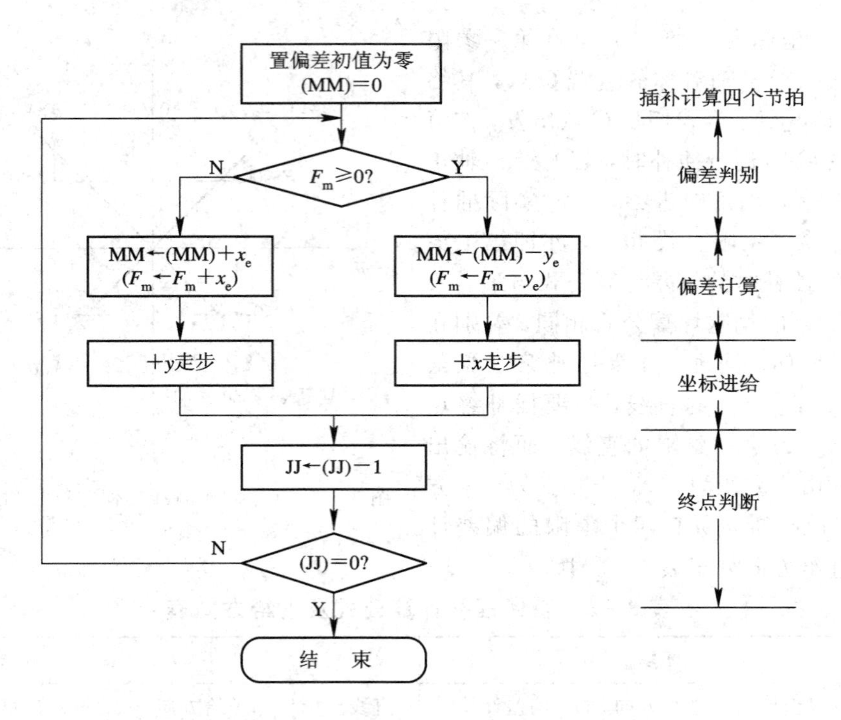

图 3-8　第一象限直线插补计算程序流程图

逐点比较法第一象限直线插补计算程序：

```
        MM EQU 30H
        XX EQU 31H
        YY EQU 32H
        JJ EQU 33H

        ORG 0000H
        JMP MAIN

        ORG 0080H
MAIN：  MOV A,＃00H          ；置偏差初值为零
        MOV MM,A
L1：    MOV A,MM             ；取原偏差值到 A
        CLR C
        SUBB A,＃80H
        JNC L11              ；偏差≥0？不，转算 L11
        MOV A,YY             ；是，取 Ye 到 A
        MOV R1,A             ；Ye 保存在 R1
        MOV A,MM             ；取原偏差值到 A
        CLR C
        SUBB A,R1            ；A－Ye
        MOV MM,A             ；保存新偏差值
        CALL STEP1           ；＋x 走步
```

```
            JMP L12               ；至终点判断
L11：       MOV A,XX              ；算 X，取 Xe 到 A
            MOV R1,A              ；Xe 保存在 R1
            MOV A,MM              ；取原偏差值到 A
            ADD A,R1              ；MM＋Xe
            MOV MM,A              ；保存新偏差值
            CALL STEP3            ；＋y 走步
L12：       MOV A,JJ              ；取总步数 JJ 到 A
            DEC A                 ；JJ－1
            MOV JJ,A              ；JJ←JJ－1
            JNZ L1                ；终点？不，继续
            JMP $                 ；是，结束
```

注：STEP1、STEP3 分别是$+x$、$+y$走步子程序。调用 STEP1 一次，可使 x 轴步进电机正向走一步。调用 STEP3 一次，可使 y 轴步进电机正向走一步。

3.2.3 逐点比较法圆弧插补

1. 圆弧插补计算原理

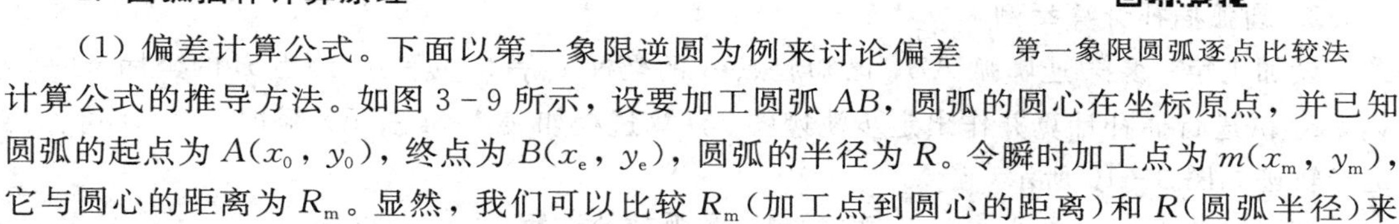

第一象限圆弧逐点比较法

(1) 偏差计算公式。下面以第一象限逆圆为例来讨论偏差计算公式的推导方法。如图 3－9 所示，设要加工圆弧 AB，圆弧的圆心在坐标原点，并已知圆弧的起点为 $A(x_0，y_0)$，终点为 $B(x_e，y_e)$，圆弧的半径为 R。令瞬时加工点为 $m(x_m，y_m)$，它与圆心的距离为 R_m。显然，我们可以比较 R_m（加工点到圆心的距离）和 R（圆弧半径）来反映加工偏差。比较 R_m 和 R，实际上是比较它们的平方值。

$$R_m^2 = x_m^2 + y_m^2$$
$$R^2 = x_0^2 + y_0^2$$

因此，可得圆弧偏差判别式如下：

$$F_m = R_m^2 - R^2 = x_m^2 + y_m^2 - R^2$$

若 $F_m=0$，表明加工点 m 在圆弧上；若 $F_m>0$，表明加工点 m 在圆弧外；若 $F_m<0$，表明加工点 m 在圆弧内。

若 $F_m \geqslant 0$，为了逼近圆弧，下一步向$-x$轴向进给一步并算出新的偏差。若 $F_m<0$，为了逼近圆弧，下一步向$+y$轴向进给一步并算出新的偏差。

那么，如此一步步计算和一步步进给，并在到达终点后停止运算，就可插补出如图 3－9 所示的第一象限逆圆弧 AB。

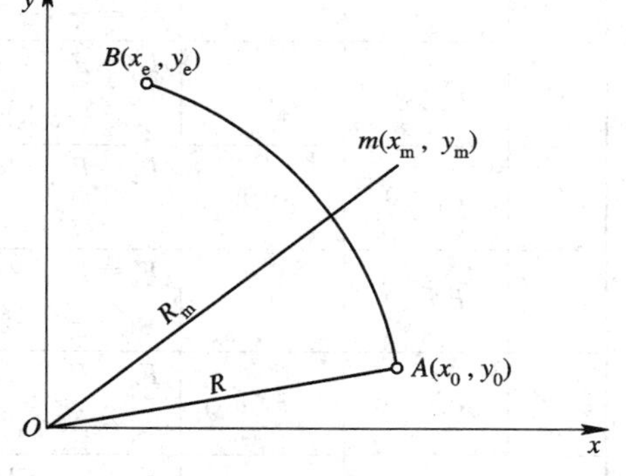

图 3－9　第一象限逆圆弧

为避免计算平方值而简化计算，下面推导偏差计算的递推公式。设加工点正处于 $m(x_m、y_m)$ 点，其判别式为

$$F_m = x_m^2 + y_m^2 - R^2$$

若 $F_m \geqslant 0$，应沿$-x$轴向进给一步，到 $m+1$ 点，其坐标值为 $x_{m+1}=x_m-1$，$y_{m+1}=y_m$。新加工点的

偏差为

$$F_{m+1} = x_{m+1}^2 + y_{m+1}^2 - R^2 = (x_m - 1)^2 + y_m^2 - R^2 = F_m - 2x_m + 1 \qquad (3-4)$$

若 $F_m<0$，应沿 $+y$ 轴向进给一步，到 $m+1$ 点，其坐标值为 $x_{m+1}=x_m$，$y_{m+1}=y_m+1$。新加工点的偏差为

$$F_{m+1} = x_{m+1}^2 + y_{m+1}^2 - R^2 = x_m^2 + (y_m + 1)^2 - R^2 = F_m + 2y_m + 1 \qquad (3-5)$$

由式(3-4)和式(3-5)可知，只要知道前一点的偏差，就可求出新的一点的偏差。公式中只有乘 2 运算，避免了平方计算，计算大大简化了。因为加工是从圆弧的起点开始，起点的偏差 $F_0=0$，所以新加工点的偏差总可以根据前一点的数据计算出来。

(2) 终点判断方法。圆弧插补的终点判断方法和直线插补相同。可将 x、y 轴走步步数的总和 Σ 存入一个计数器，每走一步，从 Σ 中减 1，当 $\Sigma-1=0$ 时发出终点到信号。

(3) 插补计算过程。圆弧插补计算过程和直线插补计算过程相同，也是分偏差判别、坐标进给、偏差计算和终点判断四个节拍。但是偏差计算公式不同，而且在偏差计算的同时还要进行加工点瞬时坐标(动点坐标)值的计算，以便为下一点的偏差计算作好准备。如对于第一象限逆圆来说，坐标值计算公式为

$$x_{m+1} = x_m - 1, \quad y_{m+1} = y_m + 1$$

2. 圆弧插补计算举例

设加工第一象限逆圆弧 AB，已知起点 A 的坐标 $x_0=4$，$y_0=0$，终点 B 的坐标 $x_e=0$，$y_e=4$。试进行插补计算并作出走步轨迹图。计算过程如表 3-4 所示。根据表 3-4 可作出走步轨迹如图 3-10 所示。

表 3-4 圆弧插补过程

步数	偏差判别	坐标进给	偏差及坐标计算		终点判断
			偏差计算	坐标计算	
起点			$F_0=0$	$x_0=4$，$y_0=0$	$\Sigma=4+4=8$
1	$F_0=0$	$-x$	$F_1=F_m-2x_0+1$ $=0-2\times4+1=-7$	$x_1=4-1=3$ $y_1=0$	$\Sigma=8-1=7$
2	$F_1<0$	$+y$	$F_2=F_1+2y_1+1$ $=-7+2\times0+1=-6$	$x_2=3$ $y_2=y_1+1=1$	$\Sigma=7-1=6$
3	$F_2<0$	$+y$	$F_3=F_2+2y_2+1$ $=-6+2\times1+1=-3$	$x_3=3$ $y_3=y_2+1=2$	$\Sigma=6-1=5$
4	$F_3<0$	$+y$	$F_4=F_3+2y_3+1$ $=-3+2x_2+1=2$	$x_4=3$ $y_4=y_3+1=3$	$\Sigma=5-1=4$
5	$F_4>0$	$-x$	$F_5=F_4-2x_4+1$ $=2-2x_3+1=-3$	$x_5=x_4-1=2$ $y_5=3$	$\Sigma=4-1=3$
6	$F_5<0$	$+y$	$F_6=F_5+2y_5+1$ $=-3+2x_3+1=4$	$x_6=2$ $y_6=y_5+1=4$	$\Sigma=3-1=2$
7	$F_6>0$	$-x$	$F_7=F_6-2x_6+1$ $=4-2x_2+1=1$	$x_7=x_6-1=1$ $y_7=4$	$\Sigma=2-1=1$
8	$F_7>0$	$-x$	$F_8=F_7-2x_7+1$ $=1-2x_1+1=0$	$x_8=x_7-1=0$ $y_8=4$	$\Sigma=1-1=0$

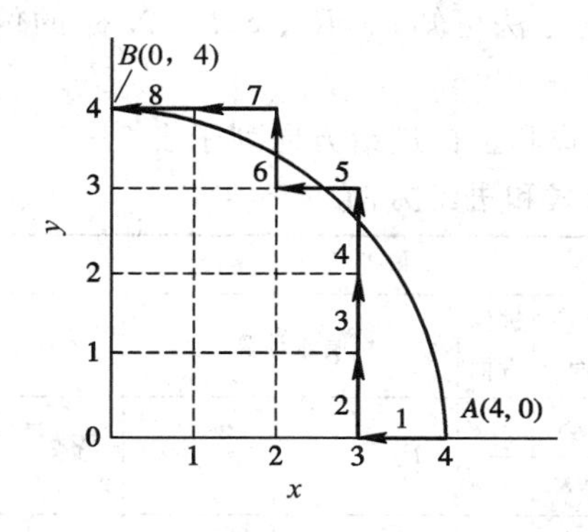

图 3-10　圆弧插补走步轨迹图

四个象限圆弧逐点比较法

3. 四个象限圆弧插补计算公式

前面以第一象限逆圆为例推导出偏差计算公式，并指出了根据偏差符号来确定进给方向。其他三个象限的逆、顺圆的偏差计算公式可通过与第一象限的逆圆、顺圆相比较而得到。

下面先推导第一象限顺圆的偏差计算公式。设加工点现处于 $m(x_m,\ y_m)$ 点。若偏差 $F_m \geqslant 0$，则沿 $-y$ 轴向进给一步，到 $m+1$ 点，新加工点坐标将是 $(x_m,\ y_m-1)$，可求出新的偏差为

$$F_{m+1} = F_m - 2y_m + 1 \tag{3-6}$$

若偏差 $F_m < 0$，则沿 $+x$ 轴向进给一步，到 $m+1$ 点，新加工点的坐标将是 $(x_m+1,\ y_m)$，同样可求出新的偏差为

$$F_{m+1} = F_m + 2x_m + 1 \tag{3-7}$$

这样便可以第一象限的逆圆、顺圆为基准来推导其他三个象限的逆、顺圆插补计算公式。在下面叙述过程中，分别以符号 SR_1、SR_2、SR_3、SR_4 表示第一至第四象限的顺圆，以符号 NR_1、NR_2、NR_3、NR_4 表示第一至第四象限的逆圆。

以第二象限顺圆为例，与 SR_2 相对应的是第一象限逆圆 NR_1。这两个圆弧关于 y 轴对称，起点坐标相对应，见图 3-11。从图中可知，从各自起点插补出来的轨迹在 y 方向的进给相同，x 方向进给反向。机器完全按第一象限逆圆偏差计算公式进行运算，所不同的是将 x 轴的进给方向变为正向，则走出 SR_2。这时圆弧的起点坐标要取其数字的绝对值。在现在情况下，图 3-11 中起点坐标 $(-x_0、y_0)$ 送入机器时，起点坐标应取为 $(x_0,\ y_0)$，而 $-x_0$ 的“－”号则应去控制 x 轴的正向进给。

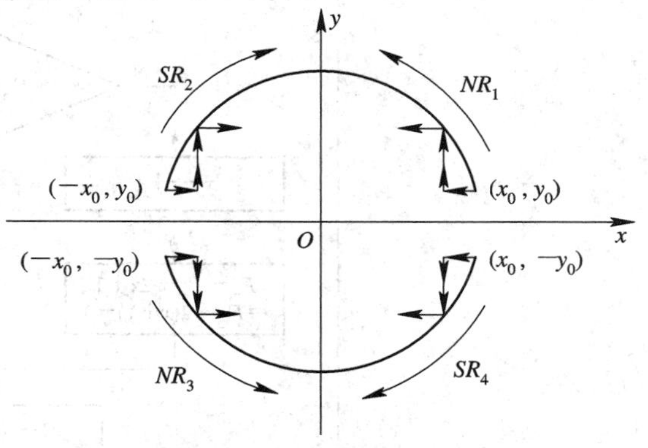

图 3-11　四个象限圆弧

从图 3-11 还可以看出，当我们按第一象限逆圆 NR_1 插补时，若将 y 坐标反向，则走出的就是第四象限顺圆 SR_4，若将 x 坐标和 y 坐标的进给方向同时反向，走出的就是第三象限逆圆 NR_3。由上述分析可知：NR_1、SR_2、NR_3 和 SR_4 的偏差计算公式相同，而只要

改变进给方向便可归结到 NR_1 的插补计算。按上述方法可知，NR_2、SR_3、NR_4 的偏差计算公式与 SR_1 相同，所不同的也只是改变进给方向。

所有四个象限的 8 种圆弧插补时的偏差计算公式和坐标进给方向列于表 3-5。

表 3-5　圆弧插补计算公式和进给方向

偏差符号 $F_m \geqslant 0$				偏差符号 $F_m < 0$			
圆弧坐标及方向	进给方向	偏差计算	坐标计算	圆弧坐标及方向	进给方向	偏差计算	坐标计算
SR_1、NR_2	$-y$	$F_{m+1}=F_m-2y_m+1$	$x_{m+1}=x_m$	SR_1、NR_4	$+x$	$F_{m+1}=F_m+2x_m+1$	$x_{m+1}=x_m+1$
SR_3、NR_4	$+y$		$y_{m+1}=y_m-1$	SR_3、NR_2	$-x$		$y_{m+1}=y_m$
NR_1、SR_4	$-x$	$F_{m+1}=F_m-2x_m+1$	$x_{m+1}=x_m-1$	NR_1、SR_2	$+y$	$F_{m+1}=F_m+2y_m+1$	$x_{m+1}=x_m$
NR_3、SR_2	$+x$		$y_{m+1}=y_m$	NR_3、SR_4	$-y$		$y_{m+1}=y_m+1$

4. 圆弧插补计算的程序实现

以插补第一象限顺圆(SR_1)为例来设计软件插补器。按逐点比较法圆弧插补的偏差计算公式及终点判断公式，应知道圆弧的起点坐标和终点坐标，根据起、终点坐标计算出两坐标走步的总步数 $\Sigma=|x_e-x_0|+|y_e-y_0|$。先输入起点坐标值 x_0、y_0、总步数 Σ，并应保存偏差值 F_m。因此，与直线插补一样，应开辟四个内存单元来存放这四个值。设定 XX 为 x 轴坐标值存放单元(初始存 x_0)；YY 为 y 轴坐标值存放单元(初始存 y_0)；JJ 为总步数 Σ 存放单元；MM 为加工点瞬时偏差值存放单元。XX、YY 单元初始存放 x_0、y_0，加工过程中依据坐标计算结果而变化。JJ 单元的内容在加工过程中作减 1 修改，直至(JJ)=0，表示加工结束。MM 的内容初始清除为零，在加工过程中依据偏差计算结果而变化。

第一象限顺圆插补计算程序流程图如图 3-12 所示。

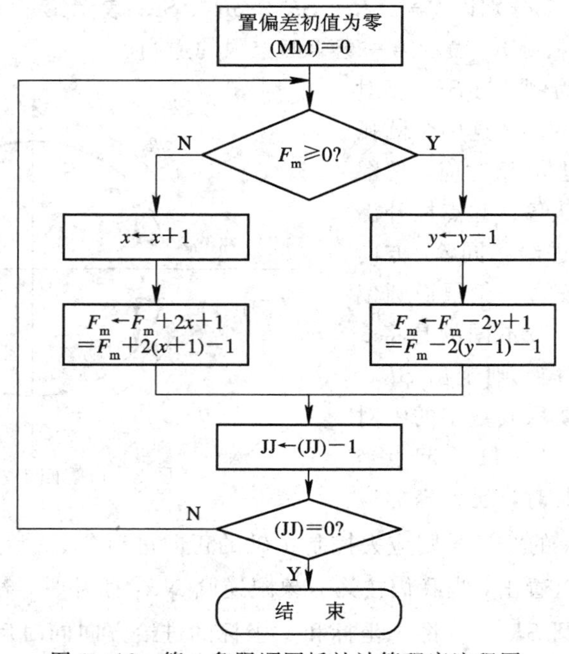

图 3-12　第一象限顺圆插补计算程序流程图

第一象限顺圆插补计算程序如下：

```
          MM EQU 30H
          XX EQU 31H
          YY EQU 32H
          JJ EQU 33H

          ORG 0000H
          JMP MAIN

          ORG 0080H
MAIN：    MOV A,＃00H              ；置偏差初值为零
          MOV MM,A
L1：      MOV A,MM                 ；取原偏差值到 A
          CLR C
          SUBB A,＃80H
          JNC L11                  ；偏差≥0？不，转算 L11
          MOV A,YY                 ；是，取 Y 到 A
          DEC A
          MOV YY,A
          RL A
          MOV R1,A                 ；2(y－1)存在 R1
          MOV A,MM                 ；取原偏差值到 A
          DEC A
          CLR C
          SUBB A,R1                ；F－2y＋1
          MOV MM,A                 ；保存新偏差值
          CALL STEP1               ；＋x 走步
          JMP L12                  ；至终点判断
L11：     MOV A,XX                 ；是，x＝x＋1
          INC A
          MOV XX,A
          RL A
          MOV R1,A                 ；2(x＋1)保存在 R1
          MOV A,MM                 ；取原偏差值到 A
          DEC A
          CLR C
          ADD A,R1                 ；F＋2x＋1
          MOV MM,A                 ；保存新偏差值
          CALL STEP4               ；－y 走步
L12：     MOV A,JJ                 ；取总步数 JJ 到 A
          DEC A                    ；JJ－1
```

```
        MOV JJ,A                ；JJ＝JJ－1
        JNZ L1                  ；终点？不，继续
        RET                     ；是，结束

STEP1：…
        RET
STEP4：…
        RET
```

注：STEP1、STEP4 分别是$+x$、$-y$走步子程序，程序略去。

3.2.4 步进电机工作原理

步进电机的结构和原理

步进电机是工业过程控制及仪表中的主要控制元件之一。例如，在机械结构中，可以用丝杠把角度变成直线位移，也可以用它带动螺旋电位器，调节电压和电流，从而实现对执行机构的控制。在数字控制系统中，由于步进电机可以直接接收计算机输出的数字信号，而不需要进行数/模转换，因此用起来非常方便。步进电机角位移与控制脉冲间精确同步，若将角位移的改变转变为线性位移、位置、体积、流量等物理量的变化，便可实现对它们的控制。

步进电机作为执行元件的一个显著特点就是具有快速启停能力。如果负荷不超过步进电机所提供的动态转矩值，就能够在"一刹那"间使步进电机启动或停转。一般步进电机的步进速率为 200～1000 步每秒，如果步进电机是以逐渐加速到最高转速，然后再逐渐减速到零的方式工作，那么即使其步进速率增加 1～2 倍，也仍然不会失掉一步。

步进电机的另一显著特点是精度高。在没有齿轮传动的情况下，步距角(即每步所转过的角度)可以由每步 90°到每步 0.36°。另一方面，无论是变磁阻式步进电机还是永磁式步进电机，它们都能精确地返回到原来的位置。如一个 24 步(每步为 15°)的步进电机，当其向正方向步进 48 步时，刚好转两转。如果再反方向转 48 步，电动机将精确地回到原始的位置。

正因为步进电机具有快速启停、精确步进以及能直接接收数字量的特点，所以它在定位场合得到了广泛的应用。如在绘图机、打印机及光学仪器中，都采用步进电机来定位绘图笔、印字头或光学镜头。特别是在工业过程控制的位置控制系统中，由于精度高以及不用位移传感器即可达到精确的定位，步进电机应用得越来越广泛。

步进电机实际上是一个数字/角度转换器，也是一个串行的数/模转换器。其结构原理如图 3-13 所示。

从图 3-13 可以看出，电动机的定子上有 6 个等分的磁极，A、A′，B、B′，C、C′，相邻两个磁极间的夹角为 60°，相对的两个磁极组成一相。如图 3-13 所示的结构为三相步进电机(A-A′相，B-B′相，C-C′相)。当某一绕组有电流通过时，该绕组相应的两个磁极立即形成 N 极和 S 极。每个磁极上各有 5 个均匀分布的矩形小齿。

步进电机的转子上没有绕组，而是由 40 个矩形小齿均匀分布在圆周上，相邻两齿之间的夹角为 9°。

当某相绕组通电时，对应的磁极就会产生磁场，并与转子形成磁路。若此时定子的小齿与转子的小齿没有对齐，则在磁场的作用下，转子转动一定的角度，使转子齿和定子齿对齐。由此可见，错齿是促使步进电机旋转的根本原因。

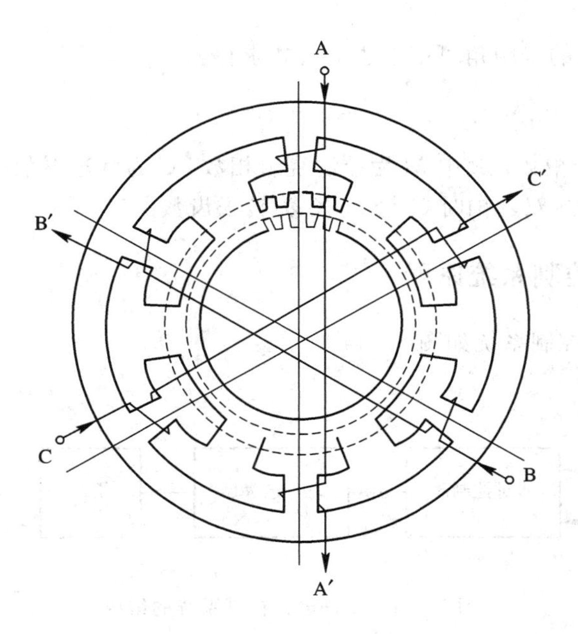

图 3-13　步进电机原理图

例如，在单三拍控制方式中，假如 A 相通电，B、C 两相都不通电，在磁场的作用下，使转子齿和 A 相的定子齿对齐。若以此作为初始状态，设与 A 相磁极中心对齐的转子齿为 0 号齿，因为 B 相磁极与 A 相磁极相差 120°，且 120°/9°=13 $\frac{3}{9}$不为整数，所以，此时转子齿不能与 B 相定子齿对齐，只是 13 号小齿靠近 B 相磁极的中心线，与中心线相差 3°，见表 3-6。如果此时突然变为 B 相通电，而 A、C 两相都不通电，则 B 相磁极迫使 13 号转子齿与之对齐，整个转子就转动 3°，此时，称电机走了一步。如果按照 A→B→C→A 顺序通电一周，则转子转动 9°。

同理，如果按照 A→C→B→A 顺序通电，则转子反方向转动 9°。

表 3-6　A 相通电时转子上各齿的位置

A 相线圈——0°　　B 相线圈——120°　　C 相线圈——240°

齿号	角度	齿号	角度	齿号	角度	齿号	角度
1	9	11	99	21	189	31	279
2	18	12	108	22	198	32	288
3	27	13	117	23	207	33	297
4	36	14	126	24	216	34	306
5	45	15	135	25	225	35	315
6	54	16	144	26	234	36	324
7	63	17	153	27	243	37	333
8	72	18	162	28	252	38	342
9	81	19	171	29	261	39	351
10	90	20	180	30	270	40(0)	360(0)

磁阻式步进电机的步距角可由下边的公式求得：

$$Q_s = \frac{360^\circ}{NZ_r}$$

式中：$N=MC$ 为运行拍数，其中 M 为控制绕组相数，C 为状态系数(采用单三拍或双三拍时 $C=1$，采用单六拍或双六拍时 $C=2$)；Z_r 为转子齿数。

3.2.5 步进电机控制系统原理

典型的步进电机控制系统如图 3-14 所示。

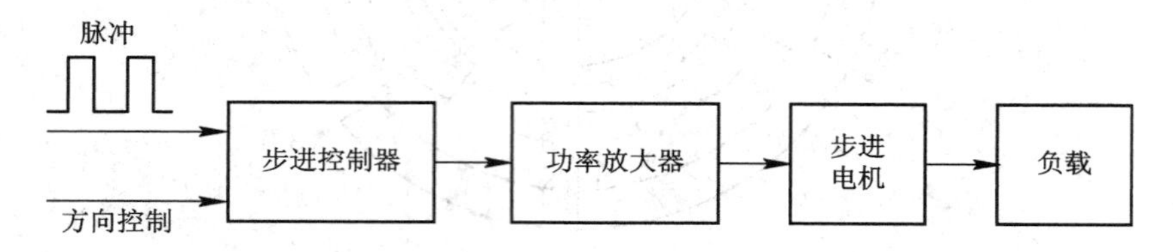

图 3-14 步进电机控制系统的组成

步进电机控制系统主要由步进控制器、功率放大器及步进电机组成。步进控制器由缓冲寄存器、环形分配器、控制逻辑及正、反转控制门等组成。它的作用就是把输入的脉冲转换成环型脉冲，以便控制步进电机，并能进行正、反向控制。功率放大器的作用是把控制器输出的环型脉冲加以放大，以驱动步进电机转动。在这种控制方式下，由于步进控制器线路复杂、成本高，因而限制了它的应用。但是，如果采用计算机控制系统，由软件代替上述步进控制器，则问题将大大简化。这不仅简化了线路，降低了成本，而且也使可靠性大为提高。特别是采用微型机控制，更可以根据系统的需要灵活改变步进电机的控制方案，使用起来很方便。典型的微型机控制步进电机系统原理图如图 3-15 所示。

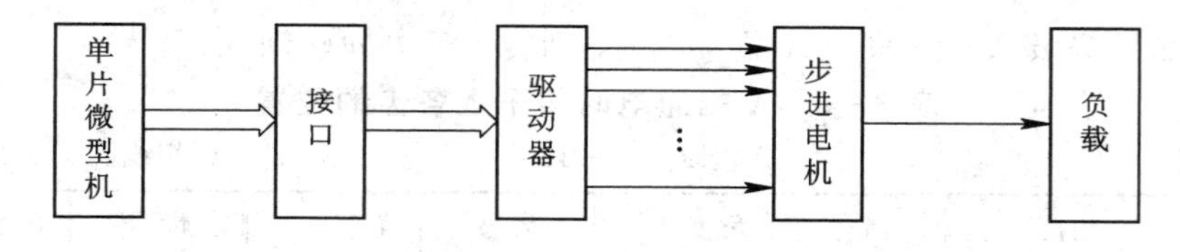

图 3-15 用单片微型机控制步进电机系统原理图

图 3-15 与图 3-14 相比，主要区别在于用微型机代替了步进控制器。因此，微型机的主要作用就是把并行二进制码转换成串行脉冲序列，并实现方向控制。每当步进电机脉冲输入线上得到一个脉冲时，它便沿着转向控制线信号所确定的方向走一步。只要负载是在步进电机允许的范围之内，那么每个脉冲将使电动机转动一个固定的步距角度。根据步距角的大小及实际走的步数，只要知道初始位置，便可预知步进电机的最终位置。

由于步进电机的原理在自动装置及电动机方面的书籍中均有详细介绍，这里就不再赘述。本书主要解决如下几个问题：

(1) 用软件的方法产生脉冲序列；

(2) 步进电机的方向控制；

(3) 步进电机控制程序的设计。

1. 脉冲序列的生成

在步进电机控制软件中必须解决的一个重要问题就是产生一个如图 3－16 所示的周期性脉冲序列。

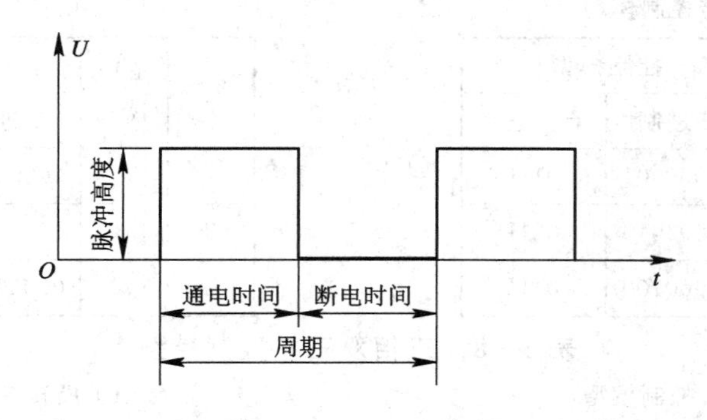

图 3－16　脉冲序列

从图 3－16 中可以看出，脉冲是用周期、脉冲高度、接通与断开电源的时间来表示的。脉冲高度是由使用的数字元件电平来决定的，如一般 TTL 电平为 0～5 V，CMOS 电平为 0～10 V 等。在常用的接口电路中，多为 0～5 V。接通和断开时间可用延时的办法来控制。例如，当向步进电机相应的数字线送高电平(表示接通)时，步进电机便开始步进。但由于步进电机的“步进”是需要一定时间的，因此在送一高脉冲后需延长一段时间，以使步进电机达到指定的位置。由此可见，用计算机控制步进电机实际上是由计算机产生一系列脉冲波。

用软件实现脉冲波的方法是先输出一高电平，然后再利用软件延时一段时间，而后输出低电平，再延时。延时时间的长短由步进电机的工作频率和我们希望达到的电机转速共同来决定。

2. 方向控制

常用的步进电机有三相、四相、五相、六相四种，其旋转方向与内部绕组的通电顺序有关。下边以三相步进电机为例进行讲述。三相步进电机有三种工作方式：

(1) 单三拍，通电顺序为 A→B→C→A；

(2) 双三拍，通电顺序为 AB→BC→CA→AB；

(3) 三相六拍，通电顺序为 A→AB→B→BC→C→CA→A。

如果按上述三种通电方式和通电顺序进行通电，则步进电机正向转动。反之，如果通电方向与上述顺序相反，则步进电机反向转动。例如在单三拍中反相的通电顺序为 A→C→B→A，其他两种方式可以此类推。

四相、五相、六相的步进电机，其通电方式和通电顺序与三相步进电机相似，读者可自行分析。本书主要以三相步进电机为例进行讲述。

步进电机的方向控制方法是：

(1) 用微型机输出接口的每一位控制一相绕组。例如，用 8255 控制三相步进电机时，可用 PC_0、PC_1、PC_2 分别接至步进电机的 A、B、C 三相绕组。

(2) 根据所选定的步进电机及控制方式，写出相应控制方式的控制模型。如上面讲的三种控制方式的控制模型分别如表 3-7～表 3-9 所示。

表 3-7　三相单三拍控制模型

(a) 正转控制模型

步序	工作状态	控制模型	
		二进制	十六进制
1	A	00000001	01H
2	B	00000010	02H
3	C	00000100	04H

(b) 反转控制模型

步序	工作状态	控制模型	
		二进制	十六进制
1	C	00000100	04H
2	B	00000010	02H
3	A	00000001	01H

表 3-8　三相双三拍控制模型

(a) 正转控制模型

步序	工作状态	控制模型	
		二进制	十六进制
1	AB	00000011	03H
2	BC	00000110	06H
3	CA	00000101	05H

(b) 反转控制模型

步序	工作状态	控制模型	
		二进制	十六进制
1	AB	00000011	03H
2	CA	00000101	05H
3	BC	00000110	06H

表 3-9　三相六拍控制模型

(a) 正转控制模型

步序	工作状态	控制模型	
		二进制	十六进制
1	A	00000001	01H
2	AB	00000011	03H
3	B	00000010	02H
4	BC	00000110	06H
5	C	00000100	04H
6	CA	00000101	05H

(b) 反转控制模型

步序	工作状态	控制模型	
		二进制	十六进制
1	A	00000001	01H
2	CA	00000101	05H
3	C	00000100	04H
4	BC	00000110	06H
5	B	00000010	02H
6	AB	00000011	03H

以上为步进电机正转和反转时的控制顺序及控制模型。由此可知，所谓步进电机的方向控制，实际上就是按照某一控制方式(根据需要进行选定)所规定的顺序发送脉冲序列，控制步进电机方向。

3.2.6　步进电机与微型机的接口及程序设计

1. 步进电机与微型机的接口电路

由于步进电机的驱动电流比较大，因此微型机与步进电机的连接需要专门的接口电路及驱动电路。接口电路可以是锁存器，也可以是可编程接口芯片，如 8255、8155 等。驱动器可用大功率复合管，也可以是专门的驱动器。有时为了抗干扰，或避免一旦驱动电路发生故障，造成功率放大器中的高电平信号进入微型机而烧毁器件，通常在驱动器与微型机之间加一级光电隔离器。其原理接口电路如图 3-17 和图 3-18 所示。

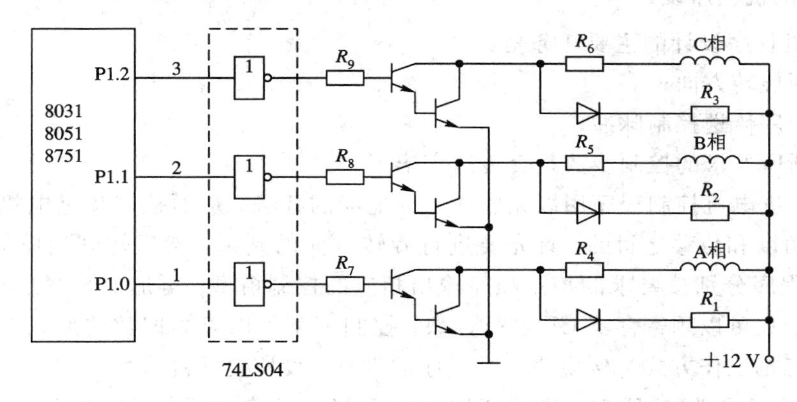

图 3-17　步进电机与微型机接口电路之一

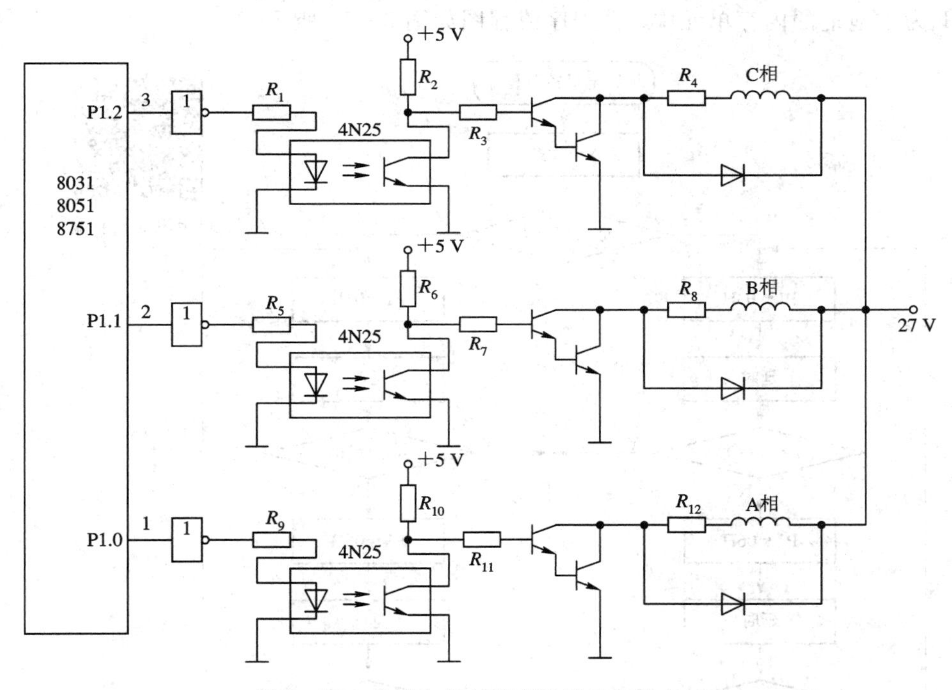

图 3-18　步进电机与微型机接口电路之二

在图 3-17 中，当 P1 口的某一位(如 P1.0)输出为 0 时，经反向驱动器变为高电平，使达林顿管导通，A 相绕组通电。反之，当 P1.0=1 时，A 相不通电。由 P1.1 和 P1.2 控制的 B 相和 C 相亦然。总之，只要按一定的顺序改变 P1.0～P1.2 三位通电的顺序，就能控制步进电机按一定的方向步进。

图 3-18 与图 3-17 的区别是在微型机与驱动器之间增加了一级光电隔离。当 P1.0 输出为 1 时，发光二极管不发光，因此光敏三极管截止，从而使达林顿管导通，A 相绕组通电。反之，当 P1.0=0 时，经反相后，使发光二极管发光，光敏三极管导通，从而使达林顿管截止，A 相绕组不通电。

现在，已经生产出许多专门用于步进电机或交流电动机的接口器件(或接口板)，用户可根据需要选用。

2. 步进电机程序设计

步进电机程序设计的主要任务是：

(1) 判断旋转方向；

(2) 按顺序传送控制脉冲；

(3) 判断所要求的控制步数是否传送完毕。

因此，步进电机控制程序用以完成环型分配器的任务，从而控制步进电机转动，以达到控制转动角度和位移之目的。首先要进行旋转方向的判别，然后转到相应的控制程序。正反向控制程序分别按要求的控制顺序输出相应的控制模型，再加上脉宽延时程序即可。脉冲序列的个数可以用寄存器 CL 进行计数。控制模型可以以立即数的形式一一给出。下面以三相双三拍工作方式为例说明这类程序的设计。设所要求的步数放在 NUM 单元。控制标志单元 FLAG 为 00H 时，表示正转；为 01H 时，表示反转。各项控制模型放在以 POINT 为首地址的内存单元中。其程序流程图如图 3-19 所示。

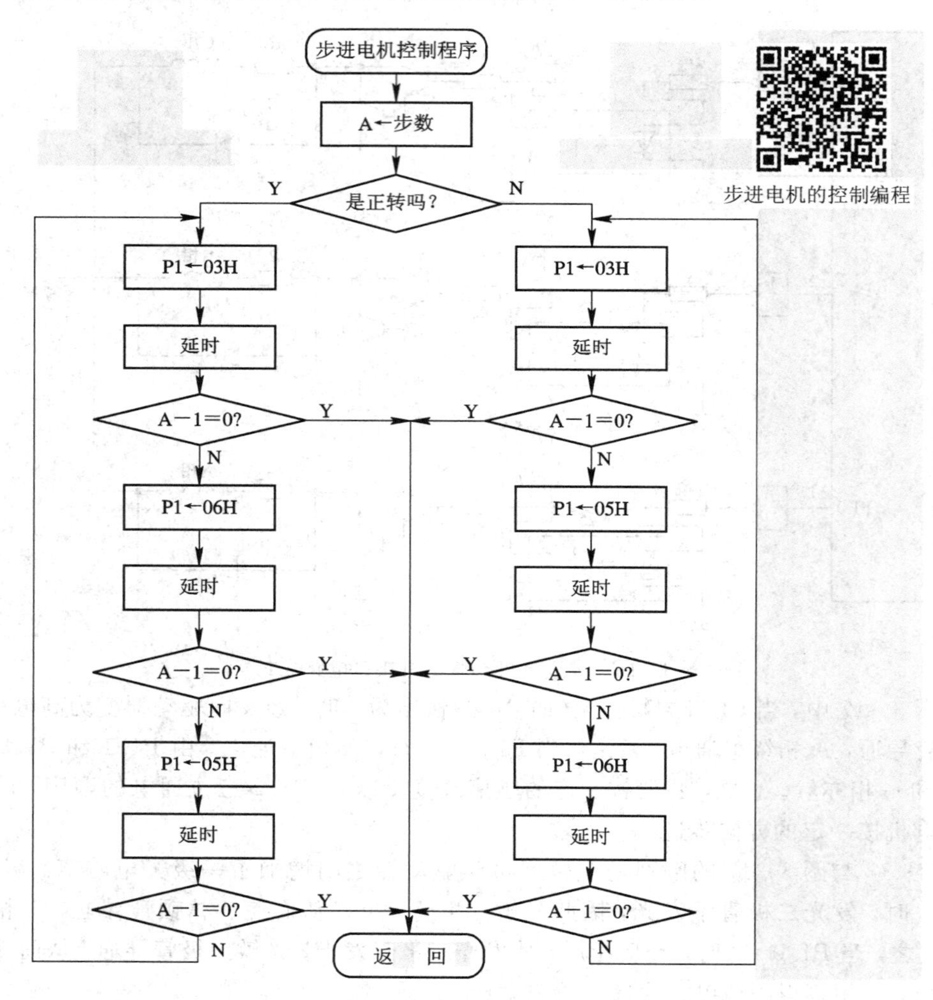

图 3-19　三相双三拍步进电机控制程序流程图

根据图 3-19，可写出如下三相双三拍步进电机控制程序。

```
            ORG     0100H
ROUTN1：    MOV     A，#N           ；步进电机的步数→A
            JNB     00H，LOOP2      ；如果 00H 位为 0，则为反向，转 LOOP2
LOOP1：     MOV     P1，#03H        ；正向，输出第一拍
            ACALL   DELAY           ；延时
            DEC     A               ；A=0，转 DONE
            JZ      DONE
            MOV     P1，#05H        ；输出第二拍
            ACALL   DELAY           ；延时
            DEC     A               ；A=0，转 DONE
            JZ      DONE
            MOV     P1，#06H        ；输出第三拍
            ACALL   DELAY           ；延时
            DEC     A               ；A≠0，转 LOOP1
            JNZ     LOOP1
            AJMP    DONE            ；A≠0，转 DONE
LOOP2：     MOV     P1，#03H        ；反向，输出第一拍
            ACALL   DELAY           ；延时
            DEC     A
            JZ      DONE
            MOV     P1，#06H        ；输出第二拍
            ACALL   DELAY           ；延时
            DEC     A
            JZ      DONE
            MOV     P1，#06H        ；输出第三拍
            ACALL   DELAY           ；延时
            JNZ     LOOP2
DONE：      RET                     ；返回
DELAY：     …       ；延时程序(略)
```

步进电机的正反转控制

以上程序设计方法对于节拍比较少的程序是可行的，但是，当步进电机的节拍数比较多(如三相六拍、六相十二拍等)时，用这种立即数传送法将会使程序很长，因而占用很多个存储器单元。所以，对于节拍比较多的控制程序，通常采用循环程序进行设计。

所谓循环程序，就是把环型节拍的控制模型按顺序存放在内存单元中，然后逐一从单元中取出控制模型并输出，如此可大大简化程序。节拍越多，循环程序的优越性越显著。

下面以三相六拍为例进行设计，其流程图如图 3-20 所示。

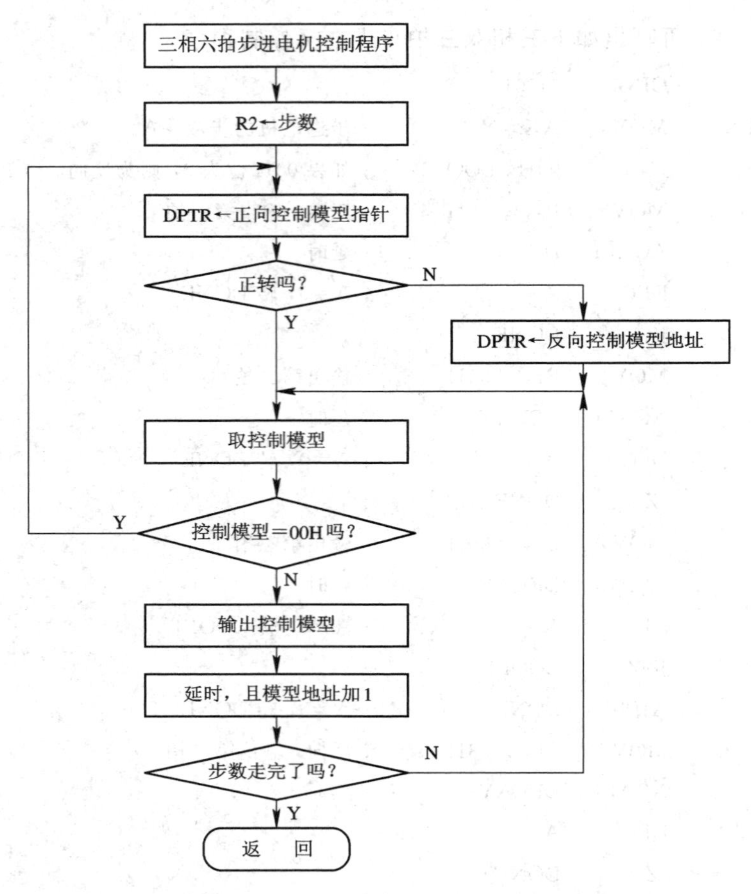

图 3-20　三相六拍步进电机控制程序框图

图 3-20 所示三相六拍步进电机控制程序如下：

```
          ORG     0400H
ROUTN2:   MOV     R2, COUNT        ;步数送 R2 寄存器
LOOP0:    MOV     R3, #00H
          MOV     DPTR, #POINT     ;送控制模型指针
          JNB     00H,LOOP2        ;00H 位=0 为反转
LOOP1:    MOV     A, R3            ;取控制模型
          MOVC    A, @A+DPTR
          JZ      LOOP0            ;判控制模型是否为 00H
          MOV     P1, A            ;输出控制模型
          ACALL   DELAY            ;延时
          INC     R3               ;控制步数加 1
          DJNZ    R2, LOOP1        ;判步数是否走完
          RET
LOOP2:    MOV     A, R3            ;求反向控制模型的偏移量
          ADD     A, #07H
          MOV     R3, A
          AJMP    LOOP1
```

```
DELAY:    …      ;延时程序(略)
POINT:    DB     01H
          DB     03H
          DB     02H
          DB     06H
          DB     04H
          DB     05H
          DB     00H

          DB     01H
          DB     05H
          DB     04H
          DB     06H
          DB     02H
          DB     03H
          DB     00H

COUNT     EQU    30H
POINT     EQU    0150H
```

3.2.7 步进电机步数及速度的计算方法

在前面讲的子程序 ROUTN1 和 ROUTN2 中，步进电机的步数 N 和延时时间DELAY是两个重要的参数。前者用来控制步进电机的精度，后者则控制其步进的速率。因此，如何确定这两个参数，将是步进电机控制程序设计中十分重要的问题。

1. 步进电机步数的确定

步进电机常被用来控制角度和位移，例如，用步进电机控制旋转变压器或多圈电位器的转角。此外，穿孔机的进给机构、软盘驱动系统、光电阅读机、打印机、数控机床等也都用步进电机精确定位。

例如，用步进电机带动一个 10 圈的多圈电位器来调整电压。假定其调节范围为 0～10 V，现在需要把电压从 2 V 升到 2.1 V，设步进电机的行程角度为 x，则

$$\frac{10\ \text{V}}{3600^\circ} = \frac{(2.1-2)\ \text{V}}{x}$$

$$x = 36^\circ$$

如果用三相三拍控制方式，由公式可定出步距角为 3°，由此可计算出步进电机的步数 $N=36^\circ/3^\circ=12$(步)。如果用三相六拍的控制方式，则步距角为 1.5°，其步数 $N=36^\circ/1.5^\circ=24$(步)。由此可见，改变步进电机的控制方式，可以提高精度，但在同样的脉冲周期下，步进电机的速率将减慢。

同理，也可以求出位移量与步数之间的关系。

2. 步进电机控制速率的确定

步进电机的步数是精确定位的重要参数之一。在某些场合，不但要求能精确定位，而

且还要求在一定的时间内到达预定的位置，这就要求控制步进电机的速率。

步进电机速率控制的方法就是改变每个脉冲的时间间隔，亦即改变程序 ROUTN1 和 ROUTN2 中的延时时间。例如，在 ROUTN2 程序中，步进电机转动 10 圈需要 2 秒钟，则每进一步需要的时间为

$$t=\frac{2000\ \text{ms}/10}{NZ_r}=\frac{200\ \text{ms}}{3\times 2\times 40}=833\ \mu\text{s}$$

所以，只要在输出一个脉冲后，延时 833 μs，即可达到上述之目的。

3.2.8 步进电机的变速控制

在前面讲的两种步进电机程序设计中，步进电机是以恒定的转速工作的，即在整个控制过程中步进电机的速度不变。然而，对于大多数任务而言，总是希望能尽快地到达控制终点，因此，要求步进电机的速率尽可能快一些，但如果速度太快，则可能产生失步。此外，一般步进电机对空载最高启动频率都有所限制。所谓空载最高启动频率，是指电动机空载时，转子从静止状态不失步地步入同步(即电动机每秒钟转过的角度和控制脉冲频率相对应的工作状态)的最大控制脉冲频率。当步进电机带有负载时，它的启动频率要低于最高空载启动频率。根据步进电机的频率特性可知，启动频率越高，启动转矩越小，带负载的能力越差；当步进电机启动后，进入稳态时的工作频率又远大于启动频率。由此可见，一个静止的步进电机不可能一下子稳定到较高的工作频率，必须在启动的瞬间采取加速的措施。一般来说，升频的时间约为 0.1～1 s。反之，从高速运行到停止也应该有减速的措施。减速时的加速度绝对值常比加速时的加速度值要大。

为此，引进一种变速控制程序，该程序的基本思想是：在启动时，以低于响应频率的速度运行；然后慢慢加速，加速到一定速率后，就以此速率恒速运行；当快要到达终点时，又使其慢慢减速，在低于响应频率的速率下运行，直到走完规定的步数后停机。这样，步进电机便可以最快的速度走完所规定的步数，而又不出现失步。上述变速控制的过程如图 3-21 所示。

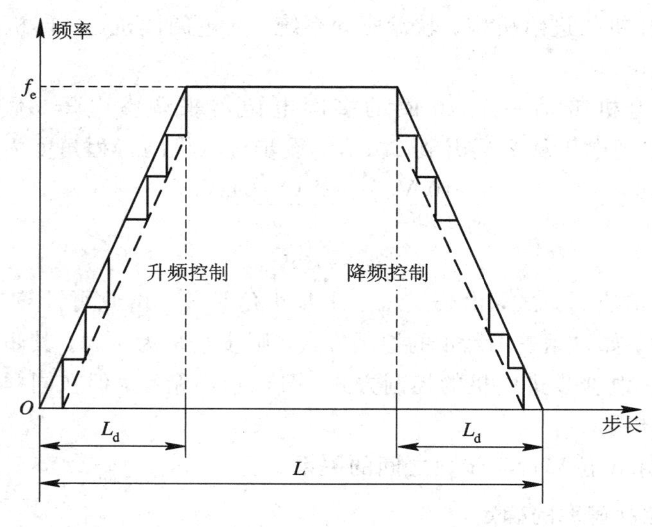

图 3-21　变速控制中频率与步长之间的关系

下面介绍几种变速控制的方法。

1. 改变控制方式的变速控制

最简单的变速控制可利用改变步进电机的控制方式来实现。例如，在三相步进电机中，启动或停止时，用三相六拍，大约在 0.1 s 以后，改用三相三拍，在快到达终点时，再度采用三相六拍控制，以达到减速控制的目的。

2. 均匀地改变脉冲时间间隔的变速控制

步进电机的加速(或减速)控制，可以用均匀地改变脉冲时间间隔来实现。例如，在加速控制中，可以均匀地减少延时时间间隔；在减速控制时，则可均匀地增加延时时间间隔。具体地说，就是均匀地减少(或增加)延时程序中的延时时间常数。

由此可见，所谓步进电机控制程序，实际上就是按一定的时间间隔输出不同的控制字。所以，改变传送控制字的时间间隔(亦即改变延时时间)，即可改变步进电机的控制频率。这种控制方法的优点是，由于延时的长短不受限制，因此步进电机的工作频率变化范围较宽。

3. 采用定时器的变速控制

在单片机控制系统中，也可以用单片机内部的定时器来提供延时时间，其方法是将定时器初始化后，每隔一定的时间，由定时器向 CPU 申请一次中断，CPU 响应中断后，便发出一次控制脉冲。此时，只要均匀地改变定时器时间常数，即可达到均匀加速(或减速)的目的。这种方法可以提高控制系统的效率。

习　　题

1. 何谓顺序控制？
2. 顺序控制分为哪三类控制系统？分别列举各类控制系统的实例。
3. 数字控制的基本原理是什么？
4. 试述步进电机工作原理。
5. 根据三相步进电机的控制原理，试编写四相单四拍、四相八拍步进电机控制程序。
6. 逐点比较直线插补计算过程分几个步骤？说明每个步骤要完成的工作及作用。
7. 某控制系统开关的接线如图 3-22 所示。

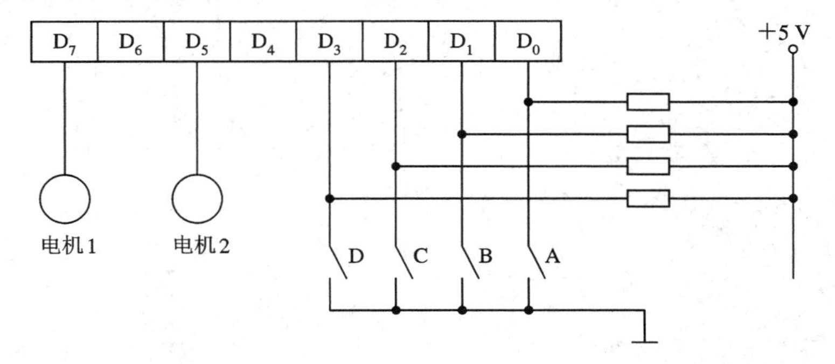

图 3-22　控制系统接线图

试编写程序实现以下功能：

(1) 开关 A、B 打开，C、D 闭合时，电机 1 启动；

(2) 开关 C、D 打开，A、B 闭合时，电机 2 启动：

(3) 开关全部闭合时，两台电机均启动；

(4) 其他情况下，两台电机均停止。(启动信号为“1”，停止信号为“0”。)

8. 试用微型机汇编语言编写下列程序，并画走步轨迹图：

(1) 四方向逐点比较法第 1 象限中的直线插补程序：(0，0)至(7，5)；

(2) 四方向逐点比较法第 1 象限中的顺圆插补程序：(1，7)至(7，1)。

第 4 章　模拟量输入/输出通道

4.1　模拟量输入通道

模拟量输入/输出通道概述

模拟量输入通道根据应用的不同，可以有不同的结构形式。图 4－1 是多路模拟量输入通道的一般组成框图。

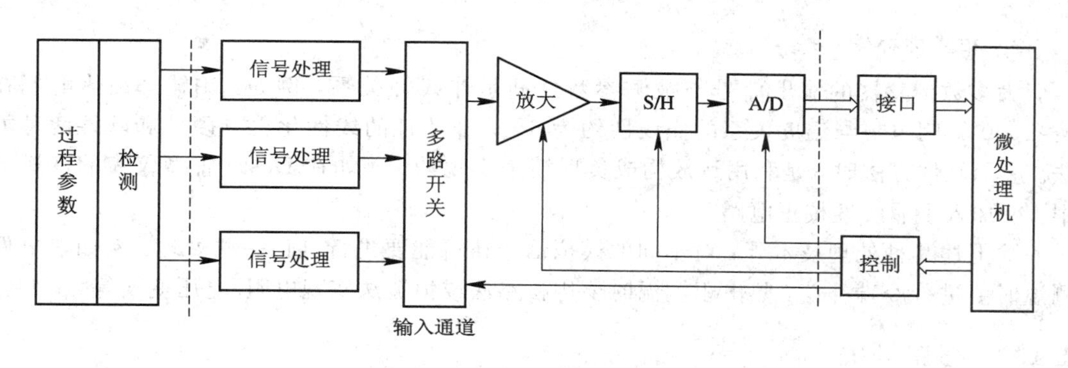

图 4－1　模拟量输入通道的一般组成框图

通常，人们把过程工艺参数转换为电量的设备称为传感器或一次仪表。传感器的主要任务是检测。在过程控制中，为了避免低电平模拟信号传输带来的麻烦，经常将测量元件的输出信号经过温度变送器、压力变送器和流量变送器等进行变换。它们将温度、压力和流量的电信号变换成 0～10 mA(DDZ－Ⅱ型仪表)或 4～20 mA(DDZ－Ⅲ型仪表)的统一信号，这一部分不属于模拟量输入通道，而常归属于工程检测技术和自动化仪表；但现在的计算机控制系统中许多模拟输入通道中也包含了变送器部分的功能。

4.1.1　输入信号的处理

为了保证 A/D 转换的精度，模拟信号在输入到 A/D 之前首先应进行适当的处理。根据需要，信号处理可选择小信号放大、大信号衰减、信号滤波、阻抗匹配、非线性补偿和电流/电压转换等方法。

1. 信号滤波

由于工业现场干扰因素多，来自工业现场的模拟信号中常混杂有干扰信号，应该通过滤波削弱或消除干扰信号。滤波方法有硬件法和软件法之分。硬件方法常用 *RC* 滤波器和有源滤波器来滤除高于有用信号频率的那部分干扰，也称之为模拟预滤波；用软件方法可以滤除与有用信号频率重合的那部分干扰，如卡尔曼滤波等。

2. 统一信号电平

输入信号可能是毫伏级电压或毫安级电流信号，应将其变成统一的信号电平。例如可变成 0～50 mV 的统一小信号电平或 0～5 V(1～5 V)的大信号电平。即使从变送器来的 0～10 mA 或 4～20 mA 的标准信号，一般也要经如图 4-2 所示的电阻网络，进行电流/电压变换，变换成 0～50 mV 的电压信号，其精度达 0.02%。

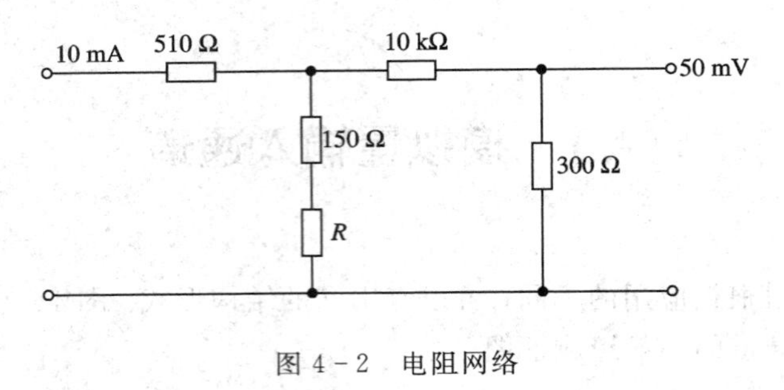

图 4-2　电阻网络

3. 非线性补偿

大多数传感器的输出信号与被测参数之间呈非线性关系，例如：铂铑—铂热电偶在 0～1000℃ 间电势与温度关系的非线性约为 6%。非线性的线性化也有硬件和软件两种方法。应用硬件方法时，是利用运放构成负反馈来实现的。例如在 DDZ-Ⅲ型仪表的变送器中，就加入了非线性校正电路。

除上述几种处理技术外，对不同的模拟信号还可能要进行其他一些处理，例如热电偶测温时要进行冷端补偿，热电阻测温时要用桥路法或恒流法实现电阻/电压变换等。

4.1.2　多路开关

多路开关又称多路转换器，其作用是将各被测模拟量按某种方式，如顺序切换方式或随机切换方式，分时地输入到公共的放大器或 A/D 转换器上。

1. 多路开关的种类

多路开关有机械触点式和电子式两种。

机械触点式多路开关常用的有干簧或湿簧继电器，其原理如图 4-3 所示。当线圈通电时簧片吸合，开关接通。这类开关具有结构简单，闭合时接触电阻小，断开时阻抗高，工作寿命较长，不受环境温度影响等优点，在小信号中速度的切换场合仍可使用。由单个干簧继电器组成的多路开关均采用开关矩阵方式。如图 4-4 所示的开关矩阵可对 64 个点进行检测和选通，X 轴和 Y 轴的选通电路受 CPU 控制，其程序框图如图 4-5 所示。

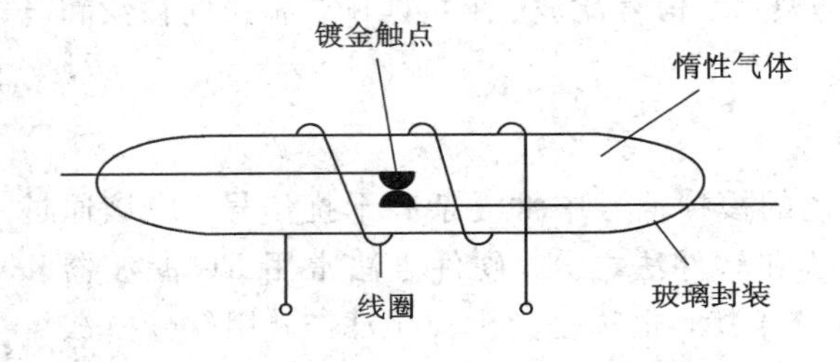

图 4-3　干簧继电器

多路开关

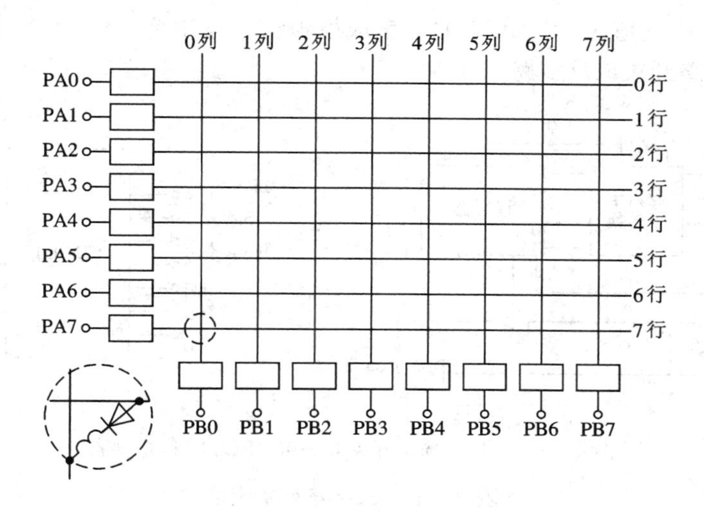

图 4-4 干簧继电器开关矩阵

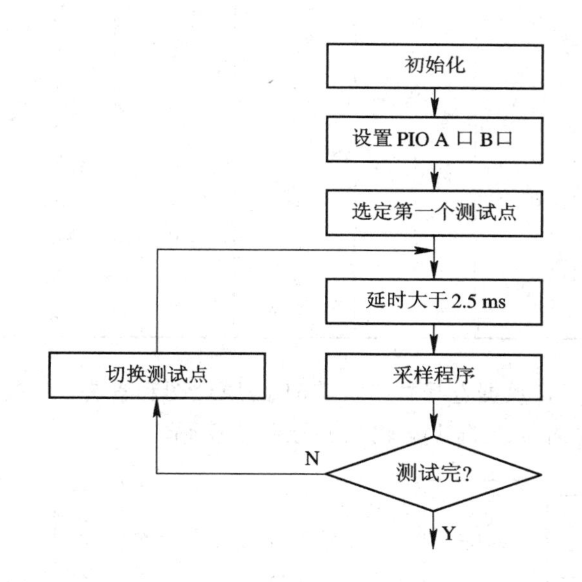

图 4-5 开关矩阵控制程序框图

在计算机控制系统中，目前用得最多的是由晶体管、场效应管或光电耦合开关等组成的电子式无触点开关。这类开关工作频率高，体积小，寿命长。其缺点是导通电阻大，驱动部分和开关元件不独立而影响了小信号的测量精度。

常用的电子开关有 CMOS、FET 单片多路开关，如 CD4051、CD4052、CD4053（或 MC14501、C511）等以及由 TTL 电路组成的数据选择器 74LS150、74LS151 等；也有的将多路开关与 A/D 集成在一个芯片内，如 ADC0808、ADC0809、ADC1211 等。

图 4-6 是单端 8 路开关 CD4051 的基本原理图和管脚图。它有三个二进制控制输入端 A、B、C，片内有二进制译码器，改变 A、B、C 的数值可译出 8 种状态，分别从 8 路输入中选中一个开关接通。当禁止端 inH 为高电平时，不论 A、B、C 为何值，8 个通路都不通。

表 4-1 为 CD4051 真值表。CD4051 的数字或模拟信号电平为 3～15 V，模拟信号 U_{DD}＝15 V，可作为多路开关或反多路开关。

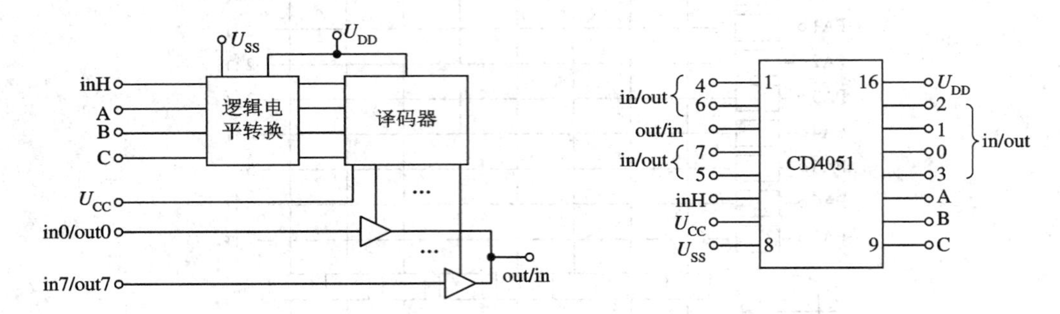

图 4-6　单片 8 选 1 开关 CD4051 原理图和管脚图

表 4-1　CD4051 真值表

inH	C	B	A	选通
0	0	0	0	X_0
0	0	0	1	X_1
0	0	1	0	X_2
0	0	1	1	X_3
0	1	0	0	X_4
0	1	0	1	X_5
0	1	1	0	X_6
0	1	1	1	X_7
1	×	×	×	无

图 4-7 所示为 TTL 数据选择器 74LS151 的原理图和管脚图。其特点是将 8 位输入数据(1 或 0)中的某一位选通(8 选 1)，输出其原码或反码。

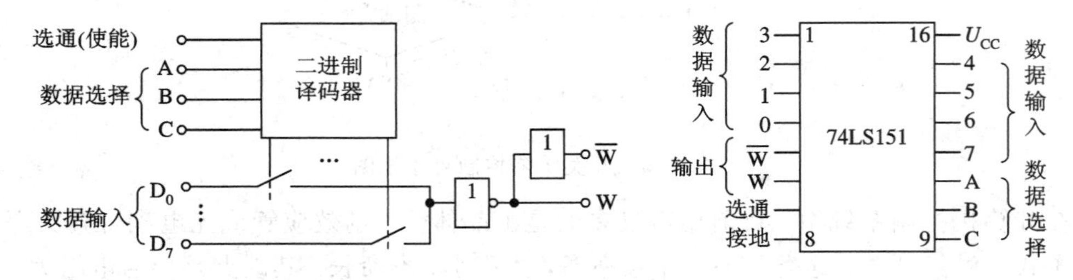

图 4-7　数据选择器 74LS151 原理图和管脚图

图 4-8 所示为光电耦合开关的一种用法。光电耦合开关是一种以光控制信号的器件，输入端为发光二极管，输出端为光敏三极管。当 PIO 的某一位为高电平时，经反相后变为低电平，发光二极管导通并发光，使光敏三极管导通，经反相后输出高电平。光电开关能使输入和输出在电气上完全隔离，主要用于抗干扰场合。

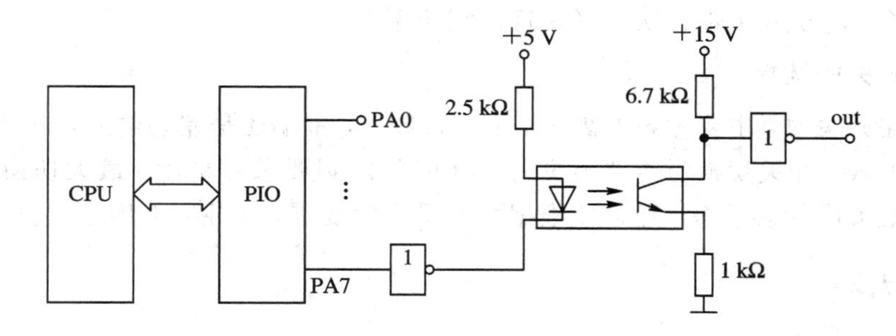

图 4－8　光电耦合开关用法之一

2. 多路开关的连接方式

多路开关有单端输入、差动输入和伪差动输入等基本连接方式，如图 4－9 所示。

图 4－9(a)是单端多路输入方式，一般用于高电平输入信号。由于一个通道传送一路信号，因此通道利用率高。但因这种方式无法消除共模干扰，所以当共模电压 U_{cm} 和信号电平 U_{in} 相比幅值较大时，不宜采用这种方式。

图 4－9(b)是差动多路输入连接方式，模拟量双端输入，双端输出接到运算放大器上。由于运算放大器的共模抑制比较高，故其抗共模干扰能力强，一般用于低电平输入、现场干扰较严重、信号源和多路开关距离较远或者输入信号有各自独立的参考电压的场合(这时双端输入能各成回路)。

图 4－9(c)为伪差动输入。和图 4－9(a)的不同点在于模拟地和信号地接成一点，而且应该是所有信号的真正地，也是各输入信号唯一的参考地(也可以浮置于系统地)。由于模拟地和信号地接成一点，这种方式可抑制信号源和多路开关所具有的共模干扰，如工频干扰。它适用于信号源距离较近的场合。在保证全通道使用容量的条件下，采用这种方式提高了对干扰的抑制能力，因此这是一种经济实用的连接方式。

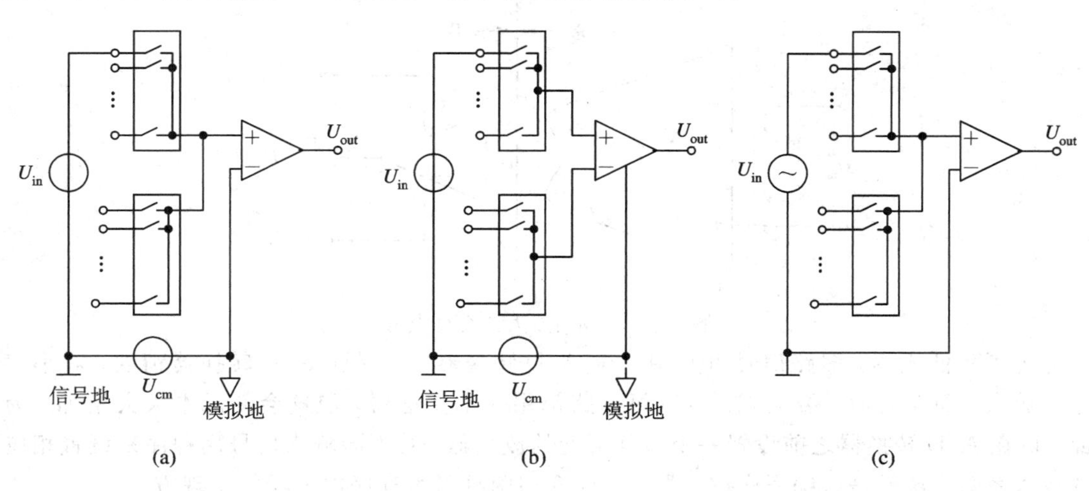

图 4－9　多路开关的基本连接方式

(a) 单端多路输入；(b) 差动多路输入；(c) 伪差动输入

在实际应用中，输入信号可能很多，电平高低可能相差很大，这时应将电平分类，对电平相近的通道归类选择切换。为了减少选择切换开关本身的漏电流，可采用干簧开关作一次选择切换、电子开关作二次选择切换的混合系统。

3. 多路开关的选择

选择多路开关时，主要考虑的因素有：通路数目，单端还是差动输入，电平高低，对各通路的寻址方式，开关切换时需要多少时间才能稳定到要求的精度，最大切换速率，各通路间允许的最大串扰误差等。通常要根据数据采集的要求，抓住主要因素，进行具体选择。

4.1.3 放大器

放大器的功能是将小信号放大或将大信号衰减到适合于 A/D 输入电压要求的范围。在实际应用中，一次仪表的安装环境和输出特性是各种各样和十分复杂的，选用哪种类型的放大器取决于应用场合。对于微弱信号的放大来说，常有以下选择：

(1) 低漂移运算放大器。它的特点是温度漂移极小(如小于 1 μV/℃)，适用于一般的弱信号放大。这类放大器有美国 AD 公司的 ADOP－7 和 AD517 等。

(2) 仪表放大器。它也称测量放大器或数据放大器。其主要特点是具有很高的共模抑制能力，此外还具有高输入阻抗、较低的失调电压、较少的温度漂移系数及低的输出阻抗，有的还具有增益可调功能。这种放大器是由一组放大器构成的。由于上述优点，这种放大器得到了广泛的应用。例如用于热电偶、应变电桥、流量计量、生物测量以及那些提供微弱信号而有较大共模干扰的场合。这种放大器有 AD 公司的 AD521、AD522、AD612 和增益可调的 AM－542/543 等。

(3) 隔离放大器。隔离是指切断控制装置与工作现场的电的联系。对数字量广泛采用光电隔离器，而对于弱模拟信号则多采用磁耦合的办法。这种放大器的符号如图 4－10 所示，放大器分为输入(A)和输出(B)两个独立供电回路。这种放大器有 AD 公司的 Model 277。

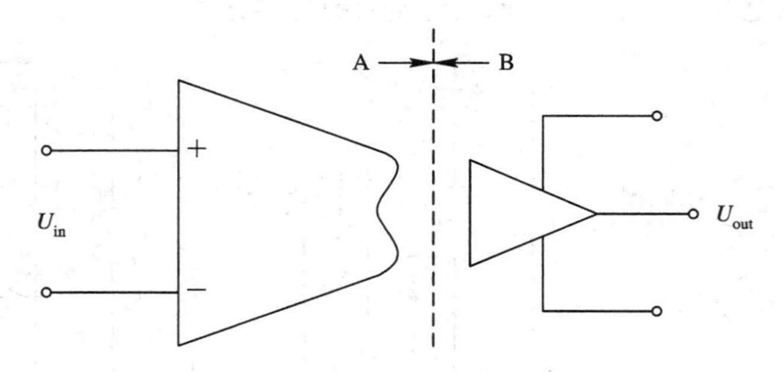

图 4－10 隔离放大器符号表示

为了降低成本，多路信号可共用一个 A/D 转换器；为保证 A/D 转换器精度，对小信号要放大，而对大信号要衰减。可以每一路都用一个变送器，但这会使成本大大增加。为此，可在 A/D 转换器之前设置一个增益可变的放大器，对不同输入信号用程序来设置相应的放大系数，这就是可编程序放大器。下面介绍两种可编程序放大器的实现方案。

1. 采用增益可调的仪表放大器方案

仪表放大器除共模抑制能力强、输入阻抗高、漂移低外，有的还具有增益可调功能，如 AM－542、AM－543。图 4－11 是这种增益可调的方案框图。

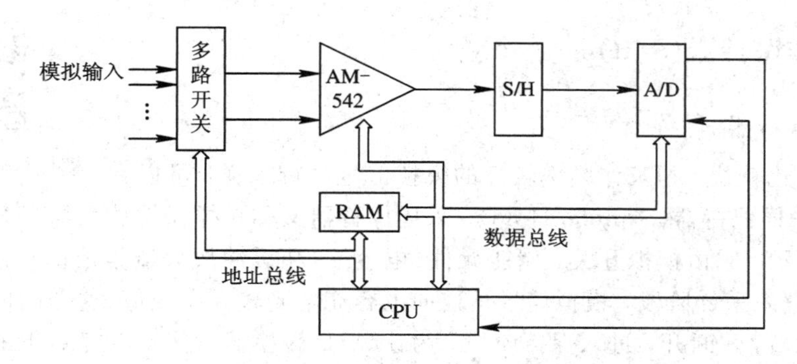

图 4-11　增益可调的仪表放大器方案

通常，由于各路模拟信号和 A/D 的电压范围已知，故可算出对应信号源要求的放大系数。可预先将各路放大倍数的等效数字量存入 RAM 中，当 CPU 要求输入第 n 路信号时，则由 CPU 控制将第 n 路对应的放大倍数从 RAM 中取出，经数据总线送入 AM-542 相应端接点，这样信号便会按预先设定的放大倍数被放大。

2. 放大器并联反馈电阻方案

如图 4-12 所示，A_1、A_2 组成同相关联差动放大器，A_3 为起减法作用的差动放大器。电压跟随器 A_4 的输入来自 A 点，即共模电压 U_{cm}，其输出作为运放 A_1、A_2 的电源地端，以使 A_1、A_2 的电源电压浮动幅度与 U_{cm} 相同，从而大大削弱共模干扰的影响，这就是共模自举技术。信号从 U_{s1}、U_{s2} 以差动方式输入，放大器差模闭环增益 $A=1+2R_0/R$，R 为 $R_1 \sim R_8$ 中的一个。$R_1 \sim R_8$ 值可以根据不同放大倍数要求，用公式 $A=1+2R_0/R$ 来选取，电子开关 CD4051 选通哪一路电阻，可以由 CPU 通过程序进行控制。当电阻都不被电子开关选通时，放大倍数为 1。当信号源采用单端输入时，运放 A_2 的正输入端通过电阻接地。

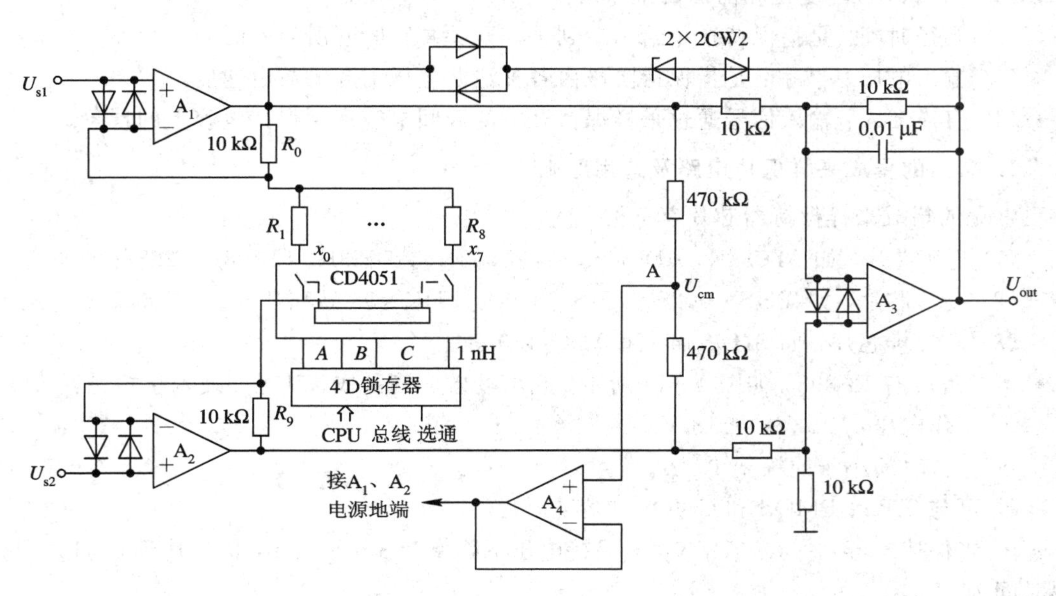

图 4-12　实用可编程序放大器

4.1.4 采样保持器(S/H)

1. 采样保持器

为了对变化较快，即工作频率较高的模拟信号进行采样，可以在A/D前加入采样保持器(Sample/Hold)。采样保持器又称采样保持放大器(SHA)，其原理如图4-13所示。它由模拟开关、储能元件(电容 C)和缓冲放大器组成。当施加控制信号后，S闭合，进入采样阶段，模拟信号迅速向电容充电到输入电压值(这个时间越短越好)；控制信号去除时，S断开，进入保持阶段，为让A/D转换器对保持电容 C 上的电压进行量化，希望电容维持稳定电压的时间长一些。由于充电时间远小于A/D转换时间，保持器的电压下降率又较低，因此大大减小了误差。

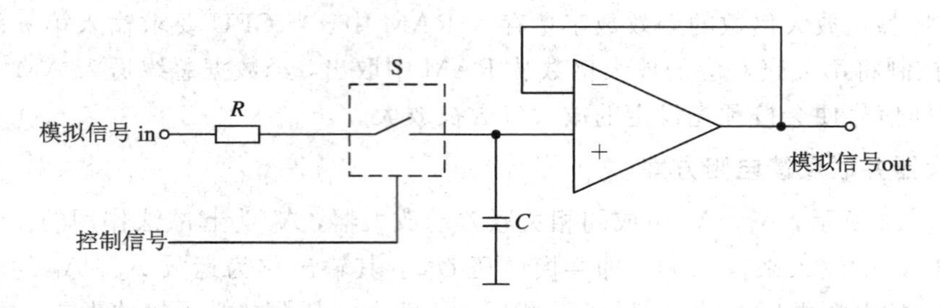

图4-13 采样保持器的原理图

采样保持器的主要性能参数如下所述：

(1) 获得时间：是指给出采样指令后，跟踪输入信号到满量程并稳定在终值误差带(0.2%～0.005%)内变化和滞留的最小时间。

(2) 孔径时间：是指保持指令给出后到采样开关真正断开所需的时间。

(3) 输出电压衰减率：是指保持阶段由各种泄漏电压引起的放电速度。

(4) 直通馈入：输入信号通过采样保持开关的极间电容窜到保持电容上的现象。

2. 常用的集成采样保持电路及选用原则

常见的集成采样保持器芯片有三类：

(1) 通用芯片，如AD538K、AD538K/S、AD582K、AD583K、LF198/LF298/LF398等。

(2) 高速芯片，如THS-0025、THS-0060、THC-0300和THC-1500等。

(3) 高分辨芯片，如SHA1144和ADC1130等。

最常见的有LF398，如图4-14所示。它由场效应管制成，其主要技术指标是：

· 工作电压：±5 V～±18 V。

· 保持时间小于或等于10 μs。

· 可与TTL、PMOS和CMOS兼容。

· 当保持电容 C=0.001 μF时，保持电压下降率为3 mV/min，信号达到0.01%的获得时间为25 μs。

当逻辑电压基准L·R接地时，控制电平与TTL兼容。保持电容 C 的选择要根据保持步长、获得时间、输出电压下降率等几个参数折中考虑。一般应选聚苯乙烯、聚丙烯、聚四

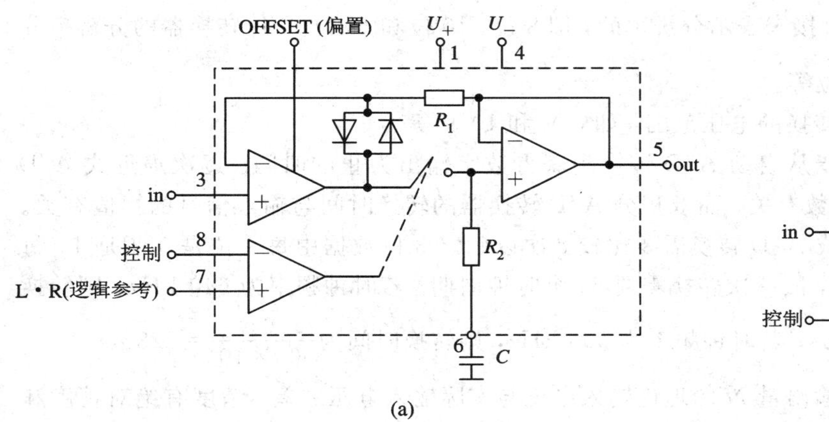

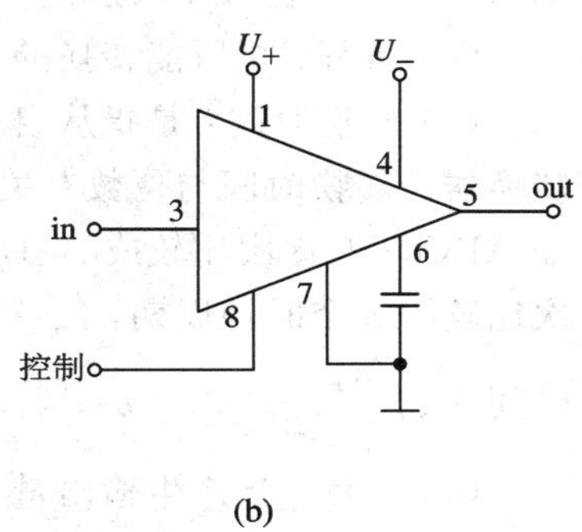

图 4-14　采样保持器 LF398

(a) 原理图；(b) 接线图

氟乙烯电容，这些电容的介质吸收特性好，保持误差小。

选择采样保持器时，主要考虑以下因素：输入信号范围，输入信号变化率和多路开关的切换速率，采样时间应为多少才不会超过误差要求等。

当输入信号变化很缓慢，A/D 转换相对较快时，可以不用采样保持器。

4.1.5　模/数(A/ D)转换器及其应用

A/D 转换器介绍

A/D 转换器在数字电路和微机原理等课程中介绍过，这里仅作简短的回顾并给出几个典型的应用例子。

1. A/D 转换器的分类

按位数，A/D 转换器可分为 8 位、10 位、12 位、16 位和 30 位等。

按转换方式，A/D 转换器可分为：

(1) 计算比较式：构造简单，价格便宜，但速度慢，较少采用。

(2) 双积分式：又称为 V-T 型电压数字转换器，其精度高，抗干扰能力强，但速度慢，常用在信号变化慢、精度要求高、干扰严重的场合，如高精度数字电压表中。

(3) 逐次逼近式：转换速度较快，精度也较高，用得最广泛。

(4) 并行高速 A/D 转换器：转换时间很短，其中有三次积分式 A/D 转换器、全并行比较 A/D 转换器、串并行比较 A/D 转换器等。

按输出编码形式，A/D 转换器还可分为二进制编码型和 BCD 编码型。如 5G14433 为 $3\frac{1}{2}$位，双积分式，输出编码为 BCD 码。

应该注意，用 D/A 转换器与软件配合也可实现 A/D 转换器。另外，电压—频率变换器 VFC 也是 A/D 转换器的一种形式。

2. A/D 转换器的主要技术指标

(1) 分辨率：指 A/D 转换器最低位所具有的数值，如为 8 位 A/D 转换器，则分辨率为

$\frac{1}{2^8}=\frac{1}{256}$。也有以位数直接来表示分辨率的，即8位、10位和12位A/D转换器的分辨率分别为8位、10位和12位等。

(2) 量程：指所能转换的电压范围，如5 V和10 V等。

(3) 转换时间：是指从启动A/D转换到获得数字输出为止的时间。逐次逼近式A/D转换器的转换时间与位数有关，而双积分A/D转换器的转换时间与输入信号的幅值有关。如ADC0809逐次比较或A/D转换需要比较8次以确定8位数据中每一位是0还是1，每次比较需8个时钟周期，故一次转换需要64个时钟周期。若时钟频率为640 kHz，则转换时间为$\frac{64}{640\times10^3}=100\ \mu s$；若时钟频率为500 kHz，则转换时间为$\frac{64}{500\times10^3}=128\ \mu s$。

(4) 精度：指产生输出量N的理论输入电压与实际输入电压之差。精度有绝对精度和相对精度之分。前者常用数字的位数表示。若满量程为10 V，则10位A/D转换器的绝对精度为$\frac{1}{2}\text{LSB}=\frac{1}{2}\times\frac{10\times10^3}{2^{10}}=4.88\ \text{mV}$。相对精度常用百分数表示，如10位A/D转换器的相对精度为$\frac{1}{2^{10}}\approx0.1\%$。请注意分辨率和精度是两个不同的概念，分辨率是指能对转换结果产生影响的最小输入量，而精度是由误差决定的。如A/D转换器满量程为10 V，其分辨率为9.77 mV，但这个变化可能由于温漂、线性不良而引起，故精度未必这么高。

A/D转换器的技术指标还有工作温度范围、是否外接基准电压和输入逻辑电压等。

3. 典型应用例子

AD570

A/D转换器是专门用来将模拟量转化为数字量的器件，使用时只要连接供电电源，将模拟信号加到输入端，在控制端加一个启动信号，A/D转换器就会自动工作，转换完成后芯片会在一个输出引脚给出转换结束信号，通知CPU此时可以读取数据，CPU可通过一条“MOVX A，@DPTR”指令读入A/D转换结果。这就是A/D的应用过程。

在应用A/D转换器时应把注意力放在A/D转换器与CPU的连线问题上，具体应注意几点：

(1) 输入模拟电压是单端的还是差动的。

(2) 数据输出线与系统总线的连线问题。如果A/D转换器具有可控三态输出门(如ADC0809)，则可直接将A/D输出数据线与系统数据总线相连；如果A/D转换器有三态输出门，但不受外部控制(如AD570)或无三态门，则必须通过I/O通道或附加的三态门电路与CPU相连。8位以上A/D转换器与CPU相连时还应考虑A/D转换器的位数与CPU总线位数匹配问题。

(3) 启动信号供给问题。有些A/D转换器(如AD570、AD571和AD572等)要求有电平启动信号，对于这些芯片，在转换全过程中均要保证启动信号有效；另外一些芯片(如ADC0809和ADC1210等)要求有脉冲启动信号，此时可用“MOVX @DPTR，A”指令发出的片选信号或写信号在片内产生启动脉冲。

(4) 数据读取方式。一般有程序查询方式、CPU等待方式、固定延时方式和中断方式等4种数据读取方式。

例 4-1 用不带可控三态门的 A/D 转换器实现 A/D 转换，CPU 可分别采用程序查询方式和等待方式读取数据。

解 如图 4-15，将 AD570 的 15 脚接地，则模拟电压为单极性输入。用并行接口 8255A 作为 AD570 与系统总线之间的 I/O 通道，其中 8255A 的端口 A 连接 A/D 转换器的数据端，工作于输入方式；端口 B 也工作于输入方式，且 PB0 接 AD570 转换结束信号 $\overline{DR}$，用程序查询 PB0 即可知 A/D 转换是否完成；端口 C 工作在输出方式且 PC0 接 AD570 的启动信号端 $B/\overline{C}$。工作时置 PC0 为 0，可启动 A/D，用程序判断 PB0 是否转换完成，如完成了则由端口 A 读取转换结果，否则继续查询。

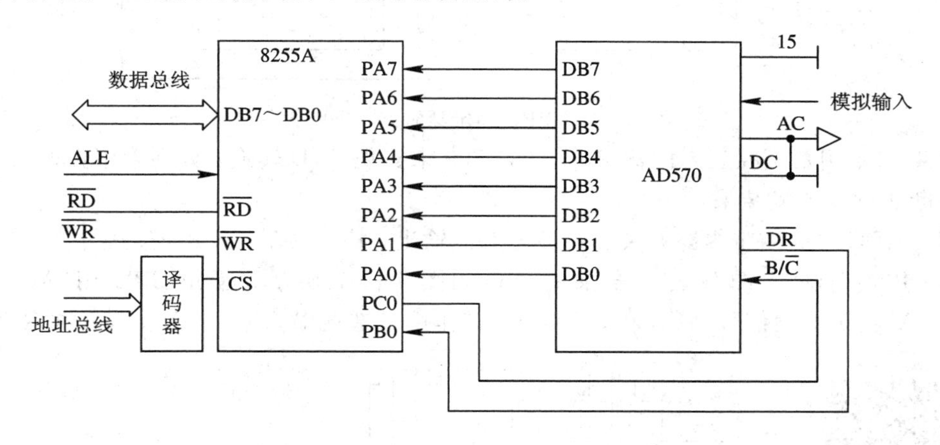

图 4-15　AD570 与 CPU 连线图

下面就是用查询方式读取转换结果的程序段：

```
READAD:  MOV    A，#92H         ；A、B 口输入，C 口输出
         MOV    DPTR，PORTCC    ；PORTCC 为控制口
         MOVX   @DPTR,A
         MOV    A,#01H          ；PC0 为 1
         MOV    DPTR，PORTC
         MOVX   @DPTR,A
         MOV    A,#00H          ；PC0 为 0，启动 A/D
         MOVX   @DPTR,A
Z:       MOV    DPTR，PORTB
         MOVX   A,@DPTR
         ANL    A,#01H
         CJNE   A,#00H,Z        ；如果 PB0 为 1 再查询
         MOV    A,#01H          ；撤销启动信号
         MOV    DPTR，PORTC
         MOVX   @DPTR,A
         MOV    DPTR，PORTA
         MOVX   A,@DPTR         ;读取 A/D 数据
```

图 4-16 为 CPU 工作于固定延时方式的电路图。与图 4-15 不同的是：在 CPU 发出转换指令后，不用去查询$\overline{DR}$的状态，只要延时足够长的时间，保证在 A/D 转换结束后再

去读取 A/D 转换结果即可。

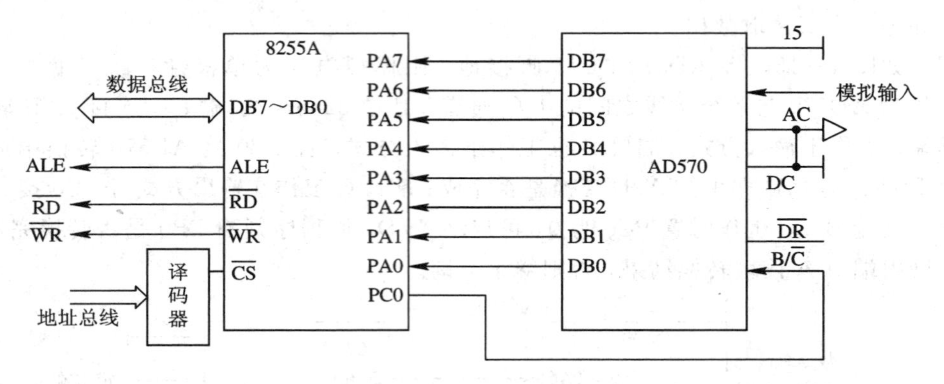

图 4-16 CPU 固定延时方式电路图

例 4-2 用带可控三态门输出的 ADC0809 来实现 A/D 转换，分别采用查询法、定时法和中断法读取转换结果。

解 ADC0809 内带多路开关和可控三态门输出，特别易于与 CPU 连接。

(1) 用查询法读 A/D 转换结果的接口如图 4-17 所示。首先 CPU 用“MOVX @DPTR, A”指令产生信号 ALE 和 START，其作用是选通输入 U_{in0}～U_{in7} 之一并启动 A/D

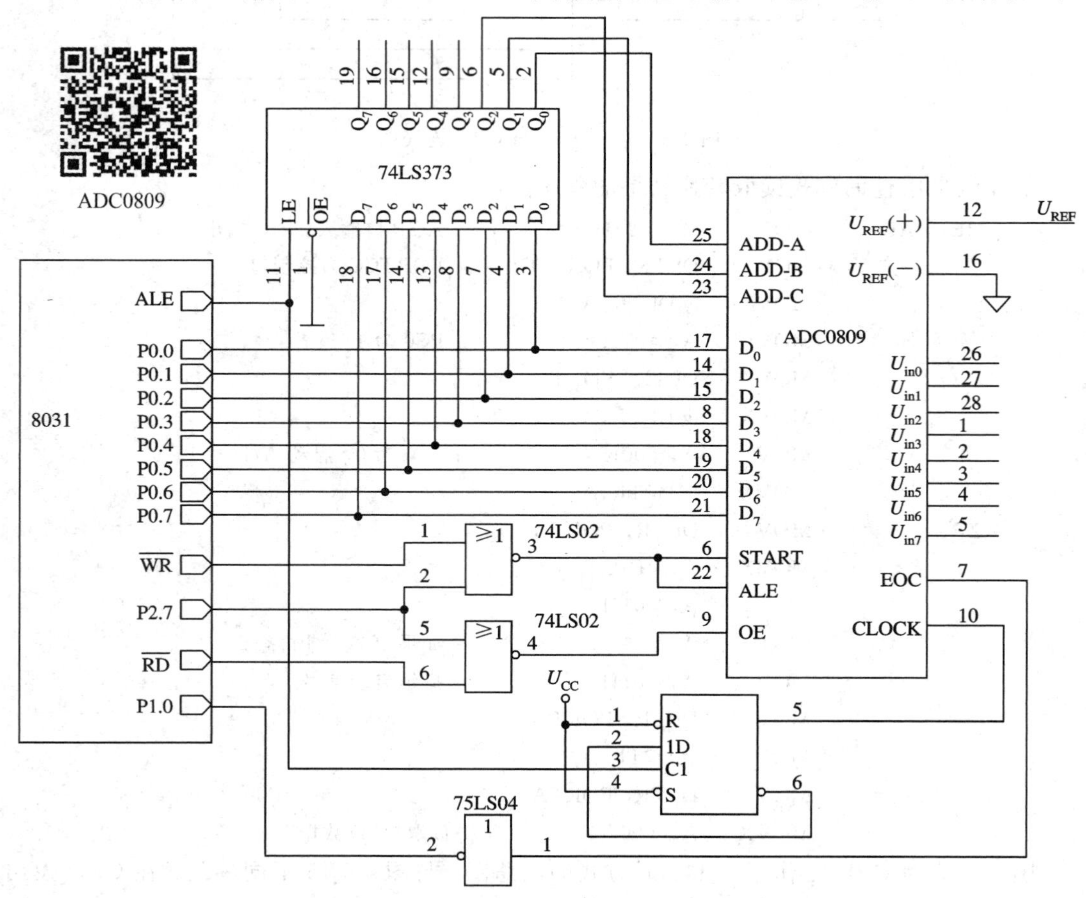

图 4-17 用查询法读 A/D 转换结果的接口

转换。然后 CPU 查询转换结束信号 EOC 状态，判断 A/D 转换是否完成(为 1 表示已完成)。如果转换完成，则 CPU 用“MOVX A，@DPTR”指令产生输出允许信号 OE，同时读入数据；如果转换未完成，则继续查询。用查询法读 A/D 转换结果的程序如下：

```
ADC8:    MOV     R1，#30H       ；数据区首址#30H→R3
         MOV     R2，#08H       ；8 路输入
         MOV     DPTR，#7F00H   ；DPTR 指向 0809 in0 通道地址
START:   MOVX    @DPTR,A        ；启动 A/D 转换
REOC:    JB      P1.0,REOC      ；判断 P1.0，P1.0=1(EOC=0)则等待
         MOVX    A,@DPTR        ；P1.0=0(EOC=1)，读入数据
         MOV     @R1,A          ；存 A/D 转换数据
         INC     R1             ；数据区地址加 1
         INC     DPTR           ；A/D 通道口地址加 1
         DJNZ    R2,START       ；下一通道 A/D 转换
         RET
```

(2) 用定时法读 A/D 转换结果的接口如图 4-18 所示。由于 ADC0809 时钟为 500 kHz，转换时间为 128 μs，因此启动 A/D 后，再利用程序至少延时 128 μs 后就可以直接读入A/D 转换数据，所以不必查询 EOC，故接口电路较为简单。

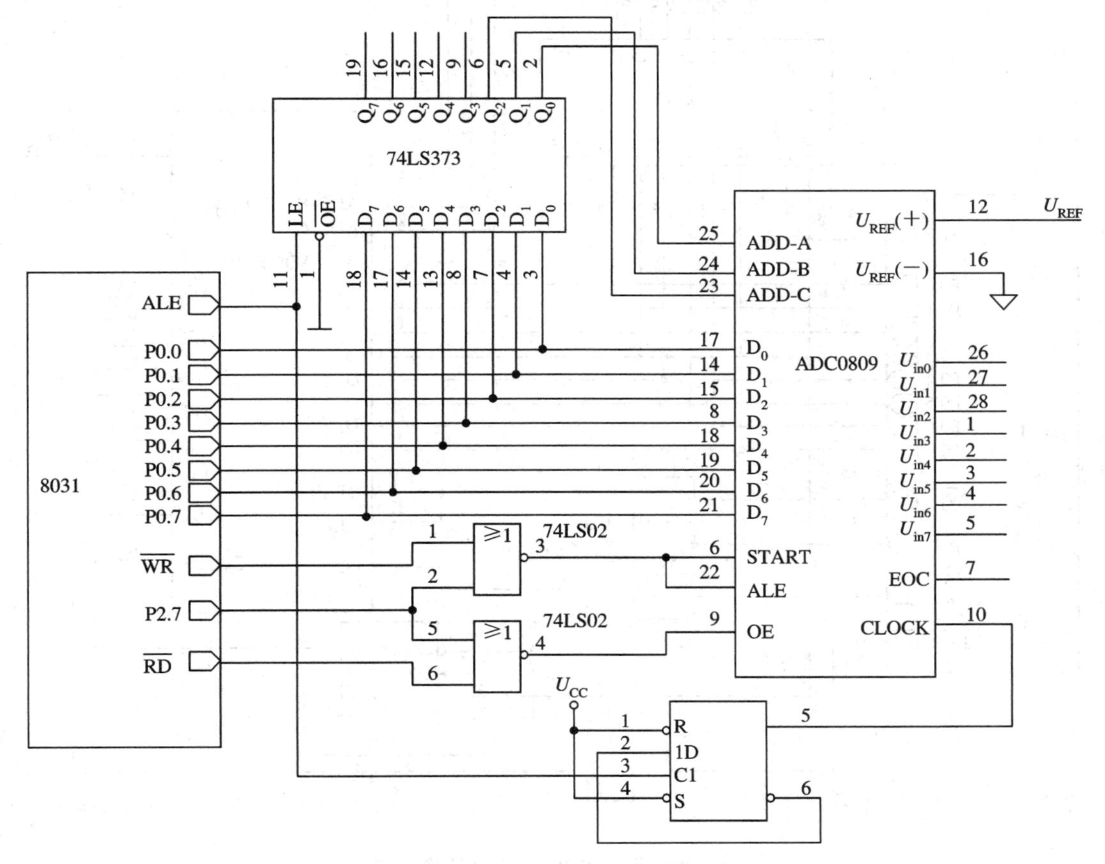

图 4-18 用定时法读 A/D 转换结果的接口

设 CPU 时钟为 12 MHz，那么接口程序清单如下：

```
ADC8:    MOV    R1，#30H          ；数据区首地址#30H→R3
         MOV    R2，#08H          ；8 路输入
         MOV    DPTR，#7F00H      ；DPTR 指向 0809 in0 通道地址
START:   MOVX   @DPTR，A          ；启动 A/D 转换
         MOV    R6，#00H          ；延时 256 μs
TIME:    DJNZ   R6，TIME
         MOVX   A，@DPTR          ；延时时间到，读入数据
         MOV    @R1，A            ；存 A/D 转换数据
         INC    R1                ；数据区地址加 1
         INC    DPTR              ；口地址加 1
         DJNZ   R2，START         ；下一通道 A/D 转换
         RET
```

(3) 用中断法读 A/D 转换结果的接口如图 4－19 所示。本例中用 EOC 向 CPU 发中断请求，在中断服务程序中读入数据。

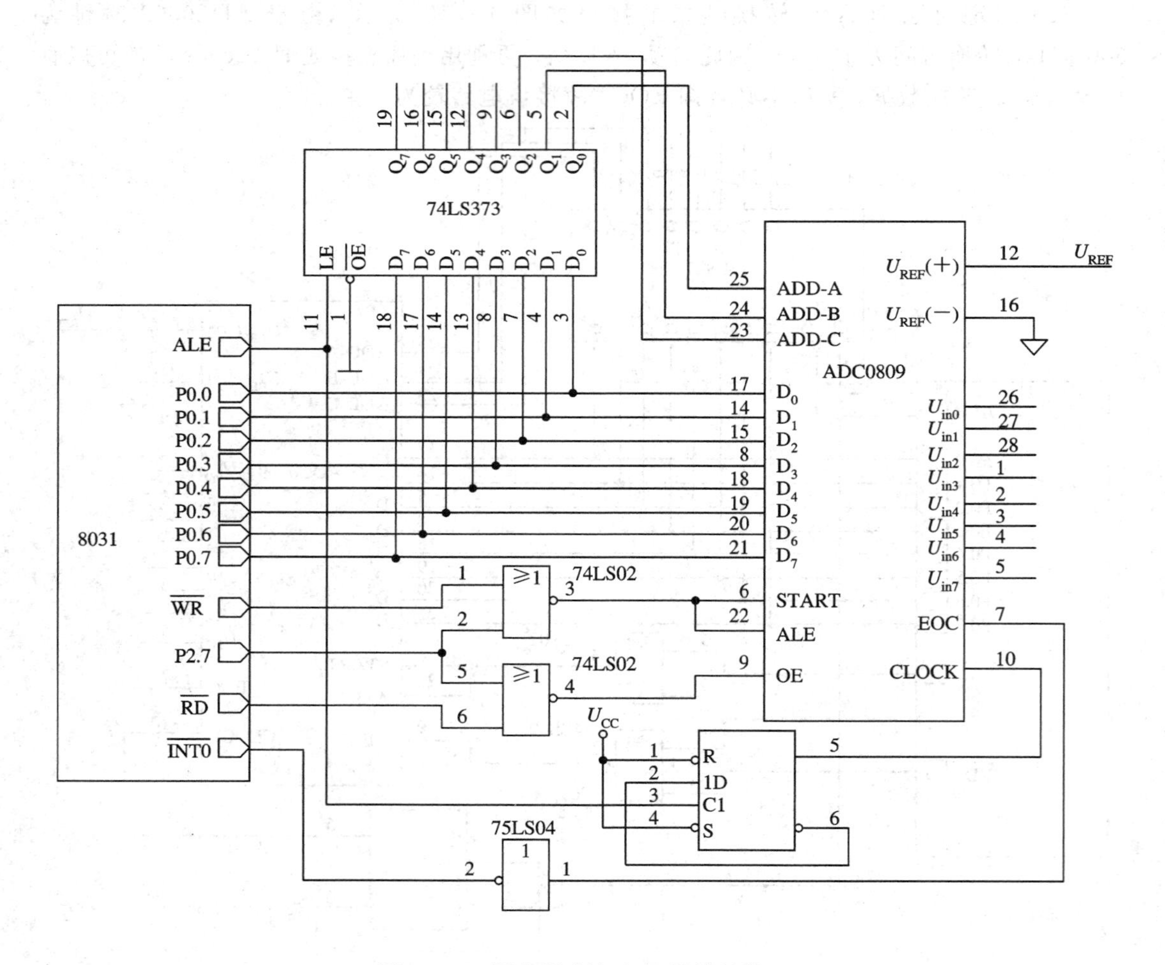

图 4－19　用中断法读 A/D 转换的接口

其参考程序清单如下：

```
            ORG     0000H
            AJMP    MAIN
            ORG     0003H              ；INT0 中断矢量
            AJMP    INT0               ；转 INT0 中断程序入口
            主程序
            ORG     0100H
MAIN：      MOV     R0，#30H           ；片内 RAM 首地址
            MOV     R2，#08H           ；转换 8 路 A/D
            SETB    IT0                ；INT0 边沿触发
            SETB    EA                 ；开中断
            SETB    EX0                ；允许 INT0 中断
            MOV     DPTR，#7F00H       ；选 IN0 通道地址
            MOVX    @DPTR，A           ；启动 A/D 转换
WAIT：      SJMP    WAIT               ；等待中断
```

以下为 INT0 中断服务程序：

```
            ORG     0200H
INT0：      MOVX    A，@DPTR           ；读 A/D 转换结果
            MOV     @R0，A             ；存数
            INC     R0                 ；更新存储单元地址
            INC     DPTR               ；更新通道地址
            MOVX    @DPTR，A           ；启动 A/D 转换
            DJNZ    R2，LOOP           ；巡回未完继续
            CLR     EX0                ；采集完，关中断
LOOP：      RETI                       ；中断返回
```

AD574

图 4-20 给出了 12 位 A/D 转换器 AD574 与 8031 单片机的接口电路。根据接线图可知：

(1) AD574 的$\overline{CS}$片选端接锁存器的 Q_7 端，A_0 端接锁存器的 Q_1 端，R/$\overline{C}$端接锁存器的 Q_0 端，8031 的$\overline{WR}$和$\overline{RD}$经与非门同 AD574 的 CE 端相接，因此，AD574 启动 12 位 A/D 转换的地址为 FF7CH；读高 8 位数据的地址为 FF7DH；读低 4 位数据的地址为 FF7FH。

(2) 12/$\overline{8}$接地表示 8031 要分两次从 AD574 读出 A/D 转换后的 12 位数字量。

(3) 图中，BIF off 的接法表示 10Vin 或 20Vin 被设定为双极性电压输入。若要使 10Vin 或 20Vin 被设定为单极性电压输入，接线方式需作相应改变。

例 4-3 对于图 4-20，试编写程序，使 AD574 进行 12 位 A/D 转换，并把转换后的 12 位数字量存入内部 20H 和 21H 单元。设 20H 单元存放高 8 位，21H 单元存放低 4 位。

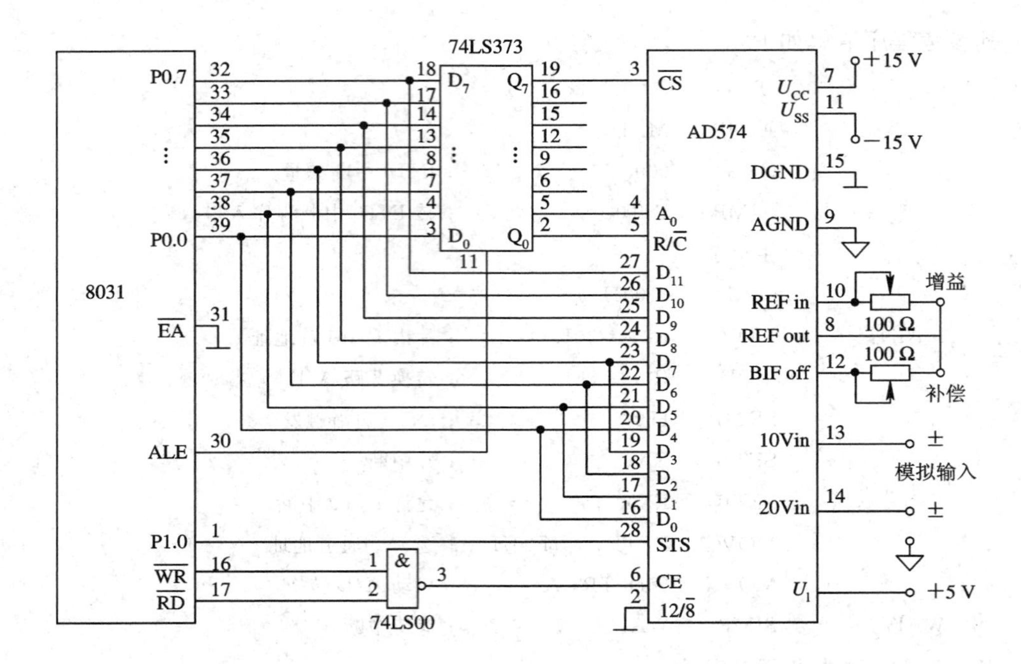

图 4-20　AD574 与 8031 接口电路

解　程序清单如下：

```
        ORG     0000H
        MOV     R0，#20H            ；数据区首地址
        MOV     DPTR，#0FF7CH
        MOVX    @DPTR，A            ；启动 A/D 转换
LOOP：  JB      P1.0，LOOP          ；转换是否结束？未结束，等待
        MOV     DPTR，#0FF7DH
        MOVX    A，@DPTR            ；读高 8 位数据
        MOV     @R0，A              ；存高 8 位数据
        INC     DPTR
        INC     DPTR
        MOVX    A，@DPTR            ；读低 4 位数据
        ANL     A，#0FH             ；屏蔽高 4 位随机数
        INC     R0
        MOV     @R0，A              ；存低 4 位数据
        END
```

此程序是按查询法来进行编程的。若要提高 CPU 的利用率，则可改成用中断的方法。接线上，只需将图中的 STS 端接 8031 的外中断端即可。

以上我们用 3 个典型例子说明了不同 A/D 转换芯片与不同 CPU 的连接和应用方法。一般来说，接口芯片的应用都是采用“弄清管脚功能，适当连线和编制相应软件”的方法进行的。

4.2 模拟量输出通道

模拟量输出通道是在计算机控制系统中实现控制输出的主要手段，其任务是把计算机(单片机)输出的数字形式的控制信号变成模拟的电压、电流信号，驱动相应的执行部件，从而完成计算机的控制目标。显然，模拟输出通道的关键部分是D/A转换器(DAC)，也就是本节我们讨论的主要内容。

DAC(Digital Analog Converter)的基本任务是根据输入的数字信号，输出相应的、不同大小的模拟信号。例如有一个4位DAC(即输入的数字信号共有4位)，输出在0～7.5 V之间。当输入是0000时，输出为0 V；当输入是0001时，输出为0.5 V；当输入是0010时，输出为1 V……以此类推，当输入是1111时，输出为7.5 V。

4.2.1 DAC的工作原理

1. 权电阻求和网络DAC

权电阻求和网络

权电阻求和网络DAC的结构最为简单，也是易于理解的一种电路。

图4-21是一个4位权电阻求和网络DAC的示意图，它包括电阻网络、电子开关、基准电源和运算放大器。S_3、S_2、S_1、S_0是4个电子开关，它们分别受到数据D_3、D_2、D_1、D_0的控制，例如数据是1011，则S_2断开，其他开关闭合。由于各个开关所接的电阻阻值不同，因此对输出电压的贡献也是不一样的，可以写出：

$$U_{out} = \frac{-U_{CC}R_f}{R}\left(\sum 2^i D_i\right)$$

如果选取$R_f=R$，则

$$U_{out} = -U_{CC}\left(\sum 2^i D_i\right)$$

虽然权电阻求和网络DAC的结构很简单，但是实际上很少使用这种电路，原因是它要求电阻的阻值很大，且阻值精度必须非常高。例如一个12位的DAC，如果阻值最大的电阻是10 kΩ，其阻值精度至少要达到2 Ω以内，这是很难做到的。所以实际的电路一般是下面介绍的类型。

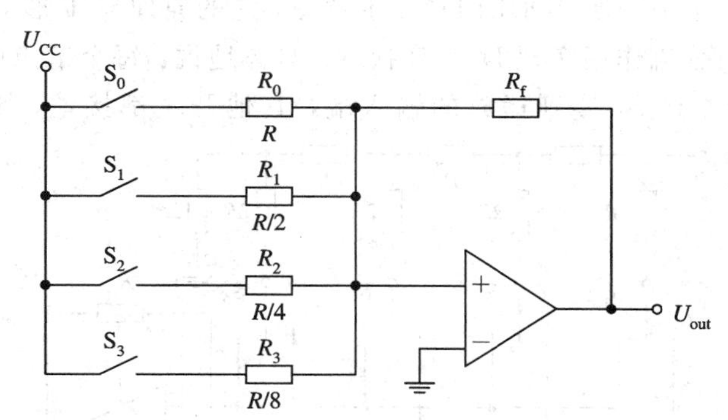

图4-21 权电阻求和网络DAC

2. T形网络DAC

由于权电阻求和网络DAC的固有缺陷，因此很少实际应用，实际应用的基本上是T

形网络 DAC 和倒 T 形网络 DAC，它们都只使用阻值为 R 和 $2R$ 的两种电阻，这样就不需要对电阻提出高精度的要求了。

如图 4-22 所示是 T 形网络的 DAC 示意图，这种 DAC 也包括电阻网络、电子开关、基准电源和运算放大器，但是它的电阻网络与权电阻网络是不同的。

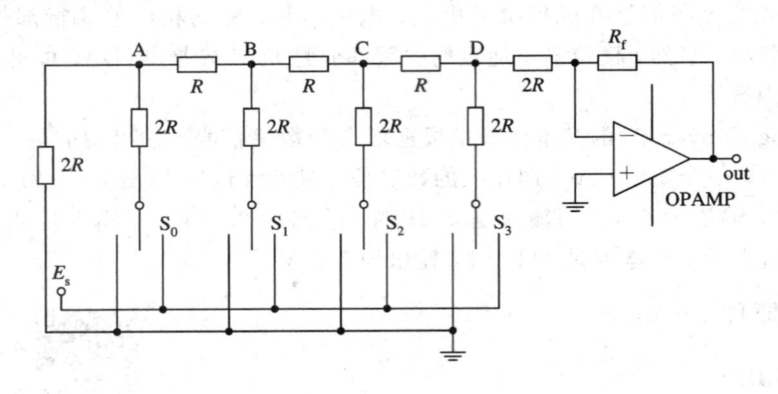

图 4-22　T 形电阻网络 DAC

T 形电阻网络

它的工作原理如下：在电阻网络中，有 A、B、C 等若干个节点，每个节点向左、向下、向右的等效电阻都是 $2R$。假如当前电子开关 S_0 接基准电源 E_s，S_1、S_2、S_3 接地，由于 A 点左、右两边的等效电阻相当于并联，因此流过 A 节点下面电阻的电流必然是 $E_s/(3R)$，而流过 AB 两端电阻的电流就一定是 $E_s/(6R)$，该电流在 B 节点再次被分流，流过 BC 两端电阻的电流就一定是 $E_s/(12R)$。显然，每通过一个节点的电流就只有原来的 1/2，最终流过 R_f 的电流是 $(E_s/3\text{R})/16$，输出 U_{out} 变成 $-(E_s \times R_f/3\text{R})/16$。若 S_1 接基准电源 E_s，S_0、S_2、S_3 接地，由于分流的环节少了一个，因此输出 U_{out} 变成 $-(E_s \times R_f/3\text{R})/8$。若 S_2、S_3 分别单独接基准电源 E_s，也可以分别求出输出是 $-(E_s \times R_f/3\text{R})/4$ 和 $-(E_s \times R_f/3\text{R})/2$。当电子开关有多个接基准电源 E_s 时，按照叠加定理，其输出应是上述电压值的和，从而可以很好地实现 D/A 转换。

3. 倒 T 形网络 DAC

如图 4-23 所示是一个倒 T 形的 DAC 示意图，它的原理与 T 形 DAC 有类似的地方，也是利用等效电路与分流作用实现 D/A 变换的。具体地说：每个节点向下、向左、向右的等效电阻都是 $2R$，如果 S_3 接到运放的输入端，其他开关都接地，则流过 R_f 的电流是

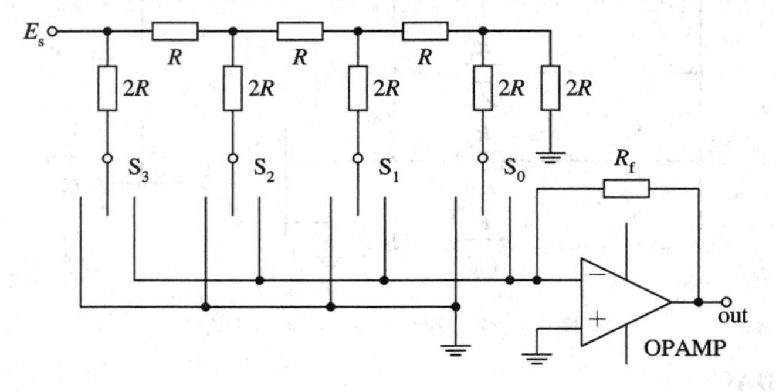

图 4-23　倒 T 形电阻网络 DAC

$E_s/(2R)$；如果 S_2 接到运放的输入端，其他开关都接地，由于该路电流经过一次分流，因此流过 R_f 的电流是 $E_s/(4R)$。另外，若 S_1 单独接运放输入端或 S_0 单独接运放输入端，则可以算出流过 R_f 的电流分别是 $E_s/(8R)$和 $E_s/(16R)$。按照叠加定理，还可以算出多个开关接运放输入端时流过 R_f 的电流，以及最终输出的电压。

之所以称这种电路是“倒 T 形”，是对比 T 形电阻网络的电路图而讲的，它把基准电源 E_s 和运放的位置进行了调换。

4.2.2 多路模拟量输出通道的结构形式

模拟量输出通道结构

根据输出保持器的形式，多路模拟量输出通道分为数字保持器和模拟保持器两种。所谓保持，即在新的控制信号到来之前，使本次控制信号维持不变。

1. 数字保持器

如图 4-24 所示，每一通道都有一个 D/A 转换器，数字量保持在寄存器中(有的 D/A 转换器内部也具有双缓冲寄存器结构)。这种结构转换速度快，工作可靠，即使一路 D/A 转换器有故障，也不会影响其他通路的工作；缺点是使用的 D/A 转换器较多。但随着大规模集成电路技术的发展，这个缺点正逐步得到克服。图 4-24 所示的结构在高速低噪声传输时，从微型机到各路 REG 的输入线要用双绞线对，且数量随位数的增加而增加。因此，为减少连线数量，可采用图 4-25 所示的数字量串行输出的通道结构。图中，SFR 是移位寄存器。

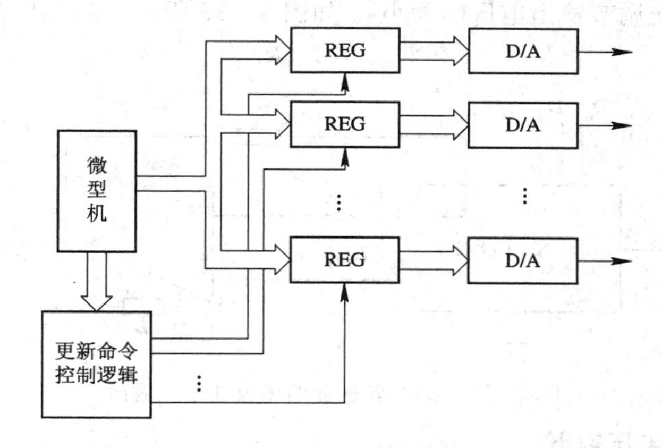

图 4-24 并行输出的数字保持器

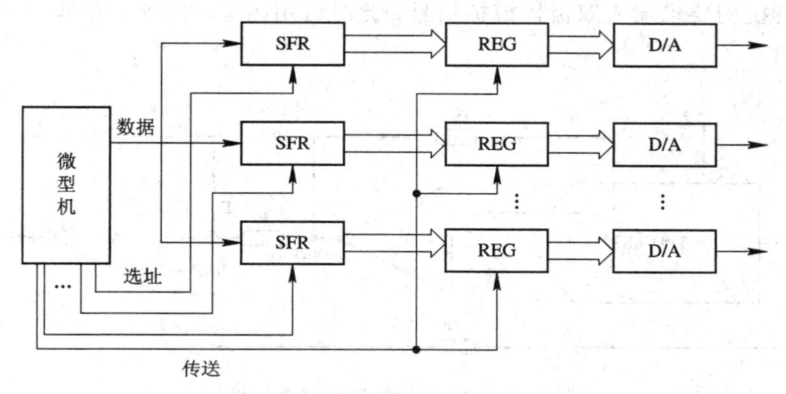

图 4-25 串行输出的数字保持器

2. 模拟保持器

如图 4-26 所示，这种结构共用一个 D/A 转换器，计算机必须分时地将各路数字量输出到 D/A 转换器中，并且控制多路开关将模拟量送到某一路采样保持器上保持。为了使保持器电压不致下降太多，最好不断刷新。这种结构由于分时工作，因此仅适用于通道数量多但速度不高的场合，另外其可靠性也较差。

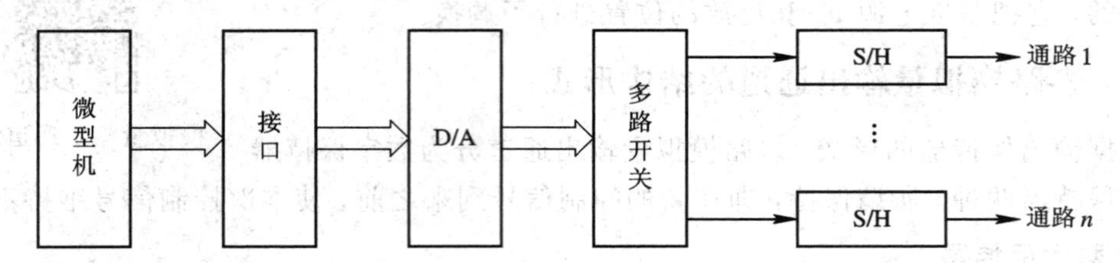

图 4-26　模拟保持器输出通道

4.2.3　D/A 输出方式

1. 输出电流转换为电压

大多数 D/A 转换器的输出信号为电流，所以要外接带反馈电阻的运算放大器才能获得单极性电压信号(尽管有的 D/A 转换器，如 0832 内已带有一个反馈电阻 R_f，但一般仍需外接反馈电阻以便调节输出电压的大小)。如图 4-27 所示，其输出电压为

$$U_{out} = I_{out}R_f$$

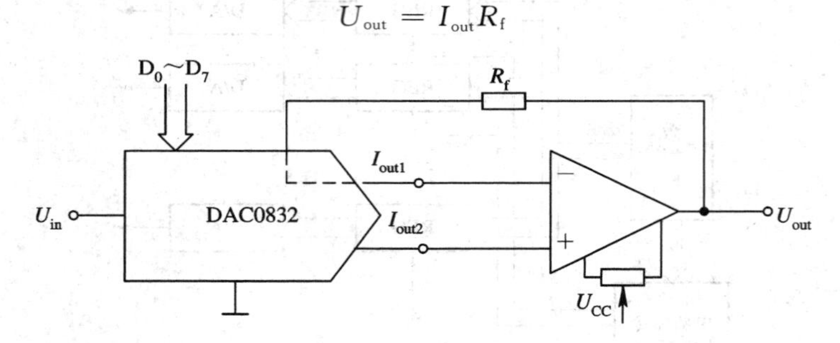

图 4-27　D/A 转换器的单极性电压输出

2. 双极性模拟电压输出

有时执行机构要求输入双极性模拟信号，此时可用图 4-28 所示的电路来获得双极性模拟电压输出。

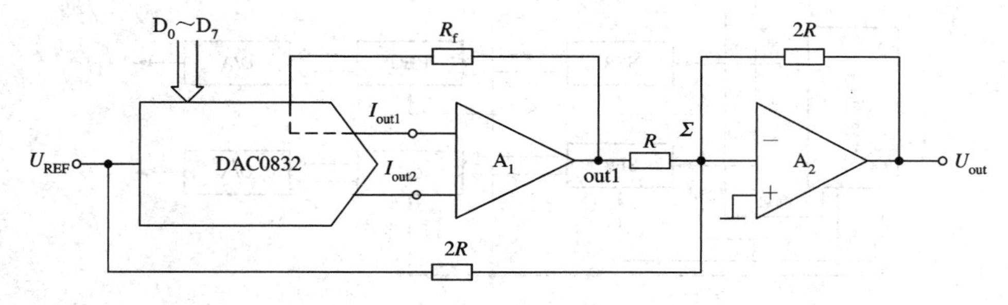

图 4-28　D/A 转换器的双极性输出

图中，out1 端的模拟电压为 $0\sim U_{REF}$，通过电阻 R 对求和点 Σ 提供 $0\sim U_{REF}/R$ 的电流。U_{REF}通过 $2R$ 向 Σ 点提供 $U_{REF}/(2R)$的电流。U_{out}输出电压为 $-U_{REF}\sim +U_{REF}$。当 D/A 转换器的输入数据为 00H、80H、FFH 时，D/A 转换关系如表 4 - 2 所示。

表 4 - 2　D/A 转换器的双极性输出对应关系

DATA	U_{out1}	A_1 向 Σ 点提供的电流	Σ 注入电流	U_{out}
00H	0	0	$\frac{U_{REF}}{2R}$	$-U_{REF}$
80H	$-\frac{128}{256}U_{REF}$	$-\frac{U_{REF}}{2R}$	0	0
FFH	$-\frac{255}{256}U_{REF}$	$-\frac{U_{REF}}{R}$	$-\frac{U_{REF}}{2R}$	$+U_{REF}$

4.2.4　失电保护和手动/自动无扰动切换

1. 失电保护

所谓失电保护，是指当计算机系统失电时，模拟量输出部分的后备电源自动切入，达到保持输出值而使控制量保持不变的目的。

2. 手动/自动无扰动切换

所谓手动/自动无扰动切换，是指系统在手动方式和自动方式的相互切换过程中对系统的工况不产生扰动。

为了实现自动到手动的切换，应配备手操电源及开关。转换前要用手动或自动方法，使手操电源的输出电压(或电流)和当时的控制电压(或电流)相等，然后将开关切换到手动方式。

为了实现手动到自动的切换，应将手动输出电压作为一个采样点定时采样，采样值存放在一个固定单元中。进入自动后，将该值作为控制量的初始值，就可达到无扰动切换的目的。

4.2.5　DAC 的主要技术指标

DAC(Digital Analog Converter)的性能指标是选用 DAC 芯片型号的依据，也是衡量芯片质量的重要参数。

1. 分辨率

分辨率是指 D/A 转换器能分辨的最小输出模拟增量，它是对输入变化敏感程度的描述，取决于输入数字量的二进制位数。如果数字量的位数是 n，则 D/A 转换器的分辨率为 2^{-n}。因此，数字量位数越多，分辨率也就越高，即转换器对输入量变化的敏感度也就越高。实际应用时，应根据分辨率的要求来选定转换器的位数。

2. 转换精度

转换精度是指转换后所得的实际值和理论值的接近程度。它和分辨率是两个不同的概念。例如，满量程时的理论输出值为 10 V，实际输出值是在 9.99～10.01 V 之间，其转换精度为±10 mV。分辨率很高的 D/A 转换器并不一定具有很高的精度。

3. 偏移量误差

偏移量误差是指输入数字量时，输出模拟量对于零的偏移值。此误差可通过 DAC 的外接 U_{REF} 和电位计加以调整。

4. 建立时间

建立时间是描述 D/A 转换速度快慢的一个参数，是指输入数字量转换为输出后，其终值误差达到±(1/2)LSB(最低有效位)时所需的时间，有时也称为稳定时间或转换时间。通常以建立时间来表明转换速度，其值一般为几十纳秒到几微秒。

5. 输出方式

一般为电平输出，其值为 5～10 V，也有高压输出型的为 24～30 V；还有电流输出型，其值为 20 mA～3 A。

6. 输入编码

一般输入编码为二进制码、BCD 码、双极性时的符号——数值码、补码、偏移二进制码等。必要时可在 D/A 转换器前用微处理器进行代码转换。

4.2.6 典型应用例子

按照输入数字量的位数，D/A 转换器通常可分为 8 位、10 位和 12 位三种。本节主要介绍 8 位的 DAC0832、12 位的 DAC1208 这两种 D/A 转换芯片的应用。

例 4-4 DAC0832 用作波形发生器。试根据图 4-29 接线，写出产生三角波的程序。

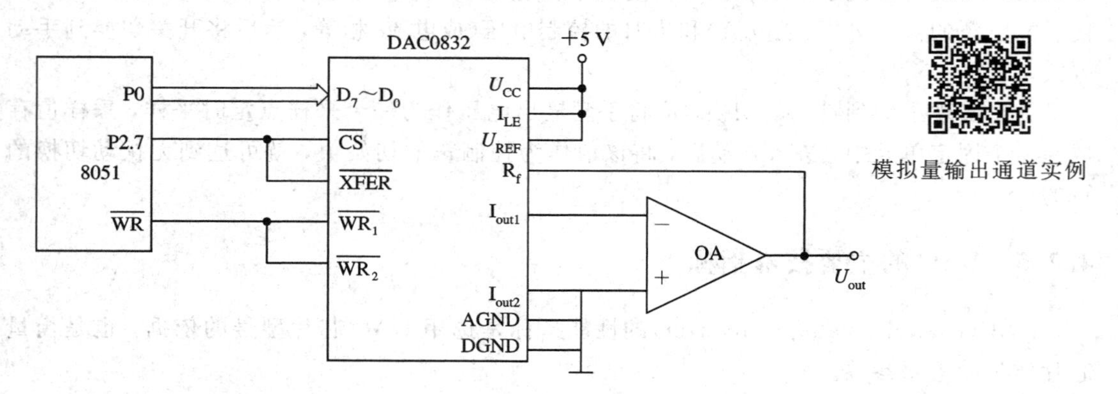

图 4-29 DAC0832 单缓冲方式接口

解 由图 4-29 可以看出，DAC0832 采用的是单缓冲单极性的接线方式，它的选通地址为 7FFFH。编制三角波产生程序如下：

```
        ORG     0100H
        CLR     A
        MOV     DPTR，#7FFFH
DOWN：  MOVX    @DPTR，A        ；线性下降段
```

```
        INC     A
        JNZ     DOWN
        MOV     A，#0FEH        ；置上升阶段初值
UP：    MOVX    @DPTR，A        ；线性上升段
        DEC     A
        JNZ     UP
        SJMP    DOWN
        END
```

执行上述程序将产生 0～5 V 的三角波。程序中应注意，在下降段转为上升段时，应赋上升段初值#0FEH。三角波频率同样可以通过插入 NOP 指令或延时程序来改变。

8 位 DAC 分辨率比较低，为了提高 DAC 的分辨率，可采用 10 位、12 位或更多位数的 D/A 转换器。现以 12 位 DAC1208 为例进行说明。

DAC1208 的内部结构和引脚如图 4－30 所示。

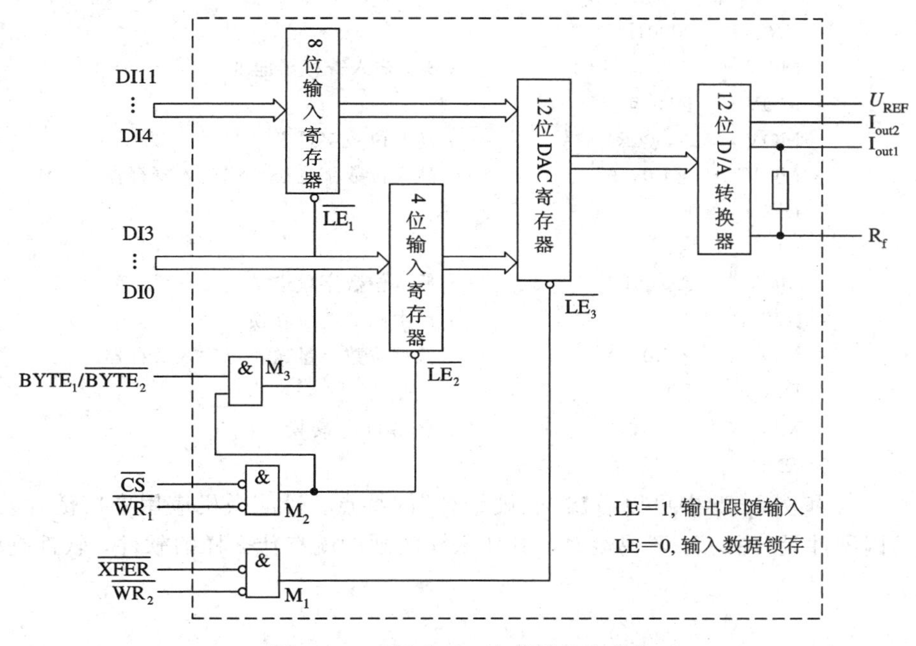

图 4－30　DAC1208 内部结构和引脚

由图 4－30 可见，DAC1208 内部有三个寄存器：一个 4 位输入寄存器，用于存放 12 位数字量中的低 4 位；一个 8 位输入寄存器，用于存放 12 位数字量中的高 8 位；一个 12 位 DAC 寄存器，存放上述两个输入寄存器送来的 12 位数字量。12 位 D/A 转换器由 12 个电子开关和 12 位 T 型电阻网络组成，用于完成 12 位数字量的 D/A 转换。

由图 4－31 可以看出，8 位输入寄存器的地址为 FFH；4 位输入寄存器的地址为 FEH；12 位 DAC 寄存器的地址为 FCH 或 FDH。DAC1208 的低 4 位数据线接的是 8031 数据总线的高 4 位，所以，在进行低 4 位数据传送时，应当注意数据所在的正确位置。当然，接线方式可以有多种，也可以不用译码器，直接用线译码编译寄存器的地址。

例 4－5　设内部 RAM 的 20H 和 21H 单元内存放一个 12 位数字量(20H 单元中为低 4 位，21H 单元中为高 8 位)，试根据图 4－31 编写出将它们进行 D/A 转换的程序。

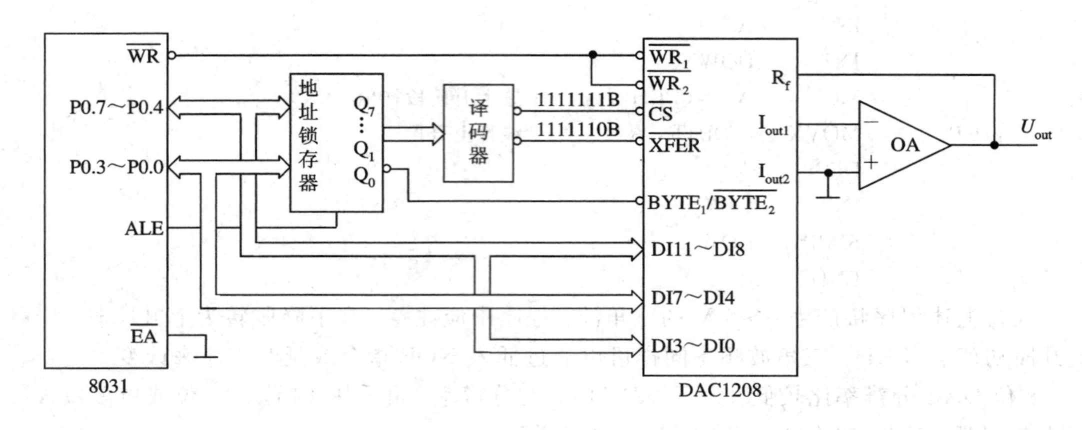

图 4-31　8031 和 DAC1208 的连接

解　D/A 转换的程序为：

```
        ORG     0000H
        MOV     R0，#0FFH          ；8 位输入寄存器地址
        MOV     R1，#21H
        MOV     A，@R1             ；高 8 位数字量送 A
        MOVX    @R0，A             ；高 8 位数字量送 8 位输入寄存器
        DEC     R0
        DEC     R1
        MOV     A，@R1             ；低 4 位数字量送 A
        SWAP    A                  ；A 中高低 4 位互换
        MOVX    @R0，A             ；低 4 位数字量送 4 位输入寄存器
        DEC     R0
        MOVX    @R0，A             ；启动 D/A 转换
        END
```

从例 4-4 和例 4-5 中可以看出“软硬结合”的特点。目前微机应用中广泛存在“捏软的”现象，因硬件是“硬的”，不易变动。有什么样的硬件就有什么样的软件，软件是围绕硬件“转”的。

习　题

1. 模拟量输入通道一般应包含哪些环节？各环节有何作用？
2. 多路模拟量输出通道有哪两种结构形式？各有什么特点？
3. 模拟信号调理的主要功能是什么？
4. 为什么要进行输入信号的处理？对于单路和多路信号输入，处理方法有什么不同？
5. 采样信号为什么要进行量化处理？量化单位和量化误差如何计算？
6. 试编写一个 8 位 D/A 转换器产生三角波的程序，D/A 转换口的地址设为 2FFFH。
7. 简述 R-2R T 型电阻网络 D/A 转换的原理。
8. 试设计一个将 0～5 V 电压转换成 4～20 mA 电流的转换电路。
9. AD574 中 12 位 A/D 转换器的控制信号有哪几个？其各自的功能是什么？

10. 试用 CD4051 组成 16 选 1 的多路开关，并说明其工作原理。

11. 试用 MCS－51 单片机的 P1 口和 P3 口扩展 ADC0809，并编制相应的 A/D 转换程序。

12. 用 8 位 ADC 芯片组成单极性模拟输入电路，其参考电压为 0～＋5 V，求转换后的输出数字量所对应的输入模拟电压。输出数字量分别是：

（1） 10000000；（2） 01000000；（3） 11111111；（4） 00000001；（5） 01111111；(6) 11111110。

13. A/D 转换的接口设计中应该注意解决的问题有哪些？

14. A/D 转换器的分辨率与精度有什么区别？试用 ADC0809 来说明。

15. 用 MCS－51 和 ADC0809 设计一个 8 路模拟输入的数据采集系统，要求按以下几种结束信号的处理方式进行设计(设 MCS－51 的时钟频率为 6 MHz)：

(1) 采用中断方式，画出接口电路图，并编写程序。

(2) 采用查询方式，画出接口电路图，并编写程序。

(3) 采用软件延时方式，画出接口电路图，并编写程序。

16. D/A 转换器的电压输出接口有哪几种类型？试画出 DAC0832 模拟电压输出接口电路。

17. DAC0832 与 CPU 有几种连接方式？它们在硬件接口电路及软件程序设计方面有什么不同？

第5章　PID调节器的数字化实现

通过对前面几章内容的学习，我们掌握了顺序控制、数字程序控制和步进电机的计算机控制技术。它们的被控对象是开关量，或者是可以接收数字信号的步进电机。但在实际生产和生活中，还有许多其他的控制系统和控制要求，例如温度、压力、流量、成分、液位等，这些参数是连续变化的，对这些参数进行控制的系统，称为连续控制系统。在计算机控制系统出现之前，采用电子元器件设计和制造模拟控制系统，在长期的生产实践中，积累了很多实用的控制方法。

在连续生产控制过程中，常常采用比例、积分、微分控制方式，我们称之为PID控制方式。模拟PID控制算法是一种非常成熟且应用极为广泛的控制方式，被广泛地应用到微机数字控制系统中，形成了数字PID控制方式。本章主要讨论数字PID的控制算法以及PID算法的计算机实现方法。

在模拟控制系统中，其过程控制是将被测参数(如温度、压力、流量、成分、液位等)由传感器变换成统一的标准信号后输入调节器，在调节器中与给定值进行比较，再把比较后的差值经PID运算后送到执行机构，改变进给量，以达到自动调节的目的。

而在数字控制系统中，则是用计算机数字调节器来代替模拟调节器。其调节过程是首先对过程参数进行采样，并通过模拟量输入通道将模拟量变成数字量，这些数字量通过计算机按一定控制算法进行运算处理，运算结果经D/A转换器转换成模拟量后，由模拟量输出通道输出，并通过执行机构去控制生产，以达到给定值。

由于数字控制系统与模拟控制系统的控制方法不同，所以它们在很多方面是有区别的，如表5-1所示。

表5-1　两类控制系统的区别

项　　目	模拟控制系统	数字控制系统
输入量与输出量之间的关系	微分方程	差分方程
数学工具	拉氏变换	Z变换
常用函数	传递函数	脉冲传递函数
现代控制理论	状态方程	离散时间状态方程

自动控制知识回顾1

自动控制知识回顾2

线性系统的数学描述

PID控制是连续系统中技术最成熟、应用最广泛的一种控制规律。在工业过程控制中，由于难以建立控制对象精确的数学模型，系统参数时常发生变化，所以人们常采用PID调节器，并根据经验进行在线整定。随着微机技术的发展，PID数字控制算法已经能用微机简单地实现。

5.1 PID调节器

PID调节器的设计1　　PID调节器的设计2

5.1.1 PID调节器的优点

PID调节器之所以经久不衰，主要有以下优点。

1. 技术成熟

PID调节是连续系统理论中技术最成熟、应用最广泛的一种控制方法。它结构灵活，不仅可以用常规的PID调节，而且可根据系统的要求，采用各种PID的变种，如PI、PD控制，不完全微分控制，积分分离式PID控制等。在PID控制系统中，系统参数整定方便，且在大多数工业生产过程中的应用效果都比较好。

2. 易被人们熟悉和掌握

生产技术人员及操作人员都比较熟悉PID调节器，并在实践中积累了丰富的经验，特别是一些工作时间较长的工程技术人员。

3. 不需要建立数学模型

目前，有许多工业对象得不到或很难得到精确的数学模型，因此，应用直接数字控制方法比较困难或根本不可能，所以，必须用PID算法。

4. 控制效果好

虽然计算机控制是断续的，但对于时间常数比较大的系统来说，其近似于是连续变化的。因此，用数字PID完全可以代替模拟调节器，并得到比较满意的效果。所以，用数字方式实现连续系统的PID调节器仍是目前应用比较广泛的方法之一。

5.1.2 PID调节器的作用

1. 比例调节器

比例调节器的微分方程为

$$y = K_p e(t) \tag{5-1}$$

式中：y为调节器输出；K_p为比例系数；$e(t)$为调节器输入偏差。

由式(5-1)可以看出，调节器的输出与输入偏差成正比。因此，只要偏差出现，就能及时地产生与之成比例的调节作用，具有调节及时的特点。比例调节器的特性曲线如图5-1所示。

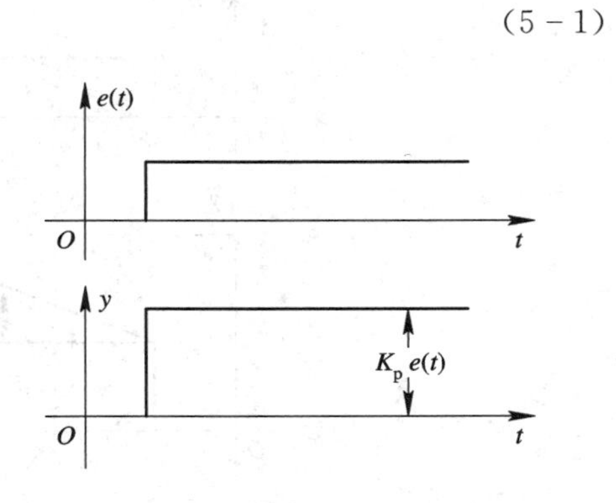

图5-1　阶跃响应特性曲线

比例调节作用的大小，除了与偏差有关外，还取决于比例系数。比例系数越大，调节作用越强，动态特性也越好。反之，比例系数越小，调节作用越弱。但对于多数惯性环节，K_p太大时，会引起自激振荡。

比例调节器的主要缺点是存在静差，因此，对于扰动或惯性较大的系统，若采用单纯的比例调节器，就难于兼顾动态和静态特性，此时需要使用调节规律比较复杂的调节器。

2. 比例积分调节器

所谓积分作用，是指调节器的输出与输入偏差的积分成比例的作用。积分方程为

$$y=\frac{1}{T_i}\int e(t)\ \mathrm{d}t \tag{5-2}$$

式中：T_i 是积分时间常数，它表示积分速度的大小，T_i 越大，积分速度越慢，积分作用越弱。积分作用的响应特性曲线如图 5 - 2 所示。

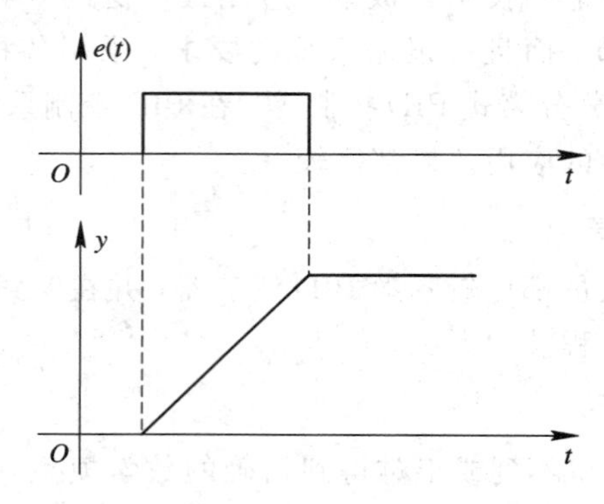

图 5 - 2　积分作用响应曲线

积分作用的特点是调节器的输出与偏差存在的时间有关，只要有偏差存在，输出就会随时间不断增长，直到偏差消除。因此，积分作用能消除静差。但从图 5 - 2 中可以看出，积分的作用动作缓慢，而且在偏差刚一出现时，调节器的作用很弱，不能及时克服扰动的影响，致使被调参数的动态偏差增大，调节过程增长，因此它很少被单独使用。

若将比例和积分两种作用结合起来，就构成 PI 调节器，其调节规律为

$$y=K_p\left[e(t)+\frac{1}{T_i}\int e(t)\ \mathrm{d}t\right] \tag{5-3}$$

PI 调节器的输出特性曲线如图 5 - 3 所示。

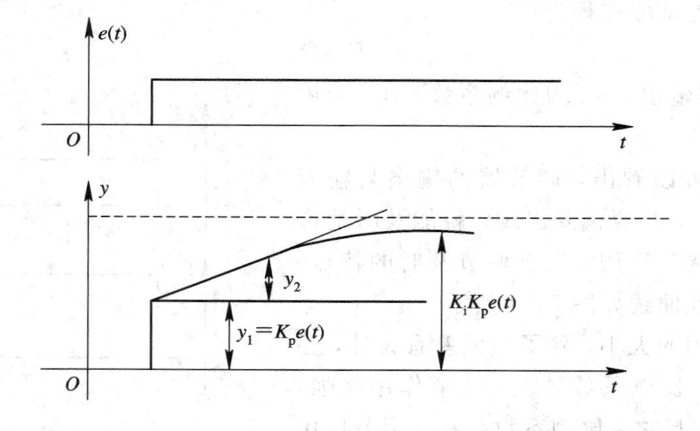

图 5 - 3　PI 调节器的输出特性曲线

由图 5－3 可以看出，对于 PI 调节器，当有一阶跃作用时，开始瞬时有一比例输出 y_1，随后在同一方向，在 y_1 的基础上输出值不断增大，这就是积分作用 y_2。由于积分作用不是无穷大，而是具有饱和作用，因此经过一段时间后，PI 调节器的输出趋于稳定值 $K_i K_p e(t)$，其中，系数 $K_i K_p$ 是时间 t 趋于无穷时的增益，称之为静态增益。由此可见，这样的调节器既克服了单纯比例调节有静差存在的缺点，又避免了积分调节器响应慢的缺点，静态和动态特性均得到了改善。

3. 比例微分调节器

PI 调节器虽然动作快，可以消除静态误差，但当控制对象具有较大的惯性时，用 PI 调节器就无法得到很好的调节品质。这时，若在调节器中加入微分作用，即在偏差刚刚出现但偏差值尚不大时，根据偏差变化的趋势（速度），提前给出较大的调节作用，这样可使偏差尽快消除。

微分环节的作用

微分调节器的微分方程为

$$y = T_d \frac{de(t)}{dt} \qquad (5-4)$$

式中 T_d 为微分时间常数。

微分作用响应曲线如图 5－4 所示。从图中可以看出，在 $t=t_0$ 时加入阶跃信号，此时输出值 y 变化的速度很大；当 $t>t_0$ 时，其输出值 y 迅速变为 0。微分作用的特点是，输出只能反应偏差输入变化的速度，而对于一个固定不变的偏差，不管其数值多大，根本不会有微分作用输出。因此，微分作用不能消除静差，而只能在偏差刚刚出现时产生一个很大的调节作用。它一般不单独使用，需要与比例调节器配合使用，构成 PD 调节器。PD 调节器的阶跃响应曲线如图 5－5 所示。

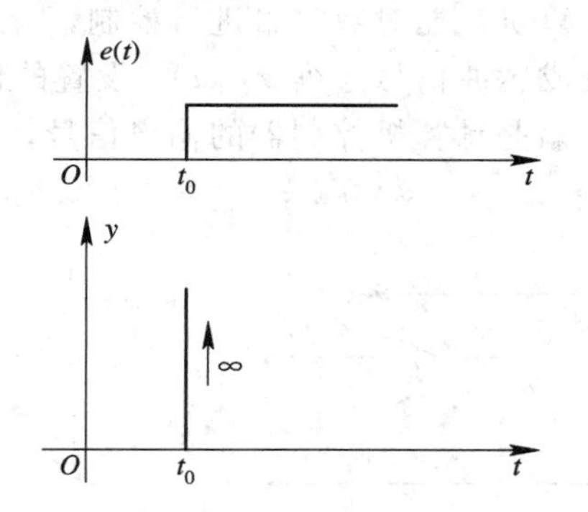

图 5－4　微分作用响应特性曲线

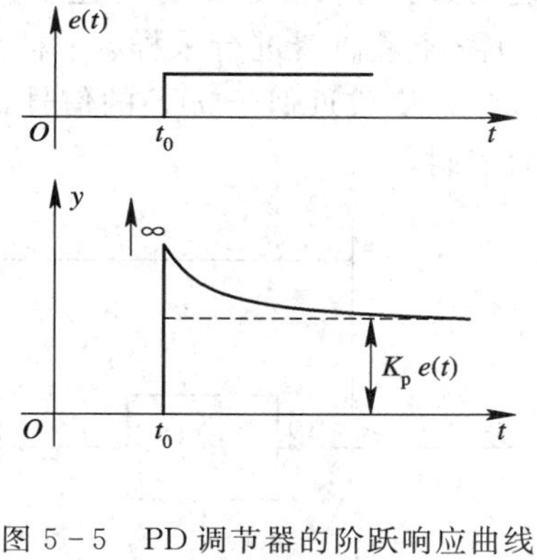

图 5－5　PD 调节器的阶跃响应曲线

从图 5－5 中可以看出，当偏差刚一出现的瞬间，PD 调节器输出一个很大的阶跃信号，然后信号按指数形式下降，以致最后微分作用完全消失，变成一个纯比例环节。通过改变微分时间常数 T_D，可以调节微分作用的强弱。

4. 比例积分微分调节器

为了进一步改善调节品质，往往把比例、积分、微分三种作用组合起来，形成 PID 调节器。理想的 PID 微分方程为

$$y = K_p \left[e(t) + \frac{1}{T_i}\int e(t)\,dt + T_d \frac{de(t)}{dt} \right] \qquad (5-5)$$

PID 调节器对阶跃信号的响应曲线如图 5-6 所示。由图 5-6 可以看出，对于 PID 调节器，在阶跃信号作用下，首先是比例和微分作用，使其调节作用加强，然后再进行积分，直到最后消除静差为止。因此，采用 PID 调节器，无论从静态还是从动态的角度来说，调节品质均得到了改善，从而使得 PID 调节器成为一种应用最为广泛的调节器。

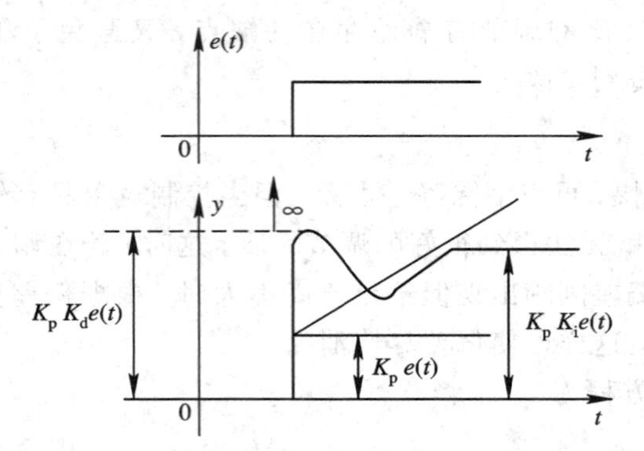

图 5-6　PID 调节器对阶跃信号的响应特性曲线

5.2　数字 PID 控制器的设计

直接数字控制系统即 DDC 系统，是目前广为应用的一种微型计算机控制系统。DDC 系统通过用数字控制器取代模拟调节器，并配以适当的装置(如 A/D、D/A 转换器等)来实现对工业生产过程的控制。因此，数字控制器是 DDC 系统的核心。

图 5-7 示出了用计算机实现数字控制器的框图。图中，$W(s)$为反映控制规律的调节器的传递函数。输入函数 $x(t)$为连续信号，由于计算机只能对数字量进行控制，因此连续信号 $x(t)$需经采样器进行采样，采样后的 $x(t)$变成脉冲信号序列 $x^*(t)$。设置的保持器 $h(t)$ 使 $x^*(t)$变成近似于 $x(t)$的信号 $x_h(t)$，$x_h(t)$就是计算机控制器的输出信号，它受到调节器的控制。

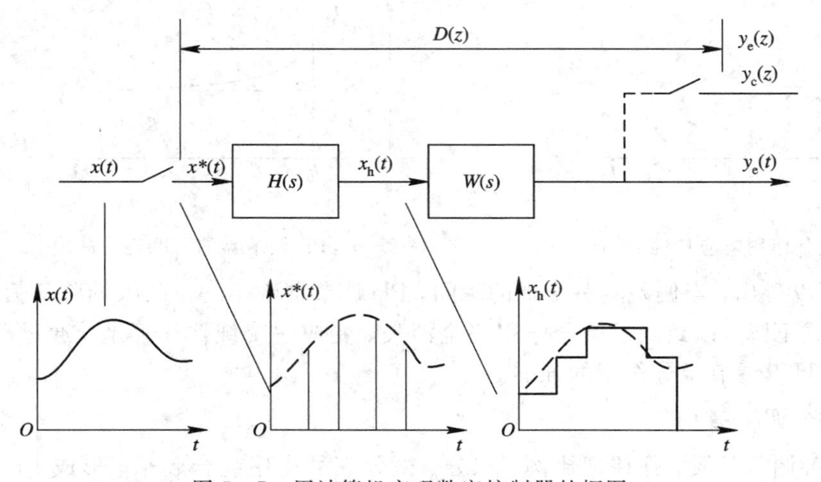

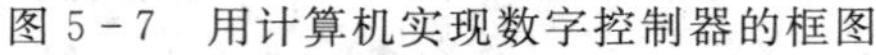
图 5-7　用计算机实现数字控制器的框图

PID 控制器

图 5-7 中 $D(z)$表示数字控制器的脉冲传递函数，可以用计算机来实现。按图 5-7 所示的原理，得到数字控制器的实现方法，该方法称为模拟控制规律的离散化设计法。该方法的

实现步骤是：先根据连续系统控制理论得出控制规律，再进行离散化，得到计算机能实现的控制算式，然后编成程序在计算机上实现。本章通过对连续系统中技术成熟、应用广泛的比例、积分、微分控制即PID控制规律的离散化、PID算式的程序实现来介绍这种设计方法。

进行数字控制器设计，还有另一种方法，称为直接设计法，该方法根据系统的性能要求，运用离散系统控制理论，直接进行数字控制器的设计。

5.2.1 PID控制规律的离散化

PID控制规律的离散化

在连续控制系统中，模拟调节器最常用的控制规律是PID控制，其控制规律形式如下：

$$u(t)=K_{\mathrm{p}}\left[e(t)+\frac{1}{T_{\mathrm{i}}}\int_{0}^{t}e(t)\ \mathrm{d}t+T_{\mathrm{d}}\frac{\mathrm{d}e(t)}{\mathrm{d}t}\right] \tag{5-6}$$

式中：$e(t)$是调节器输入函数，即给定量与输出量的偏差；$u(t)$是调节器输出函数；K_{p}是比例系数；T_{i}是积分时间常数；T_{d}是微分时间常数。

因为式(5－6)表示的调节器的输入函数及输出函数均为模拟量，所以计算机是无法对其进行直接运算的。为此，必须将连续形式的微分方程转化成离散形式的差分方程。

取T为采样周期，k为采样序号，$k=0, 1, 2, \cdots, i, \cdots$，因采样周期$T$相对于信号变化周期是很小的，所以可以用矩形法计算面积，用向后差分代替微分，即

$$\int_{0}^{t}e(t)\ \mathrm{d}t=\sum_{i=0}^{k}e_{i}T \tag{5-7}$$

$$\frac{\mathrm{d}e(t)}{\mathrm{d}t}=\frac{e(k)-e(k-1)}{T} \tag{5-8}$$

于是式(5－6)可写成

$$u(k)=K_{\mathrm{p}}\left[e(k)+\frac{1}{T_{\mathrm{i}}}\sum_{i=0}^{k}e_{i}T+T_{\mathrm{d}}\frac{e(k)-e(k-1)}{T}\right] \tag{5-9}$$

式中：$u(k)$是采样时刻k时的输出值；$e(k)$是采样时刻k时的偏差值；$e(k-1)$是采样时刻$k-1$时的偏差值。

式(5－9)中的输出量$u(k)$为全量输出。它对应于被控对象的执行机构(如调节阀)每次采样时刻应达到的位置，因此，式(5－9)称为PID位置控制算式。这就是PID控制规律的离散化形式。

应指出的是，按式(5－9)计算$u(k)$时，输出值与过去所有状态有关，计算时要占用大量的内存和花费大量的时间，为此，将式(5－9)化成递推形式：

$$u(k-1)=K_{\mathrm{p}}\left[e(k-1)+\frac{1}{T_{\mathrm{i}}}\sum_{i=0}^{k-1}e_{i}T+T_{\mathrm{d}}\frac{e(k-1)-e(k-2)}{T}\right] \tag{5-10}$$

用式(5－9)减去式(5－10)，经整理后可得

$$u(k)=u(k-1)+K_{\mathrm{p}}\left\{e(k)-e(k-1)+\frac{T}{T_{\mathrm{i}}}e(k)+\frac{T_{\mathrm{d}}}{T}[e(k)-2e(k-1)+e(k-2)]\right\} \tag{5-11}$$

按式(5－11)计算在时刻k时的输出量$u(k)$，只需用到采样时刻k的偏差值$e(k)$，以及向前递推一次及两次的偏差值$e(k-1)$、$e(k-2)$和向前递推一次的输出值$u(k-1)$，这大大节约了内存和计算时间。

应该注意的是，按 PID 的位置控制算式计算输出量 $u(k)$时，若计算机出现故障，输出量有大幅度的变化，将显著改变被控对象的位置(如调节阀门突然加大或减小)，可能会给生产造成损失。为此，常采用增量型控制，即输出量是两个采样周期的输出增量 $\Delta u(k)$。由式(5-11)，可得：

$$\begin{aligned}\Delta u(k) &= u(k) - u(k-1) \\ &= K_p\left\{e(k) - e(k-1) + \frac{T}{T_i}e(k) + \frac{T_d}{T}[e(k) - 2e(k-1) + e(k-2)]\right\}\end{aligned} \tag{5-12}$$

式(5-12)称为 PID 增量式控制算式。式(5-11)和式(5-12)在本质上是一样的，但增量式算式具有下述优点：

(1) 计算机只输出控制增量，即执行机构位置的变化部分，误动作影响小。

(2) 在进行手动/自动切换时，控制量冲激小，能够较平滑地过渡。

5.2.2 PID 数字控制器的实现

PID 控制算法的优化

PID 控制系统实例

控制生产过程的计算机要求有很强的实时性，用微型计算机作为数字控制器时，由于其字长和运算速度的限制(可能难以满足要求)，必须采用一些方法来加快计算速度。常用的方法有简化算式法、查表法、硬件乘法器法。现仅介绍简化算式法。

式(5-11)是 PID 位置控制算式。按照这个算式，微型计算机每输出一次 $u(k)$，要作四次加法、两次减法、四次乘法和两次除法。将该式稍加合并整理，可写成如下形式：

$$\begin{aligned}u(k) &= u(k-1) + K_p\left(1 + \frac{T}{T_i} + \frac{T_d}{T}\right)e(k) - K_p\left(1 + \frac{2T_d}{T}\right)e(k-1) + K_p\frac{T_d}{T}e(k-2) \\ &= u(k-1) + a_0e(k) - a_1e(k-1) + a_2e(k-2)\end{aligned} \tag{5-13}$$

式中，系数 a_0、a_1、a_2 可先进行计算，然后代入式(5-13)中再进行计算机程序运算，微型计算机每输出一次 $u(k)$，只需作三次乘法、两次加法、一次减法。

按式(5-13)编制位置式数字控制器的程序框图如图 5-8 所示。

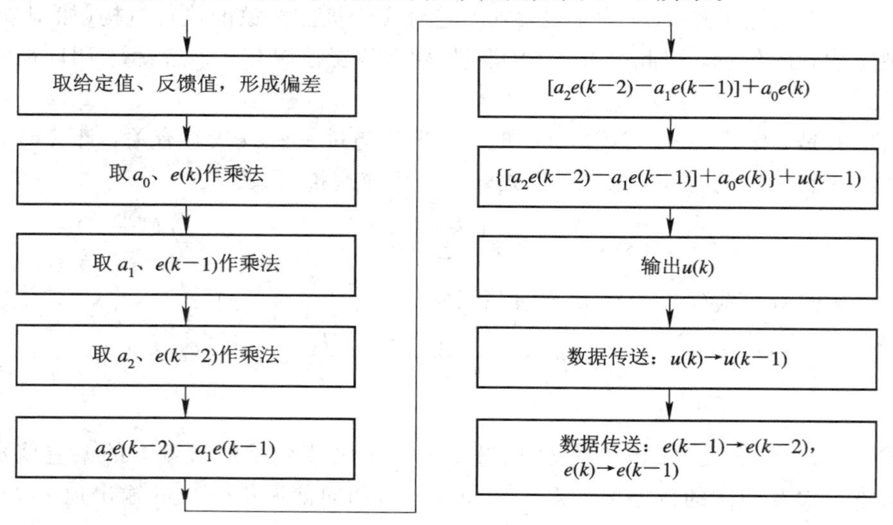

图 5-8　位置式数字控制器程序框图

在进入程序之前，式(5-13)中的系数 a_0、a_1、a_2 已计算出来，并已分别存入 CONS0、CONS1 及 CONS2 单元中。给定值和输出反馈值经采样后已分别放入 GEC1 和 GEC2 中。位置式数字控制器程序如下：

```
CONS0:  EQU    30H          ；存放系数 a0
CONS1   EQU    31H          ；存放系数 a1
CONS2   EQU    32H          ；存放系数 a2
GEC1    EQU    33H          ；存放给定值
GEC2    EQU    34H          ；存放输出反馈值
SUBE1   EQU    35H          ；存放偏差值 e(k)
SUBE2   EQU    36H          ；存放偏差值 e(k-1)
MID1H   EQU    37H          ；存放乘积 a0e(k)高位
MID1L   EQU    38H          ；存放乘积 a0e(k)低位
MID2H   EQU    39H          ；存放乘积 a1e(k-1)高位
MID2L   EQU    3AH          ；存放乘积 a1e(k-1)低位
OUTPH   EQU    3BH          ；存放 u(k-1) 高位
OUTPL   EQU    3CH          ；存放 u(k-1) 低位
SUBE3   EQU    3DH          ；存放偏差值 e(k-2)
…
        MOV    A, GEC1      ；取给定值
        SUBB   A, GEC2      ；给定值减反馈值形成偏差 e(k)
        MOV    SUBE1, A     ；e(k)存入 SUBE1 单元
        MOV    B, CONS0     ；a0 存入 B 中
        MUL    AB           ；作乘法，乘积 a0e(k)存放在 A、B 寄存器中
        MOV    MID1H, B     ；a0e(k)高位存入 MID1H 单元
        MOV    MID1L, A     ；a0e(k)低位存入 MID1L 单元
        MOV    B, CONS1     ；取 a1
        MOV    A, SUBE2     ；取 e(k-1)
        MUL    AB           ；作乘法，乘积 a1e(k-1)存放在 A、B 寄存器中
        MOV    MID2H, B     ；a1e(k-1)高位存入 MID2H 单元
        MOV    MID2L, A     ；a1e(k-1)低位存入 MID2L 单元
        MOV    B, CONS2     ；取 a2
        MOV    A, SUBE3     ；取 e(k-2)
        MUL    AB           ；作乘法，乘积 a2e(k-2)存放在 A、B 寄存器中
        ADD    A, MID1L     ；作 a0e(k)+a2e(k-2)低位相加
        MOV    MID1L, A     ；a0e(k)+a2e(k-2)和的低位送到 MID1L
        MOV    A, B         ；高位送到 A
        ADDC   A, MID1H     ；作 a0e(k)+a2e(k-2)高位相加
        MOV    MID1H, A     ；a0e(k)+a2e(k-2)和的高位送到 MID1H
```

```
        MOV     A, MID1L        ; 取a0e(k)+a2e(k-2)低位
        ADD     A, OUTPL        ; 作u(k-1)+a0e(k)+a2e(k-2)低位相加
        MOV     MID1L, A        ; u(k-1)+a0e(k)+a2e(k-2)和的低位送到MID1L
        MOV     A, MID1H        ; 取a0e(k)+a2e(k-2)和的高位送到A
        ADDC    A, OUTPH        ; 作u(k-1)+a0e(k)+a2e(k-2)高位相加
        MOV     MID1H, A        ; u(k-1)+a0e(k)+a2e(k-2)和的高位送到MID1H
        MOV     A, MID1L        ; 取u(k-1)+a0e(k)+a2e(k-2)低位
        CLR     C
        SUBB    A, MID2L        ; 作u(k-1)+a0e(k)+a2e(k-2)-a1e(k-1)低位相减
        MOV     OUTPL, A        ; u(k)的低位送到OUTPL
        MOV     A, MID1H        ; 取u(k-1)+a0e(k)+a2e(k-2)高位
        SUBB    A, MID2H        ; 作u(k-1)+a0e(k)+a2e(k-2)-a1e(k-1)高位相减
        MOV     OUTPH, A        ; u(k)的高位送到OUTPH
        MOVX    @DPTR, A        ; u(k)输出进行控制
        MOV     A, SUBE2
        MOV     SUBE3, A        ; 由e(k-1)得到e(k-2)
        MOV     A, SUBE1
        MOV     SUBE2, A        ; 由e(k)得到e(k-1)
...
END
```

5.3 数字PID控制器参数的整定

数字PID控制器参数整定的任务主要是确定 K_p、T_i、T_d 和采样周期 T。在控制器的结构形式确定之后，系统性能的好坏主要取决于选择的参数是否合理。可见，PID控制器参数的整定是非常重要的。

5.3.1 采样周期的选择

从Shannon采样定理可知，只有当采样频率达到系统信号最高频率的两倍或两倍以上时，才能使采样信号不失真地复现原来的信号。由于被控对象的物理过程及参数变化比较复杂，因此系统有用信号的最高频率是很难确定的。采样定理仅从理论上给出了采样周期的上限，实际采样周期要受到多方面因素的制约。

从系统控制质量的要求来看，希望采样周期取得小些，这样更接近于连续控制，使控制效果好些。

从执行机构的特性要求来看，由于过程控制中通常采用电动调节阀或气动调节阀，因此它们的响应速度较低。如果采样周期过短，执行机构来不及响应，仍然达不到控制的目的。所以，采样周期不能过短。

从系统的快速性和抗干扰的要求出发，要求采样周期短些；从计算工作量来看，则又

希望采样周期长些，这样可以控制更多的回路，保证每个回路有足够的时间来完成必要的运算。

因此，选择采样周期时，必须综合考虑。一般应考虑如下因素：

(1) 采样周期应比对象的时间常数小得多，否则采样信号无法反映瞬变过程。

(2) 采样周期应远小于对象扰动信号的周期，一般使扰动信号周期与采样周期成整数倍关系。

(3) 当系统纯滞后占主导地位时，应按纯滞后大小选取 T，尽可能使纯滞后时间接近或等于采样周期的整数倍。

(4) 考虑执行器的响应速度，如果执行器的响应速度比较慢，那么过小的采样周期将失去意义。

(5) 在一个采样周期内，计算机要完成采样、运算和输出三件工作，采样周期的下限是完成这三件工作所需要的时间(对单回路而言)。

由上述分析可知，采样周期受各种因素的影响，有些是相互矛盾的，必须视具体情况和主要的要求作出折中的选择。表 5-2 给出了一些常用控制参数的经验采样周期，可供参考。需说明的是，表中给出的是采样周期 T 的上限。随着计算机技术的发展和成本的下降，一般可以选取更短一点的采样周期。采样周期越短，控制精度越高，数字控制系统更接近连续控制系统。

表 5-2　常用被控参数的经验采样周期

被控参数	采样周期/s	备　注
流量	1～5	优先选用 1～2 s
压力	3～10	优先选用 6～8 s
液位	6～8	
温度	15～20	或取纯滞后时间
成分	15～20	

5.3.2 PID 控制器参数的整定

参数的整定有两种方法：理论设计法和实验确定法。用理论设计法确定 PID 控制器参数的前提是被控对象要有准确的数学模型，这在一般工业过程中是很难做到的。因此，主要采用的还是实验确定法。这里主要介绍试凑法和实验确定法。

1. 试凑法

试凑法是通过仿真或实际运行，观察系统对典型输入的响应，根据各控制参数对系统性能的影响，反复调节试凑，直到满意为止，从而确定 PID 参数。

采用试凑法重要的一点是要熟悉各控制参数对系统响应的影响。

增大比例系数 K_p，一般将加快系统的响应速度，如果是有差系统，则有利于减小静差。但比例系数过大，会加大系统超调，甚至产生振荡，使系统不稳定。

增大积分时间 T_i，有利于减小超调，使系统稳定性提高，但系统静差的消除将随之减慢。

增大微分时间常数 T_d，有利于加速系统的响应，使超调量减小，提高系统稳定性，但系统抗干扰能力变差，对扰动过于敏感。

根据上述各参数对系统动、静态性能的影响，可直接对控制器参数进行整定，并对有关参数进行反复调试，直到系统响应达到要求为止。具体方法如下所述。

1）先投比例，整定比例系数

先置 $T_i=\infty$、$T_d=0$，投入纯比例控制器，比例系数 K_p 由小到大，逐渐增加，观察相应的响应，使系统的过渡过程达到 4∶1 的衰减振荡和较小的静差。如果系统静差已小到允许范围内，系统响应满意，那么只需用比例控制器即可，参数整定完毕。

2）加入积分，整定积分时间

如果只用比例控制，系统的静差不能满足设计要求，则需加入积分部分。整定时，先将比例系数 K_p 减小 10%～20%，以补偿因加入积分作用而引起的系统稳定性下降。然后由大到小调节 T_i，在保持系统响应良好的情况下，使静差得到消除。这一步可以反复进行，以便得到满意的效果。

3）加入微分，整定微分时间

经过以上两步调整后，如果系统动态过程仍不能令人满意，可加入微分部分，构成 PID 控制器。整定时 T_d 由 0 开始逐渐增大，同时反复调节 K_p 及 T_i，直到获得较为满意的控制效果为止。

应该指出的是，PID 控制器的参数对控制质量的影响并不十分敏感，因而同一系统的参数并不是唯一的。在实际应用中，只要被控对象的主要指标达到设计要求，就可选定相应的控制参数作为有效的控制参数。

表 5-3 给出了常见被控参数的控制器参数的选择范围。

表 5-3　常见被控参数的控制器参数的选择范围

被控参数	状态说明	K_p	T_i/min	T_d/min
流量	对象时间常数小，并有噪声，故 K_p 较小，T_i 较小，不用微分	1～2.5	0.1～1	
温度	对象为多容量系统，有较大滞后，常加微分	1.6～5	3～10	0.5～3
压力	对象为容量系统，滞后不大，不加微分	1.4～3.5	0.4～3	
液位	在允许有静差时，不必用积分和微分	1.25～5		

2. 实验确定法

采用上述试凑法确定 PID 控制器参数，需要较多的现场试验，有时做起来很不方便，所以，人们利用整定模拟 PID 控制器参数时已取得的经验，根据一些基本的试验所得数据，由经验公式导出 PID 控制器参数，从而减少了试凑次数。常用的方法有扩充临界比例法和扩充响应曲线法。

1）扩充临界比例法

扩充临界比例法是临界比例法的扩充。为了掌握扩充临界比例法，有必要先了解一下临界比例法。

临界比例法用于自衡系统模拟 PID 控制器参数的整定。其方法是：投入比例控制器，形成闭环，逐渐增大比例系数，使系统对阶跃输入的响应达到临界振荡状态，如图 5-9 所示，记下此时的比例系数 K_τ（临界比例系数）和振荡周期 T_τ（临界振荡周期），然后利用经验公式，求取 PID 控制器参数。其整定计算公式如表 5-4 所示。

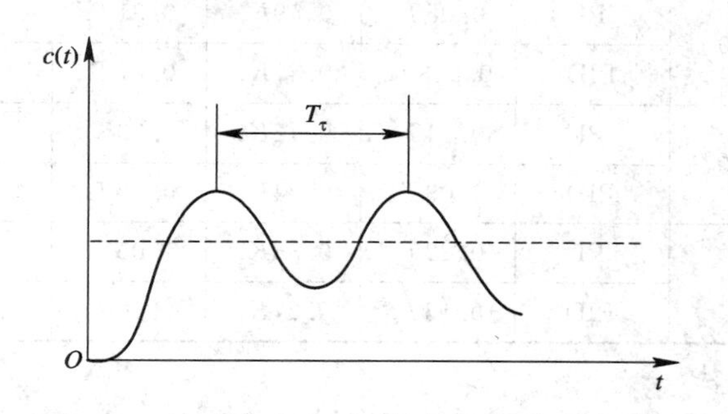

图 5-9　系统的临界振荡状态

表 5-4　临界比例法参数整定计算公式

调节规律	K_p	T_i	T_d
P	$0.5K_\tau$		
PI	$0.45K_\tau$	$0.85T_\tau$	
PID	$0.6K_\tau$	$0.5T_\tau$	$0.12T_\tau$

为了将上述临界比例法用于整定数字 PID 控制器的参数，人们提出了一个控制度的概念。控制度定义：数字控制系统偏差平方的积分与对应的模拟控制系统偏差平方积分之比，即

$$控制度=\frac{\left[\int_0^\infty e^2(t)\ \mathrm{d}t\right]_{\mathrm{DDC}}}{\left[\int_0^\infty e^2(t)\ \mathrm{d}t\right]_{模拟}} \tag{5-14}$$

控制度表明了数字控制效果相对模拟控制效果的情况。当控制度为 1.05 时，认为数字控制与模拟控制效果相同；当控制度为 2 时，表明数字控制只有模拟控制质量的一半。控制器参数随控制度的不同而略有区别。表 5-5 给出了扩充临界比例法参数整定计算公式。具体整定步骤如下：

(1) 选择一合适的采样周期。所谓合适，是指采样周期应足够小。若系统存在纯滞后，采样周期应小于纯滞后的 1/10。

(2) 采用第一步选定的采样周期，投入纯比例控制，逐渐增大比例系数 K_p，直到系统出现等幅振荡为止，将此时的比例系数记为 K_τ，振荡周期记为 T_τ。

(3) 选择控制度。

(4) 按表 5-5 求取采样周期 T、比例系数 K_p、积分时间常数 T_i 和微分时间常数 T_d。

(5) 按求得的参数运行，在运行中观察控制效果，用试凑法适当调整有关控制参数，以便获得满意的控制效果。

表 5－5　扩充临界比例法参数整定计算公式

控制度	控制规律	T	K_p	T_i	T_d
1.05	PI	$0.03T_\tau$	$0.53K_\tau$	$0.88T_\tau$	
	PID	$0.014T_\tau$	$0.63K_\tau$	$0.49T_\tau$	$0.14T_\tau$
1.20	PI	$0.05T_\tau$	$0.49K_\tau$	$0.91T_\tau$	
	PID	$0.043T_\tau$	$0.47K_\tau$	$0.47T_\tau$	$0.16T_\tau$
1.50	PI	$0.14T_\tau$	$0.42K_\tau$	$0.99T_\tau$	
	PID	$0.09T_\tau$	$0.34K_\tau$	$0.43T_\tau$	$0.20T_\tau$
2	PI	$0.22T_\tau$	$0.36K_\tau$	$1.05T_\tau$	
	PID	$0.16T_\tau$	$0.27K_\tau$	$0.40T_\tau$	$0.22T_\tau$

2）*扩充响应曲线法*

有些系统采用纯比例控制时系统是本质稳定的，还有一些系统，例如锅炉水位控制系统，不允许进行临界振荡实验。对于这两类系统，我们不能用上述扩充临界比例法来整定 PID 控制器参数。这时，我们可采用另一种整定方法——扩充响应曲线法来整定。

响应曲线法是整定模拟 PID 控制器参数的另一种方法，扩充响应曲线法则是在它的基础上发展而来的，用于整定数字 PID 控制器的参数。这种方法基于开环系统阶跃响应实验，具体步骤如下：

(1) 断开数字 PID 控制器，使系统在手动状态下工作，人为地改变手动信号，给被控对象一个阶跃输入信号。

(2) 用仪表记录下被控参数在此阶跃输入信号作用下的变化过程，即对象的阶跃响应曲线，如图 5－10 所示。

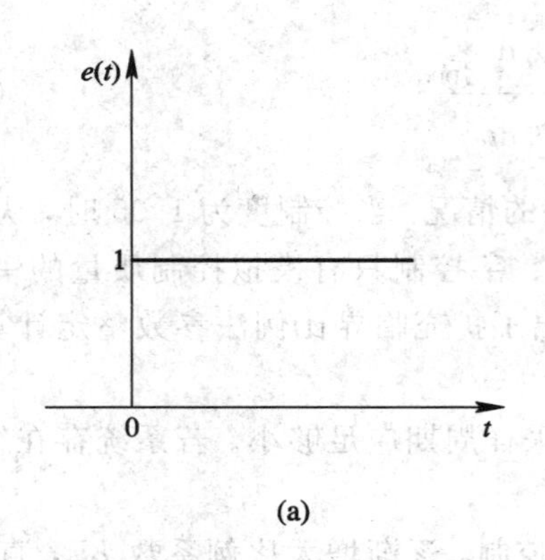

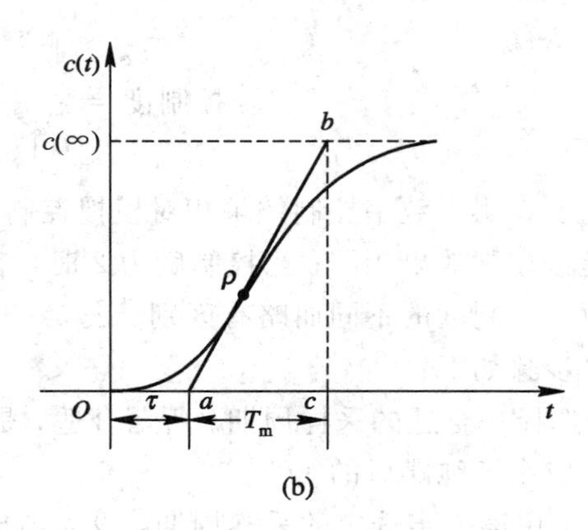

图 5－10　对象阶跃响应曲线

(a) 单位阶跃输入；(b) 单位阶跃响应

(3) 在响应曲线上的拐点 ρ 处作一切线，该切线与横轴以及系统响应稳态值的延长线相交于 a、b 两点，过 b 点作横轴的垂线，与横轴相交于 c 点，则 Oa 为对象等效的纯滞后时间 τ，ac 为对象等效的时间常数 T_m。

(4) 选择控制度。

(5) 选择表 5-6 中相应的整定公式，根据测得的 τ 和 T_m 求得控制参数 T、K_p、T_i 和 T_d。

(6) 按求得的参数运行，观察控制效果，适当修正参数，直到满意为止。

注意：表 5-6 中 K_p 是按对象开环放大系数为 1 的情况给出的，当对象开环放大系数不为 1 时，应将表 5-6 算出的 K_p 除以对象开环放大系数以后再作为 K_p 的整定值。

以上两种实验确定法，适用于"一阶惯性加纯滞后"近似的对象，即对象传递函数可近似为 $G(s)=\frac{e^{-\tau s}}{1+T_m s}$，许多热工、化工等生产过程属于这类系统。对于不能用"一阶惯性加纯滞后"来近似的对象，最好采用其他方法整定。

表 5-6　扩充响应曲线法参数整定计算公式

控制度	控制规律	T	K_p	T_i	T_d
1.05	PI	0.1τ	$0.84T_m/\tau$	3.4τ	
	PID	0.05τ	$1.15T_m/\tau$	2.0τ	0.45τ
1.2	PI	0.2τ	$0.78T_m/\tau$	3.6τ	
	PID	0.16τ	$1.0T_m/\tau$	1.9τ	0.55τ
1.5	PI	0.5τ	$0.68T_m/\tau$	3.9τ	
	PID	0.34τ	$0.85T_m/\tau$	1.62τ	0.65τ
2	PI	0.8τ	$0.57T_m/\tau$	4.2τ	
	PID	0.6τ	$0.6T_m/\tau$	1.5τ	0.82τ

习　题

1. 为什么 PID 控制在计算机控制中仍然得到广泛的应用？试注意收集各种控制实例。

2. PID 控制器有什么特点？比例、积分、微分部分各有何作用？

3. 位置式和增量式 PID 调节有什么不同？

4. 说明积分系数、微分系数与积分时间常数、微分时间常数的区别。

5. 说明扩充临界比例法和扩充响应曲线法的适用范围和特点。

6. 选择采样周期 T 时应考虑哪些因素？采样周期对调节品质有何影响？

7. 设计数字 PID 程序时，应考虑的主要问题是什么？

8. 画出位置式数字 PID 算法的程序框图，并用单片机汇编语言编程。

9. 画出增量式数字 PID 算法的程序框图，并用单片机汇编语言编程。

10. 位置式和增量式 PID 有什么区别？试写出位置式 PID 和增量式 PID 的控制算法，并比较其优缺点。

11. 试述 PID 控制器中 K_p、T_i、T_d 的作用。它们的取值对系统的调节品质有什么影响？

12. 什么叫模拟 PID 调节器的数字实现？它对采样周期有什么要求？

13. 试推导出位置式、增量式 PID 控制算式，并对它们进行比较。

14. 如何用试凑法整定 PID 调节参数？

15. 已知某连续系统控制器的传递函数为

$$G(s)=\frac{1+0.17s}{0.85\ s}$$

现欲用数字 PID 算法实现，试分别写出位置式 PID 和增量式 PID 算法的输出表达式。采样周期 $T=0.2$ s。

16. 在数字 PID 控制算法中，PID 参数整定有哪些方法？

第 6 章　计算机控制系统的抗干扰技术

计算机控制系统大多用于工业现场，条件复杂恶劣，干扰频繁。环境特殊，要求计算机控制系统必须有极高的抗干扰能力。所谓干扰，就是有用信号以外的噪声或造成计算机系统的设备不能正常工作的破坏因素。干扰的产生往往是由多种因素决定的，干扰的抑制是一个复杂的理论和技术问题，实践性较强。为此，必须分析干扰的来源，研究对于不同的干扰源采用不同的有效抑制或消除干扰的措施，重视接地、布线和供电方面的抗干扰技术，重视 CPU 可靠运行的抗干扰技术和应用软件中对数字信号的数据处理技术。

6.1　干扰信号的类型及其传输形式

与干扰相关的几个概念

干扰的来源和分类

产生干扰信号的原因称为干扰源。干扰源、传输途径及干扰对象是构成干扰的三个要素。计算机控制系统中的干扰种类很多，可依一定的特征进行分类。干扰信号的类型通常按干扰耦合的形式、干扰与信号的关系、干扰信号的性质和干扰源的类型进行划分。

1. 按干扰耦合的形式分类

(1) 静电干扰。静电干扰是因为干扰电场通过电容耦合方式窜入其他回路中而产生的。在控制系统中，互容现象是很普遍的。两根导线之间构成电容；印刷电路板的印刷导线之间存在电容；变压器的线匝之间和绕组之间也都会构成电容。电容为信号的传输提供了一条通路，但也容易造成电场干扰信号。

(2) 电磁干扰。在任何通电导体周围空间都会产生磁场，而且电流的变化必然引起磁场的变化，变化的磁场就要在其周围闭合回路中产生感应电动势。在设备内部，线圈或变压器的漏磁会引起干扰；在设备外部，当两根导线在很长的一段区间架设时，也会产生干扰。

(3) 漏电耦合干扰。漏电耦合又称为电阻性耦合。当相邻的元件或导线间绝缘电阻降低时，有些信号便通过这个降低了的绝缘电阻耦合到信号传送的输入端而形成干扰。

(4) 共阻抗感应干扰。在控制系统的回路之间不可避免地存在公共耦合阻抗。例如电源引线、汇流排等都具有一定的阻抗，对于多回路来说它们就是一个公共阻抗，尽管数值很小，但当流过较大电流时，其作用就像一根天线，将干扰信号引入各回路。

2. 按干扰与信号的关系分类

(1) 串模干扰信号。串模干扰信号是指串联于有用信号源回路之中的干扰，也称横向干扰或正态干扰。其表现形式如图 6-1 所示。当串模干扰的幅值与有用信号相接近时，系统就无法正常工作，即这时提供给计算机系统的数据会严重失真，甚至是错误的。

产生串模干扰的原因主要是当两个电路之间存在分布电容或磁环链时，一个回路中的信号就可能在另一个回路中产生感应电动势，形成串模干扰信号。另外，信号回路中元件参数的变化也是一种串模干扰信号。

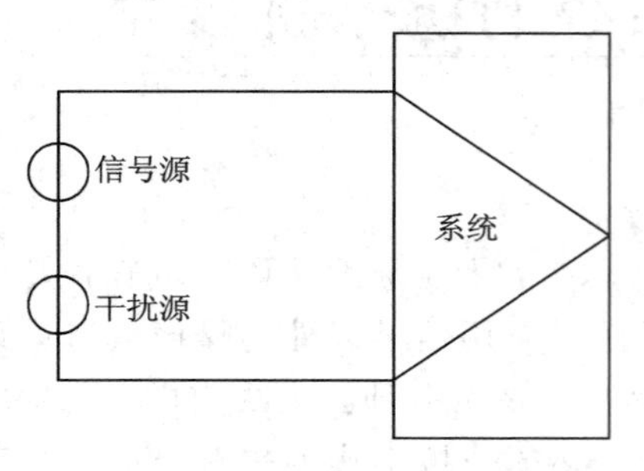

图 6-1　串模干扰示意图

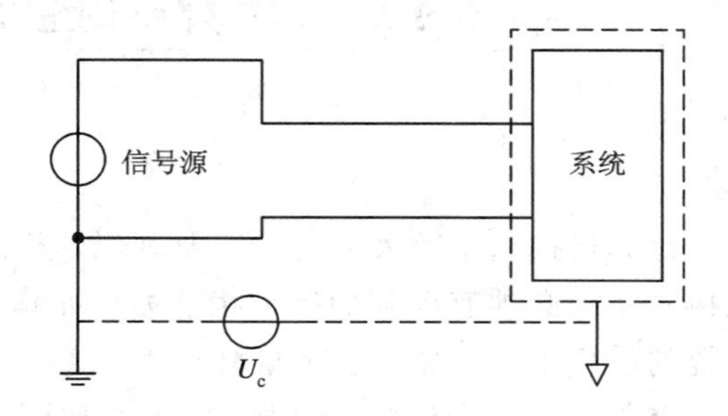

图 6-2　共模干扰示意图

(2) 共模干扰信号。共模干扰信号是指由于对地电位的变化所形成的干扰信号，也称为对地干扰、横向干扰或不平衡干扰。共模干扰示意图见图 6-2。由于计算机的地、信号源放大器的地以及现场信号源的地，通常要相隔一段距离，当两个接地点之间流过电流时，尽管接地点之间的电阻极小，也会使对地电位发生变化，形成一个电位差 U_c，这个 U_c 对放大器就会产生共模干扰。

共模干扰与串模干扰相比，容易被忽略而难以处理。在某些情况下，共模信号可能达到几伏甚至更高，完全将有用信号湮没。

共模干扰的影响大都通过串模干扰的方式表现出来。共模干扰产生的原因很多，主要有：通过对地分布电容和漏电导的耦合；同一系统的多个接地点之间形成的电位差。

3. 按干扰信号的性质分类

(1) 随机干扰信号。随机干扰信号是无规律的随机性干扰信号，如突发性脉冲干扰信号、连续性脉冲干扰信号。

(2) 周期干扰信号。属于周期干扰信号的有交流声、啸叫、汽船声等自激振荡信号。

4. 按干扰源的类型分类

(1) 外部干扰信号。外部干扰信号来源于系统外部、与系统结构无关的干扰源。在工业生产现场的外部干扰源种类繁多，干扰性强，随机性大，主要有电源、用电设备、自然界的雷电、带电的物体等。

(2) 内部干扰信号。内部干扰信号是由于系统的结构布局、线路设计、元器件性能变化和漂移等原因所形成的存在于系统内部的干扰信号。

6.2 抗干扰技术

要提高设备的抗干扰能力，必须从设计阶段就开始考虑电磁兼容性(EMC)的设计。电磁兼容性设计要求所设计的电子设备在运行时，既不受周围环境中的电磁干扰影响而保证能正常工作，又不对周围的设备产生电磁干扰。常用抑制干扰的措施主要有滤波、接地、屏蔽、隔离、设置干扰吸收网络及合理布线等。

6.2.1 接地技术

接地技术

将电路、单元与作为信号电位公共参考点的一个等位点或等位面实现低阻抗连接，称为接地。接地的目的通常有两个：一是为了安全，即安全接地；二是为了给系统提供一个基准电位，并给高频干扰提供低阻通路，即工作接地。前者的基准电位必须是大地电位，后者的基准电位可以是大地电位，也可以不是。通常把接地面视为电位处处为零的等位体，并以此为基准测量信号电压。但是，无论何种接地方式，公共接地面(或公共地线)都有一定的阻抗(包括电阻和感抗)，当有电流流过时，地线上要产生电压降，加之地线还可能与其他引线构成环路，从而成为干扰的因素。

不同的地线有不同的处理技术，下面介绍几种常用的接地处理原则及技术。

1. 接地方式

"安全接地"均采用一点接地方式。"工作接地"依工作电流频率的不同而有一点接地和多点接地两种。低频时，因地线上的分布电感并不严重，故往往采用一点接地；高频情况下，由于电感分量大，为减少引线电感，多采用多点接地。频带很宽时，常采用一点接地和多点接地相结合的混合接地方式。

2. 浮地系统和接地系统

浮地系统是指设备的整个地线系统和大地之间无导体连接，它以悬浮的地作为系统的参考电平。

浮地系统的优点是不受大地电流的影响，系统的参考电平随着高电压的感应而相应提高。机内器件不会因高压感应而被击穿。其应用实例较多，如飞机、军舰和宇宙飞船上的电子设备都是浮地的。

浮地系统的缺点是对设备与地的绝缘电阻要求较高，一般要求大于 50 MΩ，否则会被击穿。另外，当附近有高压设备时，会通过寄生电容耦合，使得外壳带电，不安全。而且外壳会将外界干扰传输到设备内部，降低系统的抗干扰性能。

接地系统是指设备的整个地线系统和大地通过导体直接连接。由于机壳接地，为感应的高频干扰电压提供了泄放的通道，对人员比较安全，也有利于抗干扰。但由于机内器件的参考电压不会随感应电压升高而升高，可能会导致器件被击穿。

3. 交流地与直流地分开

交流地与直流地分开后，可以避免由地电阻把交流电力线引进的干扰传输到装置的内部，保证装置内的器件安全和电路工作的稳定性。值得注意的是，有的系统中各个设备并不是都能做到交直流分开，补救的办法是加隔离变压器。

4. 模拟地与数字地分开

模拟地作为传感器、变送器、放大器、A/D 和 D/A 转换器中模拟电路的零电位，因为模拟信号有精度要求，有时信号比较小，而且与生产现场连接，所以必须认真地对待模拟地。数字地作为计算机中各种数字电路的零电位，应该与模拟地分开，避免模拟信号受数字脉冲的干扰。

由于数字地悬浮于机柜，增加了对模拟量放大器的干扰感应，同时为避免脉冲逻辑电路工作时的突变电流通过地线对模拟量的共模干扰，应将模拟电路的地和数字电路的地分开，接在各自的地线汇流排上，然后再将模拟地的汇流排通过 2～4 μF 的电容在一点接到安全地的接地点。对模拟量来说，这实际上是一个直流浮地、交流共地的系统。

5. 印刷电路板的地线安排

在安排印刷电路板地线时，首先要尽可能加宽地线，以降低地线阻抗。其次，要充分利用地线的屏蔽作用。在印刷电路板边缘用较粗的印刷地线环包围整块板子，并作为地线干线，自板边向板中延伸，用其隔离信号线，这样既可减少信号间串扰，也便于板中元器件就近接地。

6. 屏蔽地

对于电场屏蔽来说，由于主要是解决分布电容问题，因此应接大地。

对于磁场屏蔽，应采用高磁导材料使磁路闭合，且应接大地。

对于电磁场干扰，应采用低阻金属材料制成屏蔽体，且应接大地。

对于高增益放大器来说，一般要用金属罩屏蔽起来。为了消除放大器与屏蔽层之间的寄生电容影响，应将屏蔽体与放大器的公共端连接起来。

如果信号电路采用一点接地方式，则低频电缆的屏蔽层也应一点接地。

当系统中有一个不接地的信号源和一个接地的放大器相连时，输入端的屏蔽应接到放大器的公共端。反之，当接地的信号源与不接地的放大器相连时，应把放大器的输入端屏蔽接到信号源的公共端。

6.2.2 屏蔽技术

硬件抗干扰技术

对于电磁辐射干扰和电磁感应干扰，切断或削弱它们传播途径的最有效的措施就是屏蔽技术。按干扰场的性质，屏蔽可分为电场屏蔽、磁场屏蔽和电磁屏蔽三种。

1. 电场屏蔽

电场屏蔽的作用是抑制电路之间由于分布电容耦合而产生的电场干扰。电场屏蔽一般采用低电阻金属材料作为屏蔽层和外罩，使内部的电力线不传至外部，同时外部的电力线也不影响内部。实际应用中，盒形屏蔽优于板状屏蔽，全密封的优于有窗孔和有缝隙的。屏蔽体的厚度一般由结构需要决定。

2. 电磁屏蔽

电磁屏蔽主要用来防止高频电磁场对电路的影响。电磁屏蔽包括对电磁感应干扰及电磁辐射干扰的屏蔽。它采用低电阻的金属材料作为屏蔽层。电磁屏蔽利用屏蔽罩在高频磁场的作用下，会产生反方向的涡流磁场而与原磁场抵消，来削弱高频磁场的干扰；又因屏蔽罩接地，也可实现电场屏蔽。由于电磁屏蔽利用了屏蔽罩上的感生涡流，因而屏蔽罩的厚度对于屏蔽效果影响不大，而屏蔽罩是否连续却直接影响到感生涡流的大小，也即影响到屏蔽效果的好坏。如果在金属体上垂直于电流方向上开缝，就没有屏蔽效应。原则上屏蔽体越严密越好。因此，电磁屏蔽层的接缝应注意良好的焊接与密封，通风孔与操作孔应尽量开小。

3. 磁场屏蔽

对于低频磁场干扰，用上述电磁屏蔽方法往往难以奏效，一般采用高磁导率材料作屏蔽体，利用其磁阻较小的特点，给干扰磁通提供一个低磁阻通路，将其限制在屏蔽体内。为了有效地进行磁场屏蔽，必须采用诸如坡莫合金之类的材料，同时要有一定的厚度，或者采用相互具有一定间隔的两个或多个同心磁屏蔽罩，效果更好。

6.2.3 隔离技术

隔离的实质是切断共地耦合通道，抑制因地环路引入的干扰。隔离是指将电气信号转变为电、磁、光及其他物理量(作为中间量)，使两侧的电流回路相对隔离又能实现信号的传递。

图 6-3 采用隔离变压器隔离，用于无直流分量的信号较方便。因变压器线间分布电容较大，故应在一次、二次侧加屏蔽层，并将它接到二次侧的接地处。

图 6-4 采用继电器隔离，常用于数字系统。继电器把引入的信号线隔断，而传输的信号通过触点传递给后面的回路。其缺点是电感性励磁线圈工作频率不高、触点有抖动、有接触电阻及寿命短等。

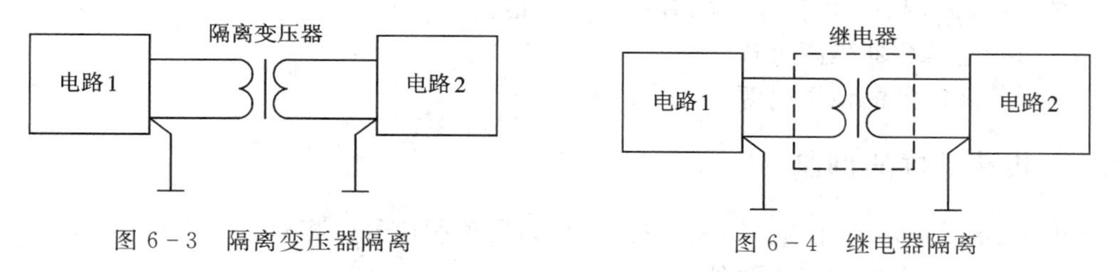

图 6-3 隔离变压器隔离　　图 6-4 继电器隔离

图 6-5 采用光电耦合器隔离。中间环节借助于半导体二极管的光发射和光敏半导体三极管的光接收来进行工作，因而在电气上的输入和输出是完全隔离的，且信号单向传输，输出信号与输入信号间无相互影响，共模抑制比大，无触点，响应速度快(纳秒级)，寿命长，体积小，耐冲激，是一种理想的开关元件。其缺点是过载能力有限，存在非线性，稳定性与时间、温度有关。而光电耦合集成隔离放大器克服了以上缺点并能适用于模拟系统。

模拟电路的抗干扰隔离技术还可将模拟信号转换为数字信号，然后采用数字系统的某种电位隔离方法，特别是光电隔离法，最后再由数/模转换器复原。

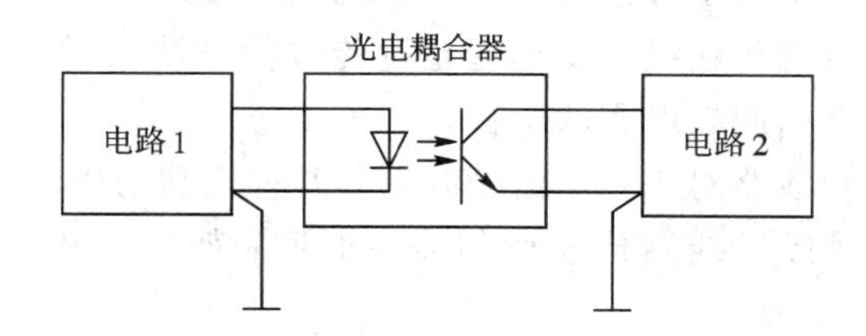

图 6-5 光电耦合器隔离

6.2.4 串模干扰的抑制

串模干扰(又称常态干扰、正相干扰)是指干扰电压和信号电压串联叠加于负载或放大电路的输入端，它常常表现为一个输入端对另一个输入端电压变化的干扰。串模干扰主要来自于电源(多为 50 Hz 的工频干扰及其高次谐波)、长线传输中的分布电感和分布电容以及传感器固有噪声等。

抗串模干扰的技术措施有:

(1) 合理选用信号线。应采用金属屏蔽线、双绞线或屏蔽双绞线作信号线,以抑制由分布电感和分布电容引起的串模干扰。

(2) 在信号电路中加装滤波器。信号滤波器是一个选频电路,其功能是让指定频段信号通过,将其余频段的信号衰减。利用低通滤波器可将低频有用的信号从高频干扰电压中分离出来,利用高通滤波器可从高频脉冲中滤除工频干扰。

(3) 选择合适的 A/D 转换器。由于叠加在被测信号上的串模干扰一般为对称性的交变干扰电压,故可采用积分式或双积分式的 A/D 转换器。因为这种转换方式的 A/D 转换器是将采样时间内输入信号电压的平均值转换成数字量的,所以可使叠加在被测信号上的对称交变干扰电压在积分过程中相互抵消。

(4) 采用调制解调技术。当有用信号与干扰信号的频谱相互交错时,通常的滤波电路很难将其分开,这时可采用调制解调技术。选用远离干扰频谱的某一特定频率对信号进行调制,然后再进行传输,传输途中混入的各种干扰很容易被滤波环节滤除,被调制的有用信号经软/硬件解调后,恢复原来的有用信号频谱。

(5) 用光电耦合器隔离干扰。

(6) 配备高质量的稳压电源。

6.2.5 共模干扰的抑制

共模干扰(又称共态干扰、同相干扰)表现为通道两信号端相对于零电位参考点所共有的干扰电压,包括交流和直流两种电压。

抑制共模干扰包括抑制共模干扰本身、抑制共模干扰向串模干扰的转变以及抑制已经转换成串模的干扰三个方面。还可以选择隔离技术,使共模干扰不能构成回路。对于由共模干扰转换过来的、已叠加在有用信号上的串模干扰,可用前面介绍的抗串模干扰的方法来滤除。

6.2.6 长线传输中的抗干扰问题

在计算机控制系统中,许多被控对象与计算机相距较远,当所传输的信号波长可与传输线的长度相比拟时,或当传输线长度远远超过传输信号波长时,就构成长线传输。如果处理不当,长线传输就会引起较严重的干扰。

在长线传输中,传输线路对于有用信号有下列几种不利的作用。

(1) 滞后作用。信号经过线路传输后的滞后时间:架空单线为 3.3 ns/m,双绞线为 5 ns/m,同轴电缆为 6 ns/m。

(2) 波形畸变衰减作用。

(3) 外界电磁波、电磁场、静电场和其他传输线的干扰作用。

(4) 由于分布电容和分布电感的影响,线路中存在着前向电压波和前向电流波;当线路终端阻抗不匹配时,有用信号还会产生反射波;当线路始端阻抗不匹配时,反射信号会再次产生反射波。反射信号与有用信号叠加在一起,使有用信号波形变坏,这就是一般所说的“长线效应”。

长线传输一般选用同轴电缆或双绞线，不宜选用一般平行导线。同轴电缆对于电场干扰有较好的抑制作用；双绞线对于磁场干扰有较好的抑制作用，而且绞距越短，效果越好。同轴电缆的工作频率较高，接近 1 GHz，而双绞线只能达到 1 MHz。双绞线线间分布电容较大，对于电场干扰几乎没有抑制能力，而且当绞距小于 5 mm 时，对于磁场干扰抑制的改善效果便不显著了。因此，在电场干扰较强时可采用屏蔽双绞线。

在用双绞线作传输线时，应注意：

(1) 尽可能采用平衡式传输线路，因为平衡式传输线路具有较好的抗共模干扰的能力，外部干扰在双绞线的两条线中产生对称的感应电动势，在平衡式传输线路中又相互抵消。同时，来自地线的干扰信号也受到抑制。图 6-6 是平衡式传输线路的两个例子。

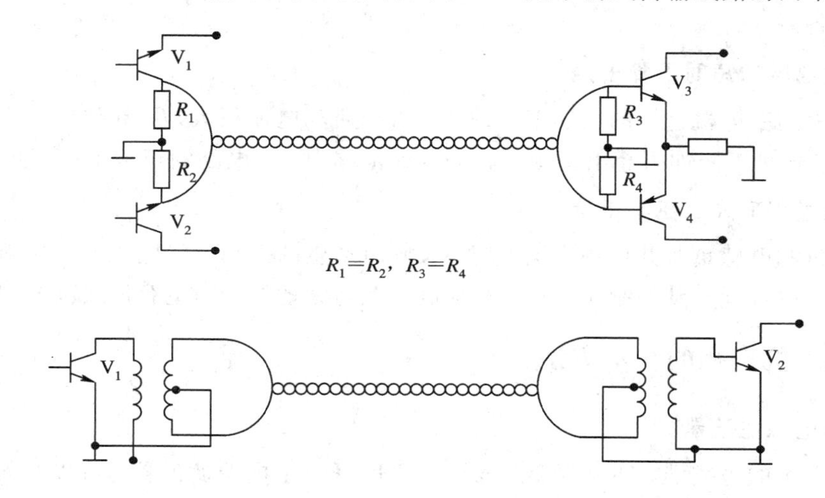

图 6-6 平衡式传输线路的两个例子

(2) 若将双绞线的一根接地，就变成非平衡的传输线路。在非平衡式传输线路中，双绞线间电压的一半为同相序分量，另一半为反相序分量。非平衡式传输线路对反相序分量具有较好的抑制作用，但对同相序分量则没有抑制作用，因此它对于干扰信号的抑制能力比单根导线强，比平衡式的差。

(3) 当多根双绞线一起敷设时，最好使用节距不同的双绞线，以减弱由互感产生的干扰信号。

6.3 电源干扰的抑制

在计算机控制系统中，最重要也是危害最严重的干扰就是来自于电源的干扰。在所有的干扰信号中，电源的干扰占主要部分。根据工程统计，计算机系统有 70%的干扰是通过电源耦合进来的。

6.3.1 电源干扰的基本类型

1. 电源线中的高频干扰

供电电力线路相当于一个接收天线，能把雷电、开闭日光灯、启停大功率的用电设备、电弧、广播电台等辐射的高频干扰通过电源变压器初级耦合到次级，形成对计算机的干扰。

2. 感性负载产生的瞬变干扰

切断大容量感性负载时，能产生很大的电流和电压变化率，从而形成瞬变干扰，成为电磁干扰的主要原因。

3. 晶闸管通断时产生的干扰

晶闸管通断时，仅在几微秒的时间内会使电流产生很大的变化率，这个变化率中含有大量的高次谐波成分，此谐波在电源阻抗上会产生很大的压降，从而使电网电压出现缺口，这种畸变的电压波形含有大量的高次谐波，可以向空间辐射，或者通过传导耦合干扰其他电子设备。

4. 电网电压的短时下降干扰

当启动大功率电机这样的大功率负载时，由于启动电流很大，可导致电网电压短时的大幅度下降。这种下降如果超出稳压电源的调整范围，将对电路的正常工作产生影响。

5. 拉闸过程形成的高频干扰

当计算机和电感负载共用一个电源时，拉闸时产生的高频干扰电压通过电源变压器初次级间的分布电容耦合到控制装置，再经控制装置与大地的分布电容形成耦合回路。

6.3.2 电源抗干扰的基本方法

1. 交流电源滤波器

在交流电源的进线端，即电源变压器的初级串联一个电源滤波器，可以有效地抑制高频干扰的侵入。

(1) 电容滤波器。最简单的电容滤波器是在电源变压器的初级并联两个电容，如图6-7所示。图中 $C_1=C_2$，其值为0.01～0.22 μF，耐压为400 V。

(2) 电感电容滤波器。电感电容滤波器的滤波效果优于电容滤波。图6-8所示为电感电容滤波的示意图。电感线圈可根据变压器的初级电流，在适当的绝缘磁棒上绕50～100圈即可，电容值可为0.01 μF/400 V。

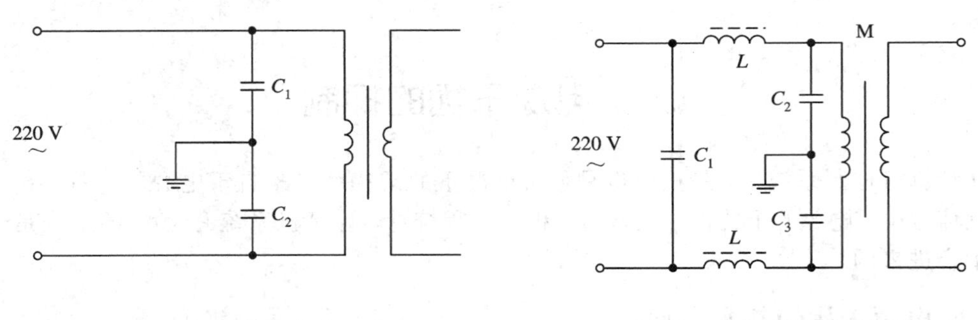

图6-7　电容滤波　　　图6-8　电感电容滤波器

(3) 安装滤波器的注意事项。

① 滤波器都要加屏蔽罩，而且屏蔽罩要和机壳有良好的接地，最好是焊接。

② 尽量缩短滤波器所用电容引线的长度。

③ 电源变压器尽量靠近下级电源变压器，以缩短引出线。

④ 滤波器的输入线和输出线必须隔开，切忌平行和缠在一起。

⑤ 滤波器的全部导线要遵循贴地布线的原则，以提高抗干扰性能。

2. 电源变压器的屏蔽与隔离

利用静电屏蔽的一般原则和变压器的特殊性，可在变压器的初级和次级之间加屏蔽层。这相当于在变压器的初级和静电屏蔽层之间接入一个旁路电容。如图 6-9 所示。这样，从电网进入电源变压器初级的高频干扰信号，相当一部分无法经过变压器初级和次级间的分布电容 C_f 的耦合传到次级去，而是经过静电屏蔽层直接旁路到地，从而减少了由交流电网引进的高频干扰。为了将控制系统和供电电网电源隔离开来，消除因公共阻抗引起的干扰，减少负载波动对电网的影响，同时也为了安全，常常在电源变压器和低通滤波器之前增加一个 1∶1 的隔离变压器。隔离变压器的初级和次级之间加静电屏蔽层。为了进一步提高抗干扰能力，可采用双层屏蔽，如图 6-10 所示。除了在变压器的初级和次级之间加屏蔽层之外，还可以在变压器的最外层加屏蔽，以避免变压器的磁通泄漏，这种屏蔽也必须接地。

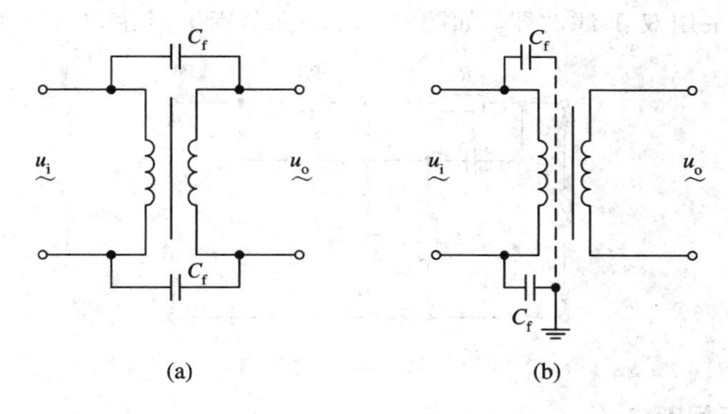

图 6-9　变压器及单层屏蔽

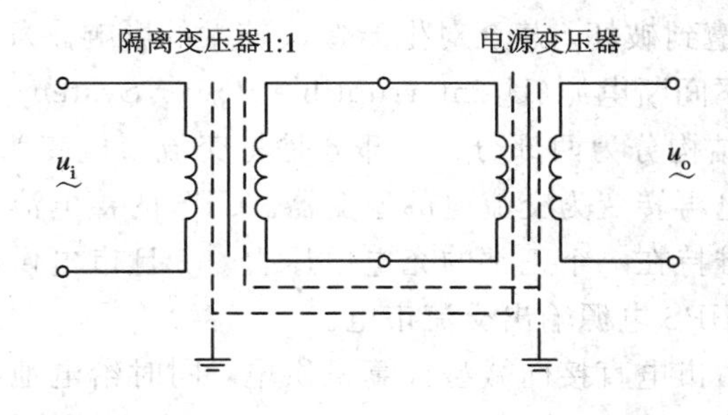

图 6-10　隔离变压器及双层屏蔽

3. 整流后抑制干扰措施

交流电引进的高频干扰，由于频带很宽，仅在交流侧采取抗干扰措施，难以保证干扰绝对不进入系统，因此要在直流侧采取必要的措施。

(1) 直流稳压电源配置与抗干扰。图 6-11 是三端稳压器的典型接线图，在整流之后

利用电解电容 C_2 和高频电容 C_1 滤波，然后加到三端稳压器的输入端，三端稳压器的输出端通过 C_3 来改善负载端的瞬态响应，抑制瞬变干扰。

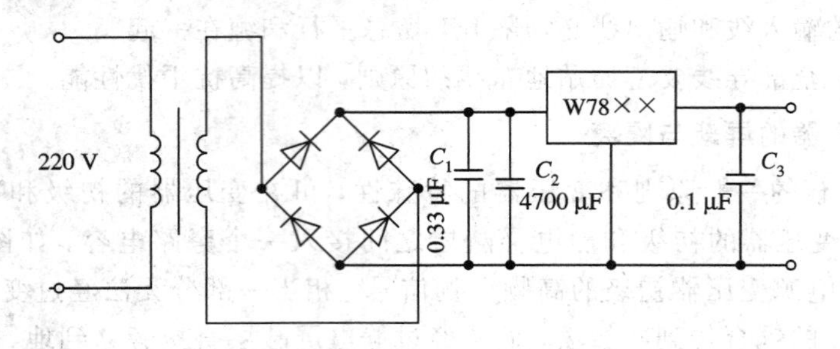

图 6－11　三端稳压器的典型接线

另外，稳压器的容量和调整范围也应留有充足的余量。当电网出现大电感启动时，由于电流过大可能会造成较大的压降，因此稳压器的输入和输出的电压差应大些(不小于 3 V)。

(2) 整流后多级滤波。电源的大部分干扰是高次谐波，因此采用低通滤波器让 50 Hz 的工频通过，滤除高次谐波，以改善电源波形。在低压状态下，当滤波负载有大电流时，宜采用小电感和大电容的滤波网络；当滤波负载有小电流时，宜采用大电感和小电容的滤波网络。在整流之后采用双 T 滤波器，如图 6－12 所示，用于消除 50 Hz 工频干扰。

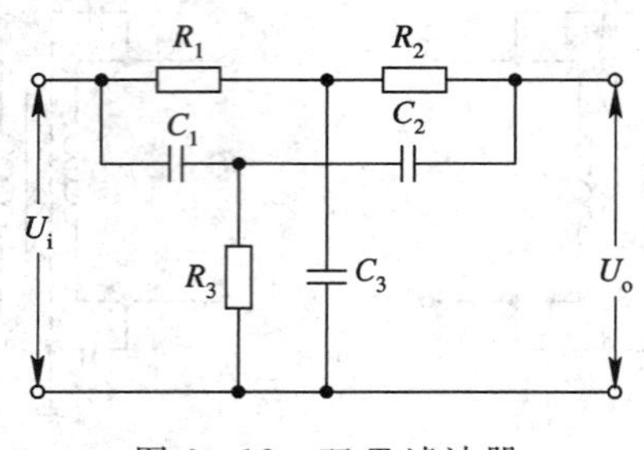

图 6－12　双 T 滤波器

4. 计算机用不间断电源

在微型计算机控制系统运行过程中，供电系统不允许中断，否则将会导致随机存储器中的数据丢失或者程序遭到破坏，甚至对生产造成较大的影响。为了满足高可靠性和高质量的供电要求，可采用不间断电源(Uninterruptible Power System，UPS)。

不间断电源的基本结构分为两部分：一部分是将交流市电变为直流电的整流/充电装置；另一部分是把直流电再转变为交流电的逆变器。UPS 的蓄电池在交流电压正常供电时存储能量，此时它一直维持在一个正常的充电电压上。一旦市电供应中断，蓄电池立即对逆变器供电，从而保证 UPS 电源输出交流市电。

电网电压正常时，由市电直接向微型计算机供电，同时给电池组充电。当市电不正常时，由故障检测器发出信号，通过静态开关，由逆变器提供交流电源。

6.4　CPU 软件抗干扰技术

当干扰可能通过总线作用进入 CPU 本身时，CPU 将不能按正常状态执行程序，从而引起混乱。为尽可能无扰动地恢复系统正常状态，常采取以下措施。

6.4.1　人工复位

复位和掉电保护

对于失控的CPU，最简单的方法是使其复位，让程序重新开始执行。为此只要在8051系列单片机的RESET端加上一个高电平信号，并持续两个机器周期以上即可。RESET端接有一个上电复位电路，它由一个小电解电容和一个接地电阻组成。人工复位电路另外采用一个按钮来给RESET端加上高电平信号。图6-13为放电型人工复位电路，上电时C通过R_2充电，维持高电平足够的时间就完成了上电复位功能。C充电结束后，RESET端为低电平，CPU正常工作。需要人工复位时，按下按钮S，C通过S和R_1放电，RESET端电位上升到高电平，实现人工复位。S松开后，C重新充电，充电结束后，CPU重新工作。R_1是限流电阻，阻值不要过大，否则不能实现人工复位。一般$R_1=1\ \text{k}\Omega$，$R_2=10\ \text{k}\Omega$，$C=10\ \mu\text{F}$。

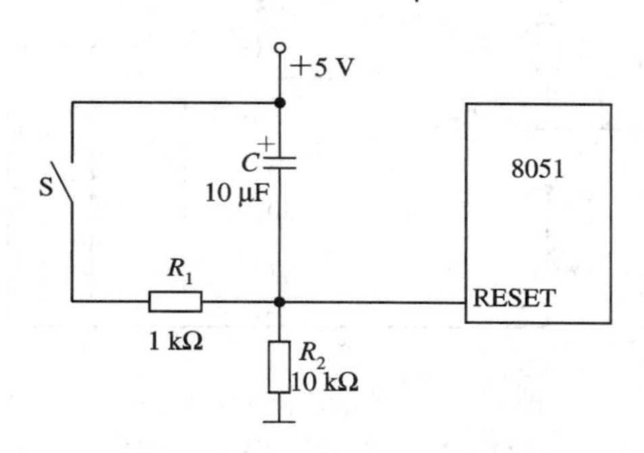

图6-13　放电型人工复位

人工复位虽然可以强迫CPU回到正常程序，而且电路简单，但最大的缺点是不及时，往往系统已经瘫痪，人们在无可奈何的情况下才按下复位按钮。如果软件上没有特别的措施，人工复位和上电复位具有同等作用，系统一切从头开始，已经完成的工作量全部作废，这在控制系统中是不允许的。因此，人工复位主要用于非控制系统，如各类智能测试仪器。如果CPU在受到干扰后能自动采取补救措施，再自动复位，这才能为各类控制系统所接受。

6.4.2　掉电保护

电网瞬间断电或电压突然下降，将使计算机系统陷入混乱状态；当电网电压恢复正常后，计算机系统难以恢复正常状态。解决这一类事故的有效方法就是采用掉电保护。掉电保护把硬件电路预先检测到的掉电信号加到单片机的外部中断输入端。软件中将掉电中断规定为高级中断，使系统能够及时对掉电作出反应。在掉电中断子程序中，首先进行现场保护，把当时的重要状态参数、中间结果一一从片外RAM中调入单片机的RAM中，某些片内专用寄存器的内容也转移到片内通用RAM中。其次是对有关设备作出妥善处理，如关闭各输入/输出口，使外设处于某一个非工作状态等。最后必须给片内RAM的某一个或两个单元作上特定标记，例如存入0AAH或55H之类的代码，作为掉电标记。这些应急措施全部实施完毕后，即可进入掉电保护工作状态。为保证掉电子程序能顺利执行，掉电检测电路必须在电压下降到CPU最低工作电压之前就提出中断申请，提前时间为几百微秒到数毫秒。掉电后，外围电路失电，但CPU不能失电，以保持RAM中的内容不变，故CPU应有一套备用电源。另外，CPU应采用CMOS型的80C31芯片，执行一条“ORL

PCON，#2”指令后即可进入掉电工作状态。当电源恢复正常时，CPU 重新复位，复位后应首先检查是否有掉电标记。如果没有掉电标记，则按一般开机程序执行（系统初始化等）；如果有掉电标记，则说明本次复位为掉电保护之后的复位，不应将系统初始化，而应按与掉电中断子程序相反的方式恢复现场，以一种合理的安全方式使系统继续工作。

为实现以上功能，必须有一套功能完备的硬件掉电检测电路和 CPU 电源切换电路，如图 6-14 所示。此电路的原理是：利用 R_3 和 V_{DW}在运放的负输入端建立一个参考电压信号（约 2.5～3.5 V），再由 R_1 和 R_2 进行分压，在运放的正输入端建立电源检测信号；调整 R_1 和 R_2 的比值，使 U_{CC}高于 4.8 V 时，运放输出为高电平；当 U_{CC}低于 4.8 V 时，运放输出低电平信号，触发 80C31 的外部中断。

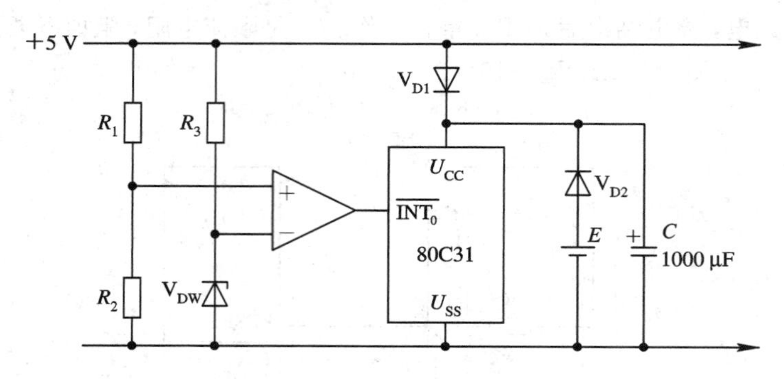

图 6-14　掉电检测和备用电源

CPU 进入掉电保护后耗电极微，U_{CC}继续下降后，CPU 通过 V_{D2}从备用电源 E 中得到工作电压（2.3～2.5 V），维持片内 RAM 数据不丢失。如果电容 C 选用自身漏电极微的大容量电解电容（1000 μF 以上），二极管 V_{D1}选用硅二极管，在没有备用电源 E（当然也不需要二极管 V_{D2}）的情况下，RAM 中的信息可以保持 24 小时以上，这对于天天都开机的系统来说是完全足够的。

6.4.3　睡眠抗干扰

睡眠抗干扰和指令冗余

CMOS 型 80C31 通过执行“ORL PCON，#1”指令还可以进入睡眠状态，此时只有定时/计数系统和中断系统处于工作状态，CPU 对系统三总线上出现的干扰不会作出任何反应，从而大大降低了系统对干扰的敏感程度。

仔细分析系统软件后可以发现，CPU 并不是一直忙于工作，有很多情况下是在执行一些踏步等待指令和循环检查程序。但是这时的 CPU 却很容易受干扰。我们让 CPU 在没有工作时就睡觉，有工作时再由中断系统来唤醒它，干完后又让它接着睡觉。采用这种安排之后，大多数 CPU 可以有 50%～95%的时间用于睡觉，从而使 CPU 受到随机干扰的威胁大大降低，CPU 的功耗也有所下降。

在一些大功率计算机控制系统中，大电流和高电压设备的投入和切换都是由软件指令来完成的。这些指令被执行之后，必然引起强烈的干扰，这些干扰不能算随机干扰，它们与软件完全相关。

如果 CPU 在做好各种准备工作并进行了可能引起强烈干扰的 I/O 操作之后，立即进入睡眠状态，就不会受到干扰了。等到下一次醒来时，干扰的高峰也基本消失了。

按这种思想设计的软件有如下特点：主程序在完成各种自检、初始化工作后，用下述两条指令取代踏步指令：

```
LOOP：ORL PCON，#1
LJMP LOOP
```

系统所有的工作都放在中断子程序中执行，而监控程序一般放在定时中断子程序中。主程序在执行“ORL PCON，#1”之后便进入睡眠状态，这时程序计数器PC中的地址指向下一条指令“LJMP LOOP”。当中断系统将CPU唤醒后，CPU立即响应中断，首先将PC的值压入堆栈，然后执行中断子程序本身。完成任务之后，执行一条开中断指令，确保CPU在睡眠之后还能被唤醒，最后执行中断返回指令。这条指令结束中断子程序，并从堆栈中将主程序执行地址弹出到程序计数器PC中，CPU便接着执行主程序中的“LJMP LOOP”指令，转回到“ORL PCON，#1”这条指令上，执行完这条指令后便再次进入睡眠状态，如此周而复始。前面已经提到，应将可能引起强烈干扰的I/O操作指令放在睡觉前执行，这也就是说，这类I/O操作应放在中断子程序的尾部。为确保CPU不过早被唤醒，躲过强烈干扰的高峰，可临时关闭一些次要的中断，仅仅留一个内部定时中断，定时尽可能长些(如100 ms)，并做好标记。下次定时中断响应后，根据标记，恢复系统的正常中断设置方式。以上措施使用合理时，系统出麻烦的次数便可大为减少。

6.4.4 指令冗余

当CPU受到干扰后，往往将一些操作数当作指令码来执行，引起程序混乱，这时首先要尽快让程序回到正轨(执行有用程序)。MCS-51指令系统中所有的指令都不超过3个字节，而且有很多单字节指令。当程序弹飞到某一条单字节指令上时，便自动回到正轨。当弹飞到某一双字节指令上时，有可能落到其操作数上，从而继续出错。当程序弹飞到三字节指令上时，因为有两个操作数，继续出错的机会就更大。因此，应多采用单字节指令，并在关键的地方人为插入一些单字节指令(NOP)，或将有效单字节指令重复书写，这便是指令冗余。指令冗余无疑会降低系统的效率，但在绝大多数情况下，CPU还不至于忙到不能多执行几条指令的程度，故这种方法被广泛采用。

在双字节指令和三字节指令之后插入两条NOP后，可保护其后的指令不被拆散。或者说，某指令前如果插入两条NOP指令，则这条指令就不会被前面冲下来的失控程序拆散，并将被完整执行，从而使程序走上正轨。但不能在程序中加入太多的冗余指令，以免明显降低程序正常运行的效率。因此，常在一些对程序流向起决定作用的指令之前插入两条NOP指令，以保证弹飞的程序迅速回到正轨。此类指令有RET、RETI、ACALL、LCALL、SJMP、AJMP、LJMP、JZ、JNZ、JC、JNC、JB、JNB、JBC、CJNE、DJNZ等。

6.4.5 软件陷阱

软件陷阱

指令冗余使弹飞的程序安定下来是有条件的，首先弹飞的程序必须落到程序区，其次必须执行到冗余指令。当弹飞的程序落到非程序区(如EPROM中未使用的空间、程序中的数据表格区)时，前一个条件即不满足。当弹飞的程序在没有碰到冗余指令之前，已经自动形成一个死循环，这时第二个条件也不满足。对付前一种情况采取的措施就是设置软件陷阱，对于后一种情况采取的措施就是建立程序运行监视系统(WATCHDOG)。

所谓软件陷阱，就是一条引导指令，它强行将捕获的程序引向一个指定的地址，在那里有一段专门对程序出错进行处理的程序。如果把该程序的入口标号称为 ERR 的话，软件陷阱即为一条 LJMP ERR 指令。为加强其捕捉效果，一般还在它前面加两条 NOP 指令，因此，真正的软件陷阱由三条指令构成：

```
NOP
NOP
LJMP ERR
```

软件陷阱安排在下列四种地方：

(1) 未使用的中断向量区。有的编程人员将未使用的中断向量区(0003H～002FH)用于编程，以节约 ROM 空间，这是不可取的。现在 EPROM 的容量越来越大，价格也不贵，节约几十个字节的 ROM 空间已毫无意义。当干扰使未使用的中断开放并激活这些中断时，就会进一步引起混乱。如果在这些地方布上陷阱，就能及时捕捉到错误中断。例如，系统共使用了三个中断：INT0、T0、T1，它们的中断子程序分别为 PGINT0、PGT0、PGT1，可按如下方式来设置中断向量区：

```
ORG     0000H
LJMP    MAIN            ；引向主程序入口
LJMP    PGINT0          ；INT0 中断正常入口
NOP                     ；冗余指令
NOP                     ；
LJMP    ERR             ；陷阱
LJMP    PGT0            ；T0 中断正常入口
NOP                     ；冗余指令
NOP                     ；
LJMP    ERR             ；陷阱
LJMP    PGT1            ；未使用 INT1，设陷阱
NOP                     ；冗余指令
NOP                     ；
LJMP    ERR             ；陷阱
LJMP    PGT1            ；T1 中断正常入口
NOP                     ；冗余指令
NOP                     ；
LJMP    ERR             ；陷阱
LJMP    ERR             ；未使用串行口中断，设陷阱
NOP                     ；冗余指令
NOP
LJMP    ERR             ；陷阱
LJMP    ERR             ；未使用 T2 中断(8052)
NOP                     ；冗余指令
NOP
```

从 0030H 开始再编写正式程序，先编主程序或是先编中断服务程序都可以。

(2) 未使用的大片 ROM 空间。ROM 一般都是 2764 或 27128，其空间很少被全部用

完。对于剩余的大片未编程的 ROM 空间，一般均维持原状(0FFH)，这对于 8051 指令系统来讲，是一条单字节指令“MOV R7，A”。程序弹飞到这一区域后将顺流而下，不再跳跃(除非受到新的干扰)。只要每隔一段设置一个陷阱，就一定能捕捉到弹飞的程序。有的编程者用 02 00 00(即指令“LJMP START”)来填充 ROM 的未使用空间，以为两个 00H 既是地址(可设置陷阱)，又是 NOP 指令，起到双重作用，这实际上是不妥的。程序出错后直接从头开始执行，将有可能发生一系列麻烦的事情。软件陷阱一定要指向出错处理过程 ERR。可以将 ERR 安排在 0030H 开始的地方，程序不管怎样修改，编译后 ERR 的地址总是固定的(因为它前面的中断向量区是固定的)。这样就可以用 00 00 02 00 30 五个字节作为陷阱来填充 ROM 中的未使用空间，或者每隔一段设置一个陷阱(02 00 30)，其他单元保持 0FFH 不变。

(3) 表格。有两类表格，一类是数据表格，供“MOVC A，@A＋PC”指令或“MOVC A，@A＋DPTR”指令使用，其内容完全不是指令。另一类是散转表格，供“JMP @A＋DPTR”指令使用，其内容为一系列的三字节指令 LJMP 或两字节指令 AJMP。由于表格内容和检索值有一一对应关系，在表格中间安排陷阱将会破坏其连续性和对应关系，所以只能在表格的最后安排五字节陷阱(NOP NOP LJMP ERR)。又由于表格区一般较长，安排在最后的陷阱不能保证一定捕捉到弹飞来的程序，这时只有指望别处陷阱或冗余指令来收服它了。

(4) 程序区。程序区是由一连串执行指令构成的，不能在这些指令串中间任意安排陷阱，否则正常执行的程序也被抓走。但是，在这些指令串之间常有一些断裂点，正常执行的程序到此便不会继续往下执行了，这类指令有 LJMP、SJMP、AJMP、RET、RETI。这时 PC 的值应发生正常跳变。如果还要顺次往下执行，必然出错。当然，若弹飞的程序刚好落到断裂点的操作数上或落到前面指令的操作数上(而且又没有在这条指令之前使用冗余指令)，程序就会越过断裂点，继续执行。例如，在一个根据累加器 A 中内容的正、负、零情况进行三分支的程序中，软件陷阱的安置方式如下：

```
        JNZ     XYZ
        …                 ；零处理
        AJMP    ABC       ；断裂点
        NOP               ；陷阱
        NOP
        LJMP    ERR
XYZ：   JB      ACC 7，UVW
        …                 ；正处理
        AJMP    ABC       ；断裂点
        NOP               ；陷阱
        NOP
        LJMP    ERR
UVW：   …                 ；负处理
ABC：   MOV     A，R2     ；取结果
        RET               ；断裂点
        NOP               ；陷阱
        NOP
        LJMP ERR
```

由于软件陷阱都安排在正常程序执行不到的地方，故不影响程序执行效率。在当前EPROM容量不成问题的条件下，安排的软件陷阱还是多多益善，只是在打印程序清单时显得很臃肿，破坏了程序的可读性和条理性。可以在打印程序清单时不加（或删去）所有的软件陷阱和冗余指令，在编译前再加上冗余指令和尽可能多的软件陷阱，生成目标代码后再写入EPROM中。

6.4.6 程序运行监视系统（WATCHDOG）

前已述及，当程序弹飞到一个临时构成的死循环时，冗余指令和软件陷阱也无能为力了，这时系统完全瘫痪。如果操作者在场，可以按下人工复位按钮，强制系统复位，摆脱死循环。但操作者不能一直监视着系统，即使一直在监视着系统，也往往是在引起不良后果之后才能进行人工复位。为让计算机自己来监视系统运行情况，特为系统加装"程序运行监视系统"。国外把"程序运行监视系统"称为WATCHDOG（看门狗），它有如下特性：

(1) 本身能独立工作，基本上不依赖CPU。

(2) CPU在一个固定的时间间隔中和监视系统打一次交道，以表明系统"目前尚正常"。

(3) 当CPU掉入死循环后，能及时发觉并使系统复位。

在8096系列单片机和增强型8051系列单片机中，已将该系统做入芯片里，使用起来很方便。而在普通型8051系列单片机系统中，必须由用户自己建立。如果要达到WATCHDOG的真正目标，该系统必须包括一定的硬件部分，它完全独立于CPU之外。如果为了简化硬件电路，也可以采用纯软件的WATCHDOG系统。若进行硬件电路设计时未考虑采用WATCHDOG，则采用软件WATCHDOG是一个比较好的补救措施，只是其可靠性稍差一些。

WATCHDOG的硬件部分为一独立于CPU之外的部件，可用单稳电路构成，也可用自带脉冲源的计数器构成。CPU正常工作时，每隔一段时间就输出一个脉冲，将单稳系统触发到暂稳态，暂稳态的持续时间设计得比CPU的触发周期长，因而单稳态系统就不能回到稳态。当CPU陷入死循环后，再也不能触发单稳系统了，单稳系统便可以顺利返回稳态，利用它返回稳态时输出的信号作为复位信号，便可使CPU退出死循环。图6-15为用计数器构成的WATCHDOG电路。

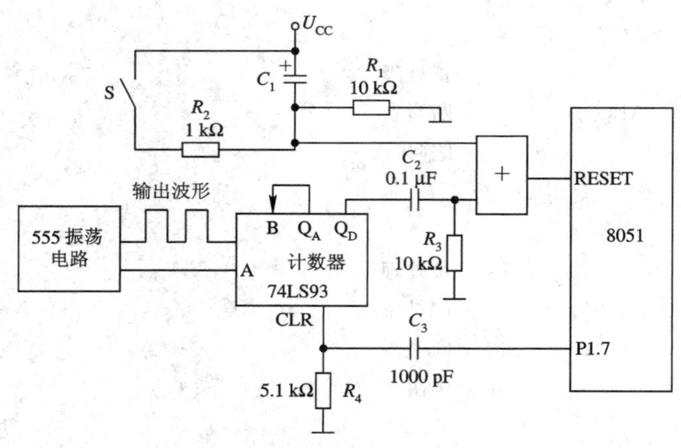

图6-15 计数器WATCHDOG电路

看门狗抗干扰技术

将555接成一个多谐振荡器，周期为 T_0，将74LS93接成十六进制计数器，当数到第8个脉冲时，Q_D 端变为高电平。单片机用一条输出端口(例如P1.7)输出清零脉冲，只要每次清零脉冲的时间间隔短于8个脉冲周期，计数器就总是计不到8，Q_D 端保持低电平。当CPU受干扰而掉入死循环时，就不能送出复位脉冲了，计数器很快数到8，Q_D 端立即变为高电平，经过微分电路 C_2、R_3 输出一个正脉冲，使CPU复位。在这里，CPU的复位信号有3个：上电复位(C_1、R_1)，人工复位(S、R_2、R_1)和WATCHDOG复位(C_2、R_3)，它们通过或门综合后加到RESET端。C_2、R_3 的时间常数不必太大，有数百微秒便可，因为这时CPU的振荡器已经在工作。74LS93的清零信号为高电平，为防止CPU掉入死循环前将P1.7变为高电平而使WATCHDOG失效，在P1.7和计数器的清零端之间加一个微分隔离电路。CPU在平时保持P1.7为低电平，每间隔一段时间(不超过8个 T_0)从P1.7输出一个正脉冲，经微分后使计数器清零。这个微分电路的时间常数可选数秒级。脉冲源555的振荡周期 T_0 大小可由系统软件的循环周期来决定。如果系统有一个自始至终都工作的软件时钟系统，可将清零操作放在时钟中断里完成，这时555的振荡周期 T_0 必须大于1/8系统时钟中断周期，通常取(1/4～1/2)时钟中断周期。如果系统没有固定的定时中断，可将清零操作放在监控循环中执行。如果程序中有查询等待指令(在某些用握手方式跟外设打交道的程序中常出现)，应特别注意。如用P1.1查询：

```
WAIT：JB P1.1，WAIT
```

这时，有可能外设要持续较长一段时间才能准备好，这段时间如果大于WATCHDOG允许时间，系统将被复位。为此，改成如下结构便可：

```
WAIT：  SETB   P1.7          ；复位 WATCHIX)G
        NOP
        NOP
        CLR    P1.7          ；允许 WATCHDOG 开始工作
        NOP
        NOP
        JB     P1.1，WAIT    ；查询等待
```

上面介绍的WATCHDOG电路是计数器型的，如果要用单稳态电路构成，必须仔细推敲，有很多单稳态电路是不能靠连续触发来长期维持稳态的，使用中应注意。

有时为了简化硬件电路，也可以建立一个软件的WATCHDOG系统。当系统掉进死循环后，只有比这个死循环更高级的中断子程序才能对CPU行使控制权。为此可用一个定时器来做WATCHDOG，将它的溢出中断设定为高级中断(掉电中断选用INT0时，也可设为高级中断，并享有比定时中断优先的地位)，系统中的其他中断均设为低级中断。例如用 T_0 作WATCHDOG，定时约为16 ms，可以在初始化时这样建立WATCHDOG：

```
MOV     TMOD，#01H      ；设置 T0 为 16 位定时器
SETB    ET0             ；允许 T0 中断
SETB    PT0             ；设置 T0 为高级中断
MOV     TL0，#0C0H
MOV     TH0，#0E0H      ；定时约 16 ms(6 MHz 晶振)
SETB    TR0             ；启动 T0
SETB    EA              ；开中断
```

以上初始化过程可和其他资源初始化一并进行。若 T_1 也作为16位定时器，则可以用

“MOV TMOD，#11H”来代替“MOV TMOD，#01H”。

WATCHDOG启动以后，系统工作程序必须经常对它发信号，每两次之间的间隔不得大于16 ms(例如每10 ms发一次)，即执行一条“MOV TH0，#0E0H”指令即可。如果用“MOV TH0，#0”来工作，它将保持131 ms(而不是要求的16 ms)。这条指令的安放原则和硬件WATCHDOG相同。

当程序掉入死循环后，16 ms之内即可引起一次T_0溢出，产生高级中断，从而退出死循环。T_0中断可直接转向出错处理程序，在中断向量区安放一条“LJMP ERR”指令即可。由出错处理程序来完成各种善后工作，并用软件方法使系统复位。纯软件WATCGDOG需要系统让出一个定时器资源，这在某些系统中是很难办到的，如果还想采取软件WATCHDOG，可以让T_0作兼职WATCHDOG，由T_0中断子程序分担部分工作程序。如果在执行这段工作程序中掉进死循环，WATCHDOG系统当然也同时瘫痪了，因此，这部分兼职工作程序的执行时间应尽可能短些。专职WATCHDOG在正常情况下是不发生溢出中断的，而兼职WATCHDOG在正常情况下必定发生溢出中断，因为它还有兼职的工作要完成。这时可以另外用一个单元作为计数器，统计T_0中断的次数。当T_0中断的次数达到某个规定值(例如5次)时，即作出错处理，这时在主程序和其他低级中断子程序中均插入若干条使计数器清零的指令。系统正常运行时，该计数器的值不断被清零，是增加不到满值的，故不会引起出错处理。当系统掉进死循环后，T_0中断使程序退出死循环，将计数器加1，然后返回到死循环中继续死循环，然后中断，如此下去，直到计数器加到指定值便作出错处理。兼职WATCHDOG中断子程序结构如图6-16所示。

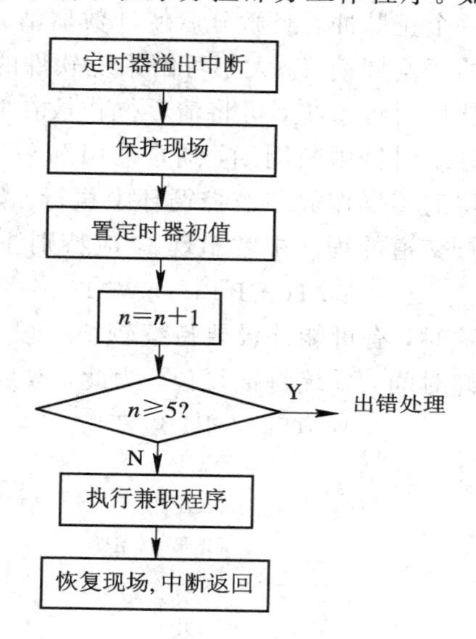

图6-16　兼职WATCHDOG程序流程图

设计数单元为39H，时钟为6 MHz，T_0定时为5 ms。工作方式1下，最大允许死循环时间为25 ms(5次)。中断子程序如下：

```
WATCHDOG： PUSH   ACC          ；保护现场
           PUSH   PSW
           MOV    TL0，#3CH    ；置初值
           MOV    TH0，#0F6H
           INC    39H          ；计数器加1
           MOV    A，39H
           ADD    A，#0FBH     ；是否达到5次
           JNC    WATCH
           LJMP   ERR          ；出错处理
WATCH：    …                   ；执行兼职程序
           POP    PSW          ；恢复现场
           POP    ACC
           RETI                ；中断返回
```

如果失控程序执行了修改 T_0 功能的指令(这些指令由操作数变形后形成),如 CLR TR0、CLR ET0、CLR PT0、CLR EA,软件 WATCHDOG 便失效了。这就是软件 WATCHDOG 的弱点,虽然这种情况发生的概率极小,但在要求较高的系统中,人们还是愿意采用硬件 WATCHDOG 系统,或采用带有硬件 WATCHDOG 的单片机。

6.5 数字信号的软件抗干扰措施

数字信号的软件抗干扰技术

上节所述抗干扰措施是针对 CPU 本身的,还未涉及输入、输出通道。如果干扰只作用在系统的 I/O 通道上,CPU 工作正常,可用如下方法来使干扰对数字信号的输入、输出影响减小或消失。

6.5.1 数字信号的输入方法

干扰信号多呈毛刺状,作用时间短,利用这一特点,在采集某一数字信号时,可多次重复采集,直到连续两次或两次以上采集的结果完全一致方为有效。若多次采集后,信号总是变化不定,可停止采集,给出报警信号。若数字信号为开关量,如限位开关或操作按钮等,对这些信号的采集不能用多次平均方法,必须绝对一致才行。典型的数字信号采集流程如图 6-17 所示。

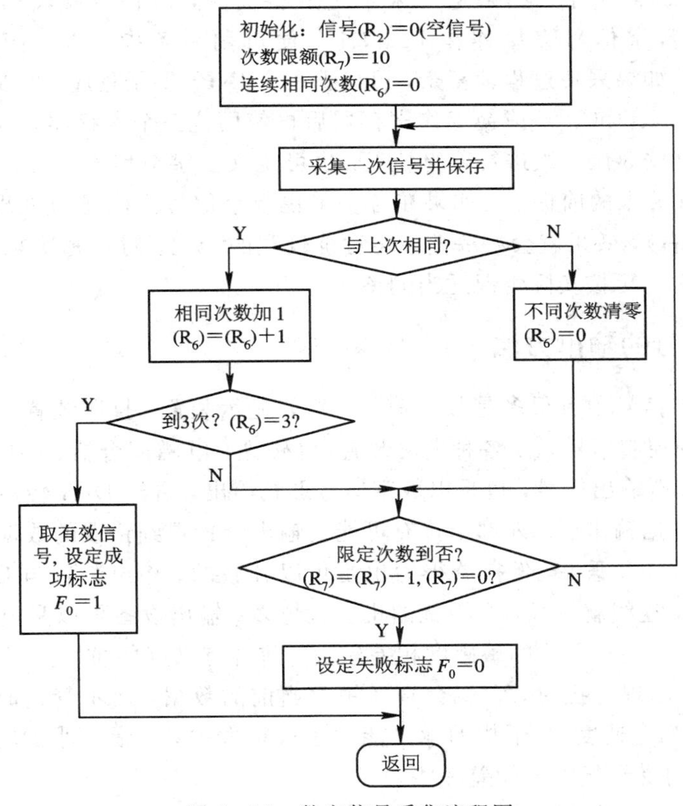

图 6-17 数字信号采集流程图

程序清单如下：

```
DIGIN:   MOV    R2, #00H          ;初始化空信号
         MOV    R7, #0AH          ;最多采集 10 次
         MOV    R6, #00H          ;相同次数初始化
DIGIN0:  ACALL  INPUT             ;采集一次数字信号
         XCH    A, R2             ;保存本次采集结果
         XRL    A, R2             ;与上次比较
         JNZ    DIGIN1            ;相同否?
         INC    R6                ;相同次数加 1
         CJNE   R6, #3, DIGIN2    ;连续 3 次相同否?
         MOV    A, R2             ;采集有效，取结果
         SETB   F0                ;设定成功标志
         RET                      ;返回
DIGIN1:  MOV    R6, #0            ;与上次不同，计数器清零
DIGIN2:  DJNZ   R7, DIGIN0        ;限定总次数到否?
         CLR    F0                ;次数已到，宣告失败
         RET                      ;返回
```

程序中 ACALL INPUT 是调用一个采集数字信号的过程，采集的结果为 8 位数字信号，并保存在累加器 A 中。如果这个采集过程很简单，应该直接将过程替代 ACALL INPUT。例如各数字信号直接连在 P1 口上，便可用一条指令“MOV A，P1”来取代 ACALL INPUT。如果采集过程较复杂，可另编一个 INPUT 子程序。但要注意，该子程序中不要再使用 R_2、R_6 和 R_7，或换工作寄存器后再使用这三个寄存器，否则会出错。如果数字超过 8 位，可按 8 位一组进行分组处理，也可定义多字节信息暂存区，按类似方法处理。在满足实时性要求的前提下，如果在各次采集数字信号之间延时处理一下(延时时间在 10～100 μs 左右)，效果就会好一些，能对抗较宽的干扰。对于每次采集的最高次数限额和连续相同次数均可按实际情况适当调整。

6.5.2 数字信号的输出方法

单片机的输出信号中有很多是数字信号，例如显示装置、打印装置、通信、各种报警装置、步进电机的控制信号以及各种电磁装置(电磁铁、电磁离合器、中间继电器等)的驱动信号。即使是模拟输出信号，也是以数字信号形式给出，再经 D/A 转换后才形成的。单片机给出正确的数据输出后，外部干扰有可能使输出装置得到错误的数据。这种错误的输出结果有时会造成重大恶果，但措施得力也是可以补救的。输出装置与 CPU 的距离越远(例如超过 10 m)，连线就越长，受干扰的机会就越多。输出设备可以是电位控制型，还可以是同步锁存型，它们对干扰的敏感度相差较大。前者有良好的抗“毛刺”能力；后者不耐干扰，当锁存线上出现干扰时，它就会盲目锁存当前的数据，而不管这时数据是否有效。输出设备的惯性(响应速度)与干扰的承受能力也有很大关系。惯性小的输出设备(如通信口、显示设备等)耐受干扰能力就差一些。

不同的输出装置对干扰的耐受能力不同，抗干扰措施也就不同。基本的抗干扰方法如下：

(1) 各类输出数据锁存器尽可能和 CPU 安装在同一电路板上，使传输线上传送的都

是已锁存好的电位控制信号。有时这一点不一定能做到，例如用串行通信方式输出到远程显示器，一条线送数据，一条线送同步脉冲，这时就特别容易受到干扰。要采用线路屏蔽、隔离接地、软件纠错等技术。

(2) 对于重要的输出设备，最好建立检测通道，CPU 可以通过检测通道来检查输出的结果是否正确。

(3) 用软件重复输出同一数据。只要有可能，其重复周期应尽可能短些。当外部设备接收到一个被干扰的错误信息后，还来不及作出有效的反应时，一个正确的输出信息又来到，就可以及时防止错误动作的产生。

有关输出芯片的状态在执行输出功能时也一并重复设置。例如 8155 芯片和 8255 芯片常用来扩展输入/输出功能，很多外设均通过它们来获得单片机的控制信息。这类芯片均应编程，以明确各端口的职能。由于干扰的作用，有可能在无形中将芯片的编程方式改变，因此为了确保输出功能正确实现，输出功能模块在执行具体的数据输出之前，应该先执行芯片的编程指令，再输出有关数据。这样做也将对芯片端口重新定义，使输入模块得以正确执行。

对于以 D/A 转换方式实现的模拟输出，因其本质上仍为数字量，同样可以通过重复输出的方式来提高模拟输出通道的抗干扰性能。在不影响反应速度的前提下，在模拟输出端接一适当的 *RC* 滤波电路(起到增加惯性的效果)，配合重复输出措施便能基本上消除模拟输出通道上的干扰毛刺。

6.5.3 数字滤波

模拟信号都必须经过 A/D 转换后才能为单片机接收。若干扰作用于模拟信号，则可能使A/D 转换结果偏离真实值。仅采样一次，无法确定该结果是否可信，必须多次采样，得到一个 A/D 转换的系列数据，通过某种处理后，才能得到一个可信度较高的结果。这种从系列数据中求取真值的软件算法，通常称为数字滤波算法。它的不足之处是过多占用 CPU 机时。

干扰信号分周期性和随机性两种，采用积分时间为 20 ms 整数倍的双积分型 A/D 变换方式能有效地抑制 50 Hz 工频干扰。对于非周期性的随机干扰，常采用数字滤波算法来抑制。它与模拟滤波器相比具有以下优点：

(1) 数字滤波是用程序实现的，不需要增加任何硬设备，也不存在阻抗匹配问题，可以多个通道共用，不但可以节约投资，还可以提高可靠性、稳定性。

(2) 可以对频率很低的信号实现滤波，而模拟滤波电路由于受电容容量影响，频率不能太低。

(3) 灵活性好，可以用不同的滤波程序实施不同的滤波方法。

1. 程序判断滤波

采样的信号如果因传感器不稳定而引起严重失真，可以采用程序判断滤波。方法是：根据经验确定两次采样允许的最大偏差 Δy，若两次采样信号的差值大于 Δy，表明输入的是干扰信号，应该去掉，用上次采样值作为本次采样值；若小于或等于 Δy，则表明没有受到干扰，本次采样值有效。

例如，当前采样值存于30H，上次采样值存于31H，结果存于32H。Δy 根据经验确定，本例设为01H，程序框图如图6-18所示。

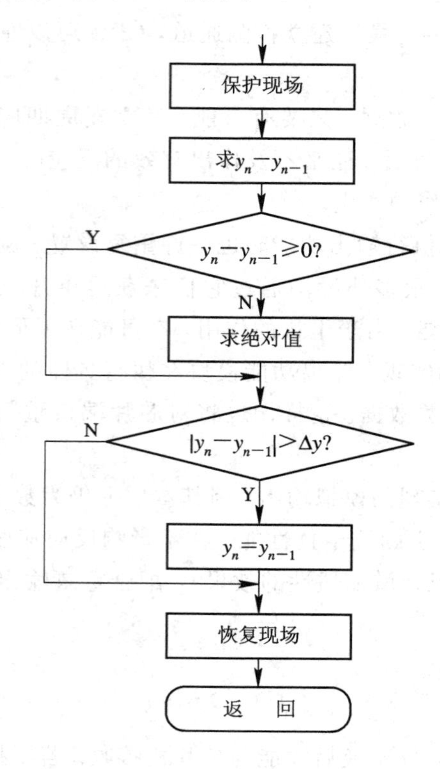

图6-18　程序判断滤波程序框图

程序清单：

```
        ORG     8000H
        PUSH    ACC             ；保护现场
        PUSH    PSW
        MOV     A，30H          ；Yn→A
        CLR     C
        SUBB    A，31H          ；求 Yn－Yn-1
        JNC     LP0             ；Yn－Yn-1≥0 吗？
        CPL     A               ；Yn－Yn-1取反求绝对值
        ADD     A，#01H
LP0：   CLR     C
        CJNE    A，#01H，LP2    ；Yn－Yn-1＞ΔY？
LP1：   MOV     32H，30H        ；等于 ΔY，本次采样值有效
        JMP     LP3
LP2：   JC      LP1             ；小于 ΔY，转本次采样值有效
        MOV     32H，31H        ；大于 ΔY，Yn-1→32H
```

```
LP3:  POP     PSW              ;恢复现场
      POP     ACC
```

只有当本次采样值小于上次采样值时才进行求补，保证本次采样值有效。

2. 中值滤波

中值滤波就是指连续输入 3 个检测信号，从中选择一个中间值作为有效信号。本例第一次采集的数据存 R_1，第二次采集的数据存 R_2，第三次采集的数据存 R_3。中间值存 R_0。程序清单如下：

```
II:       PUSH    PSW          ;保护 PSW、A
          PUSH    A
          MOV     A, R1        ;第 1 次采集的数据送 A
          CLR     C
          SUBB    A, R2 ;
          JNC     LOB01        ;第 1 次采集数大于第 2 次采集数?
          MOV     A, R1
          XCH     A, R2        ;第 1、2 次采集数互换
          MOV     R1, A
LOB01:    MOV     A, R3
          CLR     C
          SUBB    A, R1
          JNC     LOB03        ;第 3 次采集数大于第 1 次采集数?
          MOV     A, R3
          CLR     C
          SUBB    A, R2
          JNC     LOB04        ;第 3 次采集数大于第 2 次采集数?
          MOV     A, R2
          MOV     32H, A
LOB02:    POP     A            ;恢复现场
          POP     PSW
          RET
LOB03:    MOV     A, R1
          MOV     32H, A
          AJMP    LOB02
LOB04:    MOV     A, R3
          MOV     32H, A
          AJMP    LOB02
```

3. 滑动平均值滤波

滑动平均值滤波将片外 RAM 2000H～202FH 作为循环队列，每次数据采集时先扔掉队首一个数据，再把新数据放入队尾，然后计算平均值。程序框图如图 6-19 所示。

4. 防脉冲干扰平均值滤波

防脉冲干扰平均值滤波的具体做法是：连续进行 4 次数据采样，去掉其中最大值和最小值，然后求剩下的两个数据的平均值。R_2、R_3 存放最大值，R_4、R_5 存放最小值，R_6、R_7 存放累加和及最后结果。连续采样不限 4 次，可以任意次，这时只需改变 R_0 的数值。程序框图与程序清单从略。

5. 一阶滞后滤波

对于变化过程比较慢的参数，可采用一阶滞后滤波。方法是第 1 次采样后滤波结果输出值是$(1-a)$乘第 n 次采样值加 a 乘上次滤波结果输出值：

$$y_n=(1-a)x_n+ay_{n-1}$$

式中，a 为滤波环节时间常数/(滤波环节时间常数＋采样周期)。程序框图如图 6-20 所示。具体程序从略。

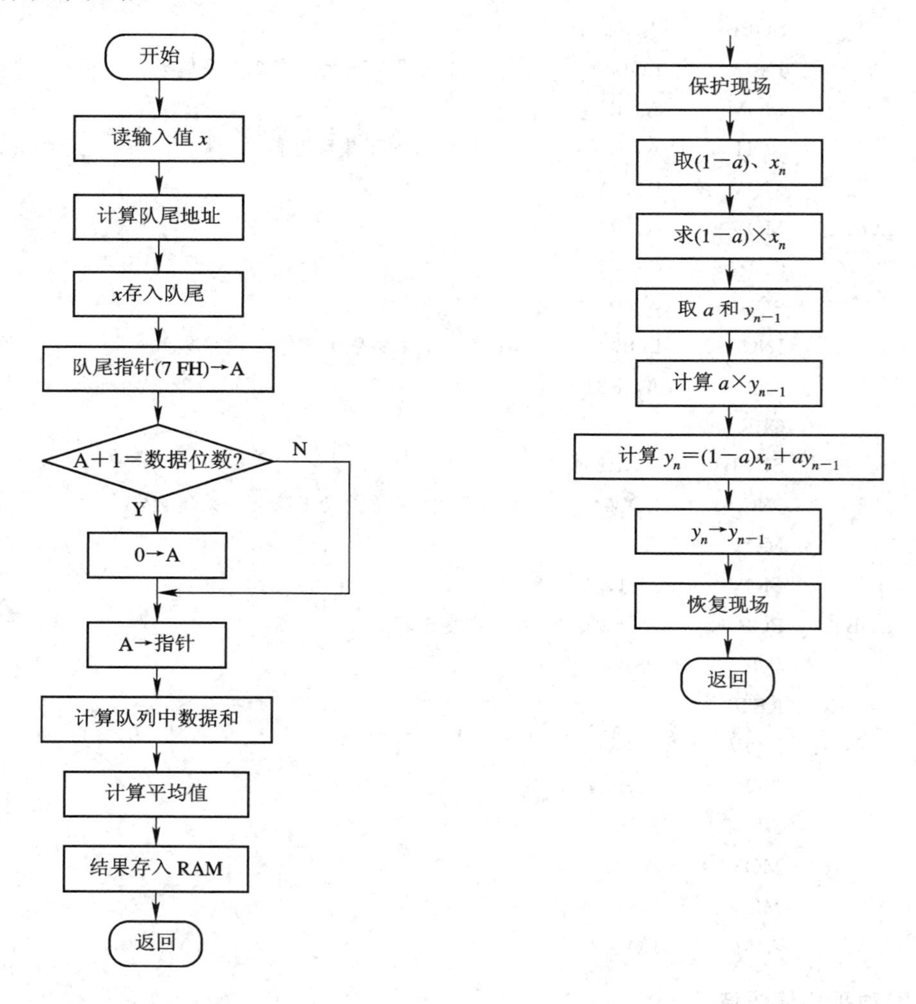

图 6-19　滑动平均值滤波程序框图　　图 6-20　一阶滞后滤波程序框图

习　题

1. 简要说明可靠性和抗干扰能力这两个概念，并说明它们的区别和联系。
2. 在微机控制系统中，提高硬件和软件可靠性各有哪些主要方法？
3. 计算机控制系统现场干扰的主要来源有哪些？它们通过哪些途径传播到系统？
4. 干扰的作用方式分哪两种？表现形式是什么？
5. 对空间感应、过程通道、电源系统、地线配置等的干扰各有哪些抗干扰措施？
6. 什么是电磁兼容性(EMC)？其含义有哪些？
7. 怎样消除按键接触时产生的抖动干扰。
8. 如何抑制共模干扰、串模干扰和长线传输干扰。
9. 计算机控制系统中一般分为几种地？输入系统和主机系统如何接地？
10. 电源系统抗干扰有哪几种方法？各起什么作用？
11. 电源干扰的主要类型有哪些？电源干扰耦合系统的主要途径有哪些？
12. 计算机控制系统在模拟量输入/输出通道上是如何抑制干扰的？
13. 计算机控制系统在数字量输入/输出通道上是如何抑制干扰的？
14. 计算机控制系统中有哪几种常用的软件抗干扰方法？分别用在哪些场合？
15. 噪声有哪些分类？
16. 隔离和屏蔽有何异同？
17. 具有停电保护功能的数据存储器有哪些？各有什么特点？
18. 试述 WATCHDOG 的工作原理。
19. 用于抗干扰的数字滤波方法有哪两类？各有什么特点？

第7章 工业控制微型计算机

工业控制微型计算机简称工业控制计算机或工控机，它基于商用微型计算机或个人电脑，采用了总线式结构、工业标准机箱和工业级元器件等诸多满足工业控制需求的实用技术。工业控制微机系统则由工业控制微机、工业过程通道和工业控制软件构成。在我国，曾经使用或正在使用的工业控制微机有MC6800系列、MC68000系列(VME工控机系列)、STD系列和IPC系列等。IPC系列工控机具有和个人电脑(PC)同样丰富的硬/软件资源和PC用户资源，是当今主流的工控机。

7.1 工业控制计算机的特点

工业控制计算机概述

工业控制计算机的特点包括：

(1) 适应工业环境，抗干扰能力强，可靠性高。工业环境条件恶劣，情况复杂，存在着高温、高湿、震动、粉尘等情况，电磁干扰源多且复杂，这些都会给控制系统造成极大的危害。工业生产要求所使用的系统可靠性高，否则会造成巨大的损失。因此，工控机必须具有良好的抗干扰能力和很高的可靠性。

(2) 模块化板卡结构。工控机充分利用了PC的硬件和操作环境，采用了模块化的硬件板卡结构。如取消了PC中的母板，将原来的大母板上的总线插槽部分分成了通用的底板总线插座系统和PC插卡式主板，如各种无源底板和多种CPU卡。把各种工业控制功能都做成各种硬件板卡，如开关量I/O卡、模拟量I/O卡、计数器/定时器卡、通信板卡、数据采集卡、信号调理卡等基本模板，利用这些板卡就可以很方便地组成各种规模的控制系统。目前，工业控制计算机的厂商已开发出上千种的专业化板卡。这些板卡结构紧凑，现场功能丰富，使用方便，用户可以利用厂商提供的板卡，方便地组成自己需要的控制系统硬件，还可以利用厂商提供的驱动程序，开发满足自己需要的控制程序，这就大大缩短了控制系统硬件的开发周期。

(3) 各种工控机机箱。为了适应工业现场的安装要求，工控机机箱有各种尺寸的立式、卧式、壁挂式机箱可供选择。机箱采用全钢密封结构，采取了很多措施以适应工业环境，具有防电磁干扰能力；还采用内部正压送风，具有良好的散热和防尘效果。机箱内还配备了抗干扰、具有自动保护功能的工业电源。

(4) 丰富的工业应用软件。为了实现工业控制，有许多专业软件公司开发了很多工业控制软件，这些软件由专业人员开发并经过实际运行考验，可靠性高，用户可以直接根据自己的需要进行选用。为了使控制效果更直观生动，这些控制软件都采用了组态技术和多媒体技术。用户也可以利用厂商提供的驱动程序，开发满足自己需要的控制程序。

(5) 应用广泛。近年来，工控机又推出了嵌入式单板计算机，有3.5 in(1 in=25.4 mm)

和 5 in 两种规格。3.5 in 的规格是 146 mm×102 mm，5 in 的规格是 203 mm×146 mm。嵌入式单板计算机集成了 CPU、CRT/LCD 控制、10/100 Mbit/s 网络接口、电子盘接口、串行口、并行口、USB、键盘和鼠标等接口。嵌入式单板计算机以其超小的体积、超强的功能，可广泛应用于信息家电、仪器仪表、智能产品等各种嵌入式领域。

7.2 总线式工控机的组成结构

工控机系统由工控机系统硬件和工控机系统软件两部分组成。工控机系统硬件由工控机和执行机构、测量环节(传感器)组成。工控机由工业微机(如 WC)和工业过程通道组成。图 7-1 是总线式工控机系统的硬件结构图。工业控制微机和商用微机的组成原理十分相似。工控机系统硬件在工业控制微机的基础上增加了过程通道板卡，以实现工业过程信号的输入和输出。

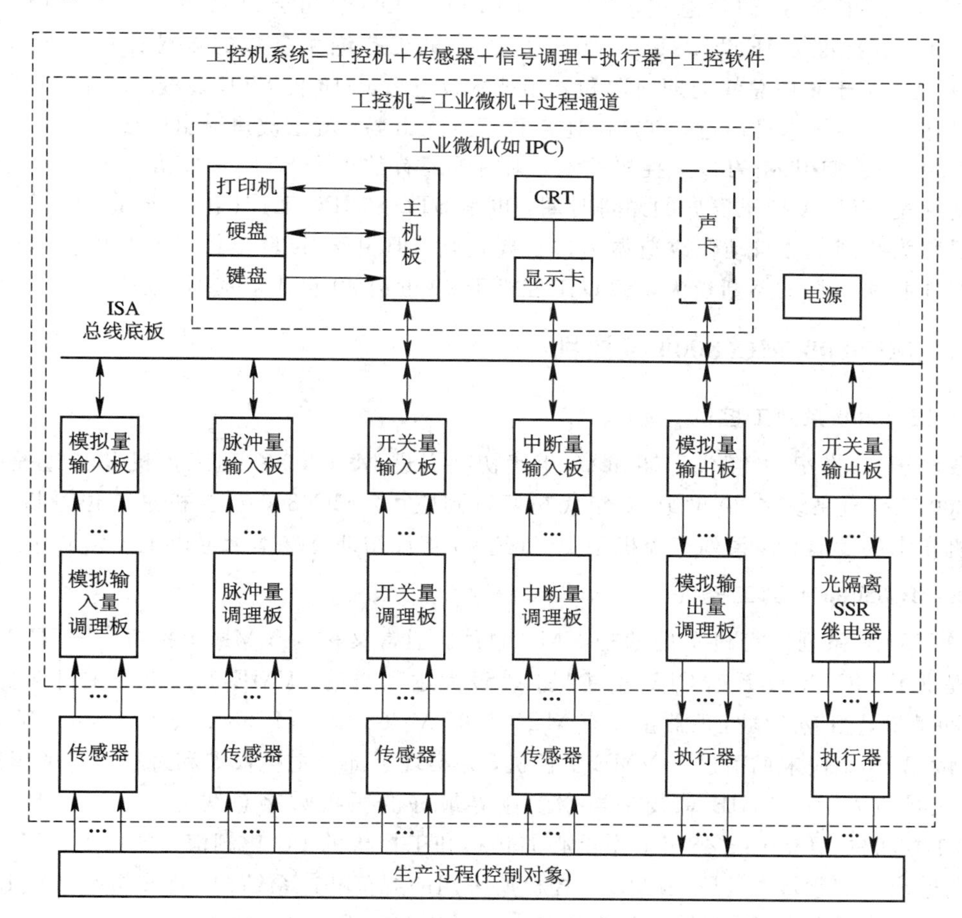

图 7-1 总线式工控机系统的硬件结构

主机板和其他各板卡之间又是怎样连接和实现信息传输的呢？它们是通过总线实现互连和数据信息的传输和交换功能的。所谓总线，就是指板卡(模块)与板卡(模块)之间或者设备与设备之间传送信息的一组公用共享信号线。过程通道包括输入通道和输出通道两部分。输入通道可以将现场的过程信号经过变换或调理后输入到计算机，输出通道可以将计算机输出的控制信号经过变换或调理后输出给执行机构。

总线式工控机系统的优势在于，一个完整的硬件系统可以从一个 OEM 厂家购买到，也可以从不同的 OEM 厂家购买不同的部分，然后自己集成，以适应特定的性能和功能需求。构成总线式工控机系统的硬件都是模块化的，便于维护和升级扩充，也便于用户开发自己所需要的功能板卡。

7.3 常用工控总线(STD/VME/IPC 工控机)

7.3.1 STD 总线工控机

总线和典型模板

STD 工控机基于 STD 总线，该总线由 PRO-LOG 公司于 1978 年推出，其正式标准为 IEEE 961。8 位 STD 工控机支持绝大多数的 8 位微处理器。16 位 STD 工控机基于采用总线周期窃取和复用技术改进后的 16 位 STD 总线。32 位 STD 工控机只是作为一种技术推出过，其产品还未真正进入市场，就已被迫退出市场。我国于 20 世纪 80 年代中后期引入 STD 工控机技术，国内曾经有数十个 STD 工控机厂家。20 世纪 90 年代初期是 STD 工控机发展的鼎盛时期，也是 STD 和 IPC 工控机的共同繁荣时期。STD 工控机曾为我国工业自动化改造做出过重要贡献，但由于 STD 工控机本身的技术局限性和 IPC 工控机市场的不断扩大，STD 工控机于 20 世纪 90 年代末基本上退出了工控领域。

7.3.2 MC6800/MC68000 工控机

1. MC6800 系列工控机

我国于 20 世纪 70 年代末期和 80 年代初期引进 MC6800 系列工控机及其过程通道。MC6800 工控机系统在 20 世纪 80 年代初期得到应用。MC6800 工控机是 8 位微机，随着计算机技术的发展，该系列工控机于 20 世纪 90 年代初期已基本上退出工控领域。

2. MC68000 系列工控机

MC68000 系列工控机采用的是 VME 总线，通常又称为 VME 工控机。VME 工控机主要提供了 MC68000 系列 CPU 的主机、外设和过程通道。VME 工控机的主机系统都是 32 位的微机，相应的微处理器主要有 MC68000、MC68010、MC68020、MC68040 等。我国于 20 世纪 80 年代末期引进了 VME 工控机，并实现了部分主机板卡和过程板卡的国产化。VME 工控机采用的 VME 总线是当今工业界最好的微机数字总线之一，只是由于推出 VME 工控机的 Motorola 公司工作重心的转移和工控机的 PC 化潮流，导致了 VME 工控机逐渐退出工控领域，但是，VME 工控机所采用的规范和体系结构，逐步被高档次 IPC 采用，这就充分说明 VME 工控机作为技术本身是比较优秀的。

7.3.3 IPC 总线工控机

工业个人计算机简称 IPC(Industrial Personal Computer)，它和 IBM PC 保持了硬件和软件上的兼容。IPC 拥有丰富的硬件资源、软件资源和 PC 用户资源，使得 IPC 成为工控机的主流。由IPC组成的各类工业控制微机系统在我国的各行各业得到了广泛的应用，因此提高了我国的生产自动化水平。从PC到今天的IPC，有一个相对长的发展历程。在发展期间，众多IPC商家克服了PC无法直接应用于工业控制领域的诸多缺陷，主要表现在以下各方面：

(1) 采用总线式结构取代PC的大母板结构，便于维修和维护。

(2) 采用工业级元器件进行板卡设计。

(3) 采用全钢结构工业标准台式机箱或插箱式机箱，箱体密封，并设有一大一小两个风扇，以形成机箱内的正压，防止粉尘进入。

(4) 开发和设计了适用于工业控制的系列过程板卡。

(5) 主板增设了看门狗、RS-485通信口等工业控制所必需的功能。

总之，在标准的工业总线基础上发展起来的IPC不仅克服了PC的一些弱点，而且充分发挥了PC软/硬件产品的资源优势，使它在工业控制领域中牢牢地占据了应有的地位。如今，它不仅能出色地完成工厂企业中的数据采集、过程控制、能源管理、质量控制、机电一体化等一般化的任务，而且在大型控制系统中也大显身手，促使传统分散型控制系统的体系结构发生了深刻的变化。在新一代DCS系统的体系结构中普遍采用了IPC作为系统的操作站和系统内的节点机，并由此组合成大型系统。如Honeywell公司的TPS(Total Plant Solution)系统采用了IPC作为GUS(Global User Station)操作站，其操作系统为Windows NT Workstation；YOKOGAWA公司的CENTUMCS1000也采用了IPC作为操作站和Windows NT作为操作系统。大型控制系统公司采用IPC技术后，不断降低DCS系统的成本，而且促使DCS向标准化和PC化方向发展，同时也推动了IPC向纵深发展。即将进入市场的FCS也将采用IPC作为操作站，因此IPC的前景十分看好。美国的《CONTROL ENGINEERING》早在20世纪80年代末就曾经指出："20世纪90年代是IPC的时代，全世界15%的工业计算机使用的是IPC，并继续以每年21%的速度增长。"十几年来的事实证明这种评论和预测是正确的。IPC的技术进步，一方面取决于技术本身的进步，另一方面则取决于市场的需求。进入21世纪后，随着计算机技术的发展以及自动化技术的普及和推广，IPC的性能进一步增强并逼近商用PC的发展速度。随着标准化工控组态软件的不断推出和完善、现场总线标准的统一和现场总线产品正式进入市场，IPC将以全新的角色发挥更大的作用。

7.4 IPC的主要外部结构形式

工业控制计算机的结构

工业PC简称IPC，是用得最广泛的一种工业微机，也是工控机系统的核心组成部分之一。目前，市场上的IPC多种多样，主要包括台式IPC、盘装式IPC、插箱式IPC、IPC工作站及嵌入式IPC。不同类型的IPC，其性能、价格和适用场合是不同的。

7.4.1 台式IPC

台式IPC的结构如图7-2所示，其主要特点如下：

(1) 类似于台式个人电脑的结构，但机箱为19英寸工业标准的全钢结构。

（2）机箱不带显示器，需外接 CRT 或液晶显示器。

（3）总线型结构，主板和 ISA/PCI 总线型底板分离，底板一般有多个 PCMCIA、ISA、PCI 插槽。

（4）机箱内安装的吹风机的容量大于抽风机的容量，机箱内为正压，且风口有过滤网，避免粉尘进入机箱。

（5）使用工业级电源。

（6）电源开关配有保护仓，防止没有授权的人员开关电源。键盘设置有硬件锁，可防止外人进行操作。

图 7-2　台式 IPC 的外观结构

7.4.2　盘装式 IPC

盘装式 IPC 的结构如图 7-3 所示，其主要特点如下：

（1）内部是全钢结构，外壳是防火塑料。

（2）质量轻、体积小，可以直接安装在控制屏上。

（3）采用 TFT 型 LCD 显示器，和主机构成一体化结构。

（4）使用触摸屏作为信息输入工具。

（5）完善的接口功能，配有串口、并口、USB 接口，还配有少量 PCMCIA、ISA、PCI 插槽。

（6）集成网卡功能。

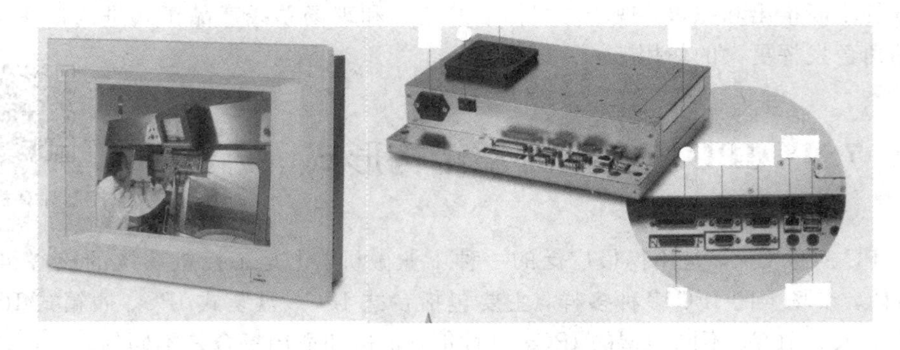

图 7-3　盘装式 IPC 的外观结构

7.4.3　IPC 工作站

IPC 工作站的结构如图 7-4 所示，其主要特点如下：

(1) 全钢盘装式结构(尺寸为19英寸)，可以安装在控制屏或机柜上。

(2) 主机箱、TFTLCD显示屏和触摸屏做成一体化结构。

(3) 面板上嵌有专用键盘。

(4) 内部结构和功能与台式IPC完全类似。

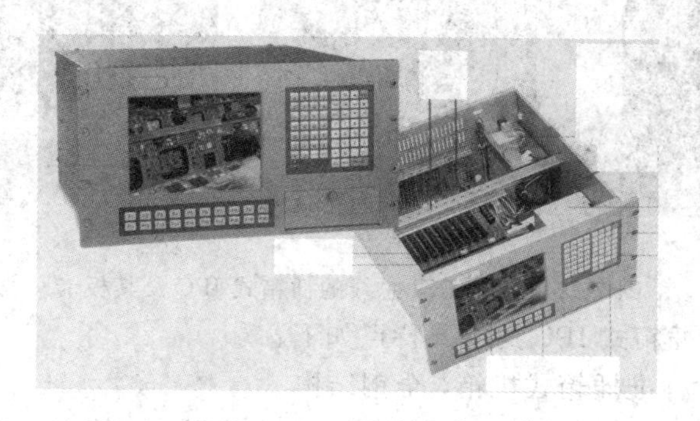

图7-4 IPC工作站的外观结构

7.4.4 插箱式IPC

插箱式IPC有ISA总线和PCI总线两种类型。基于不同的总线，其底板、总线、板卡的尺寸各不相同。两种插箱式IPC的板卡在结构上不能互换。图7-5所示为基于ISA总线的插箱式IPC(如研华公司推出的MIC-2000系列IPC)及其板卡。

图7-5 基于ISA总线的插箱式IPC及其板卡

基于ISA总线的插箱式IPC的主要特点如下：

(1) 采用19英寸标准插箱式机箱，全钢结构。

(2) 机箱上下侧都有风机(抽风、吹风各一)，机箱内为正压，空气对流畅通。

(3) 8～11槽无源ISA总线底板。

(4) 模块化设计，便于维护，缩短MITR。

(5) 现场信号直接进入前面板的接线端子。

(6) 板卡前面板上下两端都有把手，容易插拔。

图7-6所示为基于PCI总线的插箱式IPC(如研华公司推出的MIC-3000系列)及其板卡。

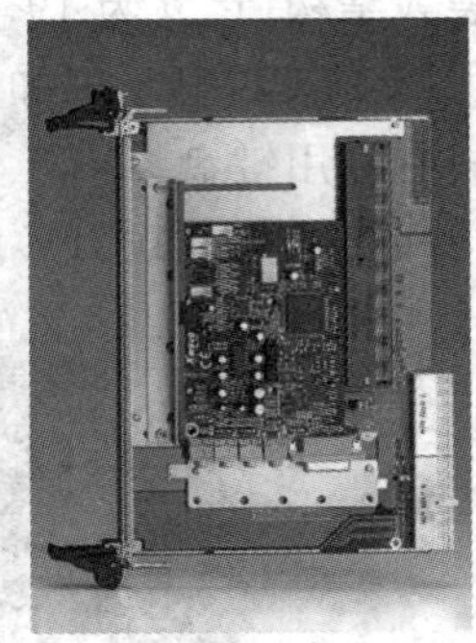

图 7-6　基于 PCI 总线的插箱式 IPC 及其板卡

基于 PCI 总线的插箱式 IPC 的主要特点如下：

(1) 采用 19 英寸标准插箱式机箱，全钢结构。

(2) 机箱上下侧都安装有风机，一个抽风，一个吹风，机箱内为正压，空气对流畅通。

(3) 8 槽 Compact PCI 总线底板，可以扩展。

(4) 板卡的机械规范符合 IEEE 1101.1/1101.10 标准，类似 VME 规范。

(5) 使用气密式连接器(针座式)，接触效果好，符合 IEC-1076 国际标准。

7.4.5　嵌入式 IPC

在众多嵌入式 IPC 中，较有代表性的当数 PC/104 嵌入式 IPC(尺寸为 96 mm×90 mm)、3.5 英寸嵌入式 IPC(尺寸为 146 mm×102 mm)和 5.25 英寸嵌入式 IPC(尺寸为 203 mm×146 mm)。图 7-7(a)和(b)分别表示 PC/104 和 3.5 英寸嵌入式 IPC 的外形结构。嵌入式 IPC 不用插板滑道和总线底板，模块之间采用层叠式封装。PC/104 与 ISA 的电气规范兼容，厂商能用与台式 PC 机同样的 ISA 芯片和外设芯片系列开发出各类 PC/104 产品。目前，绝大多数的工业标准总线产品都在以不同的方式向嵌入式 PC 技术靠拢。有的厂家采用总线转换技术，推出了非 ISA 总线的产品，也有的厂家推出了基于 VME 总线规范的嵌入式 PC。

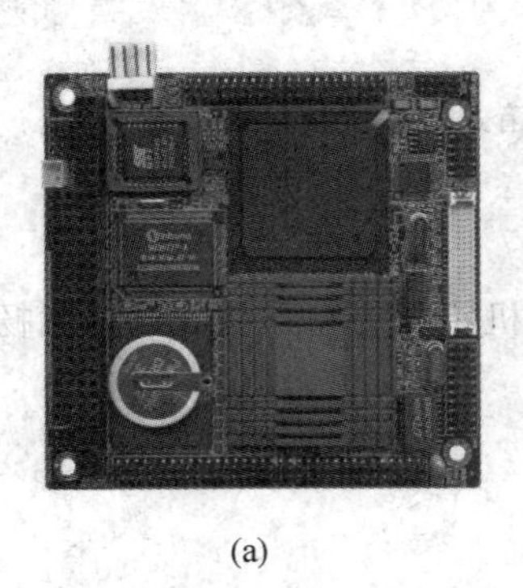

(a)

(b)

图 7-7　嵌入式 IPC

(a) PC/104 嵌入式 IPC；(b) 3.5 英寸嵌入式 IPC

7.5　IPC 总线工控机内部典型构成形式

7.5.1　工业控制计算机的组成

（1）加固型工业机箱。由于工控机应用于较恶劣的工业现场环境，因此对机箱采取了一系列的加固措施，以达到防震、防冲击的效果。机箱一般都采用全钢结构，具有良好的电磁屏蔽能力。

工控机的机箱为了达到防尘目的，采用了全密封方式，还采用了进风量大于排风量的正压送风方式，使工业环境的灰尘不能进入机内，保证了工控机的清洁运行，提高了运行的可靠性。机箱内一般安装有多个风扇，通风散热性能良好。

工控机的机箱有卧式、壁挂式之分，机箱的外形如图 7-8 所示。机箱的高度一般按 U（1 U=1.75 in）计算。在实际选用时，可根据工业现场选择合适的机箱。

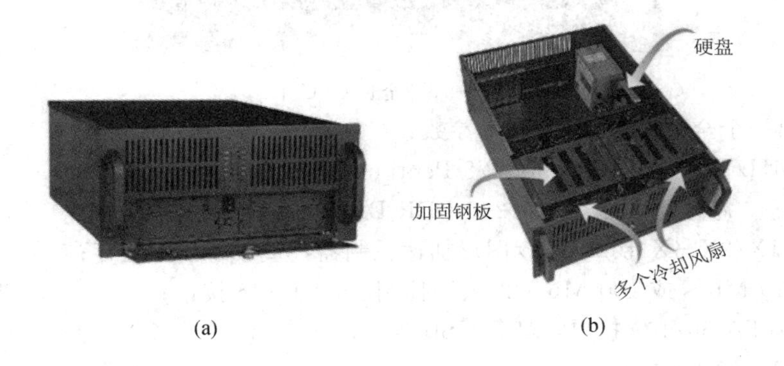

图 7-8　工控机机箱

(a) 外形；(b) 内部结构

（2）工业电源。工控机的电源要求具有防浪涌冲击、过压/过流保护功能，抗干扰能力强。工控机的电源有多种型号可供选择。为了适应工业现场电压波动大的特点，工控机电源都具有比较宽的调整范围，输出电压、电流的偏差也比较小，平均无故障时间（MTBF）长，一般为 6～10 万小时。

（3）无源底板。无源底板是用来安装各种板卡的基板，采用 4 层 PCB 板，带有电源层和接地层，用以抗干扰和减少阻抗。板上有用于电源指示的 LED，分别指示不同的电压，根据 LED 的亮或暗就能反映电压的正常与否。无源底板上有多个总线插槽，可安装 ISA、EISA、PCI 总线的各种板卡。无源底板上的插槽数最多可以达到 20 个。一个 14 槽的无源底板如图 7-9 所示，其尺寸为 315 mm×260 mm。

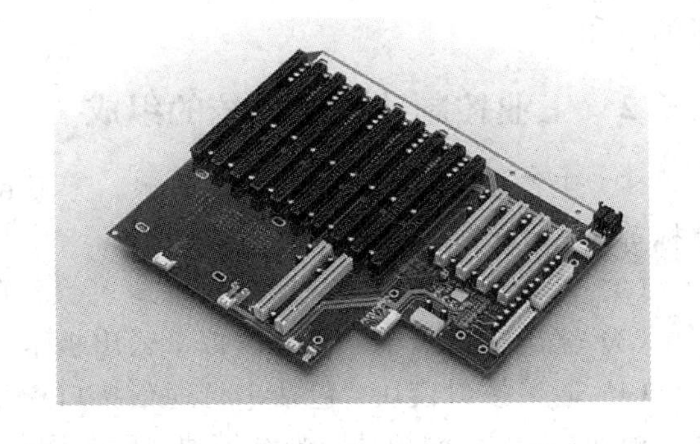

图 7-9　14 槽的无源底板

工控机的机箱、电源、无源底板必须配套使用，即机箱、电源、无源底板的结构尺寸必须按照机箱的结构尺寸来进行选择。这方面的内容可参考工控机厂商的产品选型目录。

(4) 主机板(CPU 卡)。CPU 卡是工控机的核心部件，目前有 80486、80586、Pentium/Celeron 系列等各类 CPU 板卡。板上所有元件性能都达到了工业级标准，并且是一体化主板。板上有 CPU 插座和各种接口插座，如显示器接口、串行通信接口、软盘驱动器接口、硬盘接口、网络接口等，板上还有内存条插槽等。CPU 卡有全长卡和半长卡之分，全长卡的外形尺寸是 338 mm×122 mm，半长卡的外形尺寸是 185 mm×122 mm。图 7-10 是一个全长 CPU 卡。

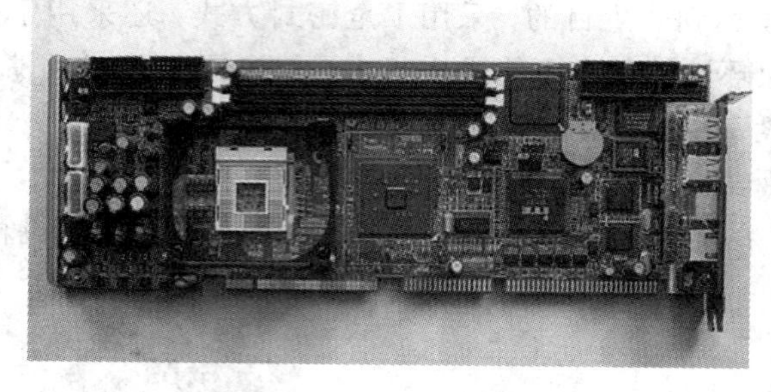

图 7-10　全长 CPU 卡

下面给出一个全长 CPU 卡的技术参数：

- 400 MHz 系统总线，Socket 478 Pentium4 CPU；
- Intel 845 芯片组，两条 200/266 DDR DIMM 插槽；
- AGP 1X/2X/4X 带 2D、3D 图形加速控制器，32 MB 独立显存；
- 一个 10 Mb/s 或 100 Mb/s 以太网控制器，RJ-45 接口；
- 两个 ATA 66/100 接口，四个 USB 接口；
- 支持 AT/ATX 电源。

(5) 外部存储器。外存储器有软盘驱动器、硬盘和 CD-ROM，可根据需要配置。

(6) 显示器。显示器有普通显示器和液晶显示器(LCD)，其尺寸和分辨率可根据需要选择。

(7) 键盘。一般采用 101 标准键盘或触摸式功能键盘。

(8) 鼠标。有机械式或光电式之分。

(9) 打印机。有针式打印机、喷墨打印机和激光打印机，用于数据报表、工艺流程画面等的打印。

7.5.2　工业控制计算机系统的组成

(1) 工控机主机：包括机箱、电源、无源底板、CPU 卡、显示器、磁盘驱动器、键盘、鼠标等。

(2) 输入接口板卡：包括模拟量输入、开关量输入板卡等。

(3) 输出接口板卡：包括模拟量输出板卡、开关量输出板卡等。

(4) 通信接口模块：包括串行通信接口模块(RS-232、RS-422、RS-485 等)、网络通信模块(如以太网模块、光纤模块、无线调制解调器模块等)等。

(5) 信号调理模块：完成对工业现场各种输入信号的预处理，对输入/输出信号进行隔离、驱动，还能完成信号的转换等。

(6) 远程数据采集模块：可以直接安装在工业现场，能够通过多通道 I/O 模块进行数据采集和过程监控，可以将现场信号通过现场总线与工控机进行通信。

(7) 工控软件包：支持数据采集、监视、控制、报警、画面显示、通信等功能。目前大部分控制软件以 Windows 操作系统为平台，也有以实时多任务操作系统为平台的，可根据实际需要选择。

工业控制计算机系统的组成框图如图 7-11 所示。

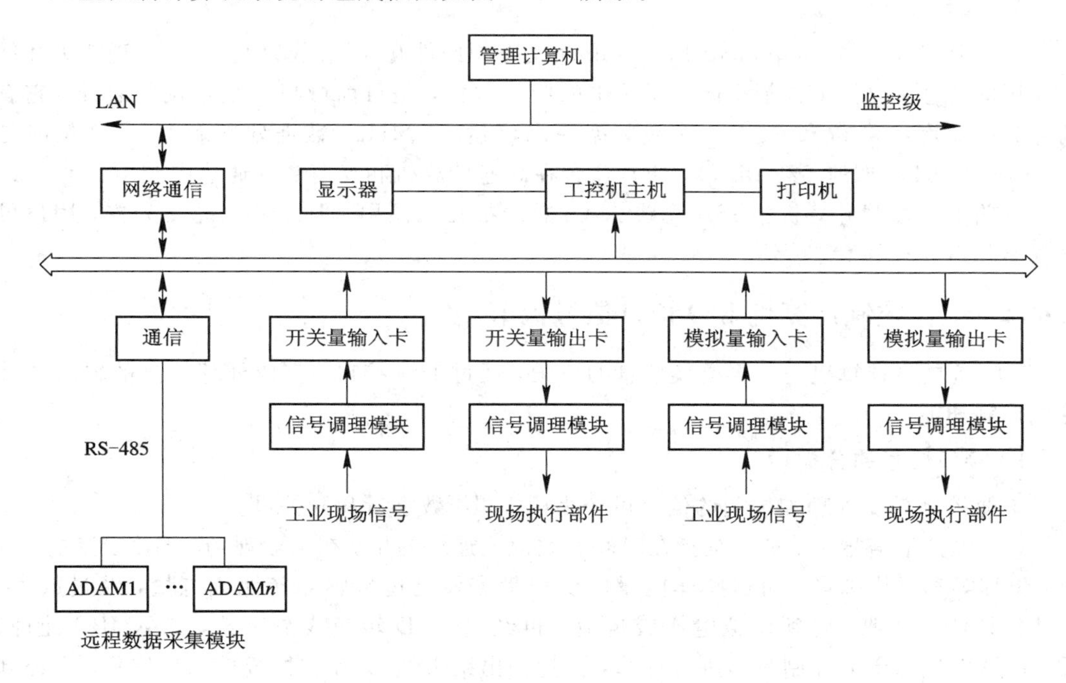

图 7-11 工业控制计算机系统组成框图

7.6 IPC 总线工业控制计算机常用板卡介绍

7.6.1 IPC 总线工业控制计算机的概念

1. 总线

计算机总线是 CPU 与计算机其他部分进行信息传递的公共通道，通常传递三种信号：地址、数据和控制信号。工控机早期使用的总线是 STD 总线，目前常用的总线有 ISA 总线、EISA 总线、PCI 总线等。

2. 总线指标

(1) 总线宽度。总线宽度是指总线一次操作可以传输的数据位数。STD 总线的总线宽度是 8 位，ISA 总线的总线宽度是 16 位，PCI 总线的总线宽度是 32 位或 64 位。

(2) 总线频率。总线频率是指总线工作时的最高时钟频率。时钟频率越高，单位时间内可传送的数据量越大。ISA 总线的频率都为 8.33 MHz，PCI 总线的频率为 33.3 MHz 或

66 MHz。

(3) 总线数据传输率。它表示单位时间内传送数据量的大小(数据传输率=总线宽度的字节数×总线频率,单位是 MB/s)。

3. ISA 总线

ISA(Industrial Standard Architecture)总线是 IBM 公司 1984 年推出的系统总线标准,它同时具有 8 位和 16 位扩展槽结构,1993 年后在很多地方被 PCI 总线取代。

4. PCI 总线

PCI(Peripheral Component Interconnect,外围部件互连)总线以其 64 位处理能力和即插即用的特性,取得了在新型微机系统中的应用地位,是目前微机系统常用的总线。它有两种数据宽度:32 位和 64 位,总线频率最高可达 66 MHz,数据处理能力在 32 位时是 264 MB/s,64 位时是 528 MB/s,非常适合在高速计算机和高速数据通信中应用。

目前工业控制计算机中 ISA 总线、PCI 总线都在被使用,但以 PCI 总线为主,用户可根据实际需要选择。

7.6.2 工业控制计算机 I/O 接口信号板卡

I/O 接口是计算机与外界交换信息的桥梁,通过 I/O 接口,完成外部信息的输入和计算机控制功能。

1. 接口信号的分类

工业控制需要处理和控制的信号可分为模拟量、数字量和开关量。

(1) 模拟量信号。模拟量是指在时间和数值上连续的量。在工业现场,温度、流量、压力、位移等都是模拟量,而这些非电量的模拟量需要经过传感器转换成电量,经过放大、线性化补偿等处理,得到模拟电压或电流,再经过 A/D 转换成数字量,送入 IPC 处理,IPC 根据事先确定的控制策略进行计算,并把输出结果经 D/A 转换成模拟量信号,去控制执行机构(如电动机、电磁阀等)。

(2) 开关量信号。开关量是指具有两个状态的量,每个开关量可以用一位二进制数表示("1"或"0")。开关量信号有信号电平幅值和开关时变化的频率两个特征。开关信号通常有继电器触点信号、TTL 电平等。为了让计算机有效识别开关信号,必须对开关信号进行调理(变换),包括将非 TTL 电平转换成 TTL 电平和隔离等。输出的开关信号则需要根据控制对象加隔离电路、驱动电路等。

(3) 数字量信号。数字量是指用多位二进制形式表示的数或用 ASCII 码表示的字符。对数字量信号的处理方法与开关量类似,其区别是数字量是多位二进制而开关量是一位二进制。

2. I/O 接口信号板卡

工控机的接口板卡一般由三部分组成:PC 总线接口部分、板卡功能实现部分和信号调理部分。模拟量板卡功能实现部分主要包括信号的采样、隔离、放大、A/D 和 D/A 电路及接口控制逻辑。开关量板卡功能实现部分主要包括数据的输入缓冲和输出锁存以及隔离电路等。它们的 PC 总线接口部分是相同的。现在工控机生产厂商已把模拟量、数字量的控制功能集成在一块板卡上,这就是数据采集控制卡。

1) 数据采集控制卡

数据采集控制卡一般完成以下一个或多个功能：模拟量输入、模拟量输出、数字量输入、数字量输出及计数定时功能。此类板卡有各种型号和类型，用户可根据需要选择。

PCI-1710/1710HG 是研华科技公司生产的一款基于 PCI 总线的多功能数据采集卡，如图 7-12 所示。它包含五种最常用的测量和控制功能：12 位 A/D 转换、D/A 转换、数字量输入、数字量输出及计数器/定时器功能。卡上有一个自动通道增益扫描电路，该电路能代替软件，控制采样期间多路开关的切换。卡上的 SRAM 存储了每个通道不同的增益值及配置，可以让不同的通道使用不同的增益，并自由组合单端和差分输入来完成多通道的高速采样(采样速率可达 100 kHz)。卡上还有一个 4 KB 的 FIFO(先进先出)存储器，能存储 4 KB 的 A/D 采样值。当 FIFO 满时，板卡会产生一个中断。该特性提供了连续高速的数据传输及 Windows 下更可靠的性能。卡上还提供了可编程的计数器/定时器，可以为 A/D 变换提供触发脉冲和用作脉冲触发的定时器。

图 7-12　PCI-1710/1710HG 结构图

为了降低模拟信号线上的噪声，还专门为 PCI-1710/1710HG 设计了屏蔽电缆 PCL-10168，该电缆采用双绞线，并且模拟信号线和数字信号线是分开屏蔽的，这样能使信号间的交叉干扰降到最小。

PCI-1710/1710HG 的特点如下：

- 16 路单端或 8 路差分模拟量输入，或组合输入方式；
- 12 位 A/D 转换器，采样速率可达 100 kHz；
- 每个输入通道的增益可编程；
- 单端或差分输入自由组合；
- 卡上有容量为 4 KB 的采样 FIFO 缓冲器；
- 2 路 12 位模拟量输出；
- 16 路数字量输入及 16 路数字量输出；
- 可编程计数器/定时器。

2) 模拟量输入/输出板卡

(1) PCI-1713(32 路隔离模拟量输入卡)。PCI-1713 是一款 PCI 总线的隔离高速模拟量输入卡，如图 7-13 所示。它提供了 32 个模拟量输入通道，采样频率可达100 kHz，12 位分辨率及 2500 V 直流隔离保护。

PCI-1713 有一个自动通道/增益扫描电路。在采样时，该电路可以自己完成对多路选通开关的控制。卡上的 SRAM 存储了每个通道不同的增益值及配置。这种设计可以对不同的通道使用不

图 7-13　PCI-1713 结构图

同的增益，并采用单端和差分输入的不同组合方式来完成多通道采样。此卡具有高速数据采集功能。对于 A/D 转换，此卡支持三种触发模式：软件触发、内部定时器触发和外部触发。软件触发允许用户在需要的时候可以获得一个采样值；内部定时器触发用于连续、高速的数据采集；外部触发允许与外部设备进行同步采样。

PCI-1713 的特点如下：

- 2500 V 直流隔离保护；
- 32 路单端或 16 路差分模拟量输入，或组合输入方式；
- 12 位 A/D 转换器，采样速率可达 100 kHz；
- 每个输入通道的增益可编程；
- 卡上有 4 KB 采样 FIFO 缓冲器；
- 支持软件、内部定时器触发或外部触发。

PCI-1713 主要应用在信号隔离、工业过程监测和控制、变送器/传感器接口、多路直流电压测量等方面。

(2) PCI-1720(4 路隔离 D/A 输出卡)。PCI-1720 是一款 PCI 总线的 4 路 12 位隔离数字量/模拟量的输出卡，如图 7-14 所示。它能够在输出和 PCI 总线之间提供 2500 V 直流隔离保护，非常适合需要有高电压保护的工业现场。

图 7-14　PCI-1720 结构图

用户可以单独将四个通道的输出设为不同的范围：0～5 V、0～10 V、±5 V、±10 V、0～20 mA 或 4～20 mA。该板卡还使用了 PCI 控制器来完成卡与 PCI 总线的接口，使其具有即插即用功能。

PCI-1720 的特点如下：

- 4 路 12 位 D/A 输出；
- 多种输出范围；
- PCI 总线和输出之间有 2500 V 直流隔离；
- 系统重启动后保持输出设置和输出值；
- 便于接线 DB-37 接口。

PCI-1720 主要应用在过程控制、可编程电压源、可编程电流环、伺服控制等方面。

3) 数字量输入/输出板卡

在工业现场，除了模拟量信号以外，还有大量的开关量信号。开关量信号的电气接口形式较多，如继电器触点信号和开关信号、TTL 电平或非 TTL 电平等。对某些开关量输出信号，还需要大功率驱动器来实现对工业设备的驱动控制。

为了方便用户，工控机厂商生产了多种规格和信号的数字量输入/输出板卡，既有输入/输出功能在一块板卡上，也有输入/输出功能分别做成单独的板卡。用户可根据实际需要进行选择。下面仅介绍具有输入/输出功能的板卡。

PCI-1750 是一款 PCI 总线的半长卡，如图 7-15 所示。它能提供 16 个数字量输入通道，16 个隔离数字量输出通道及一个带输入信号的隔离计数器/定时器。由于带有 2500 V 直流隔离保护及支持干接点，因此非常适合需要高电压保护的工业应用场所。

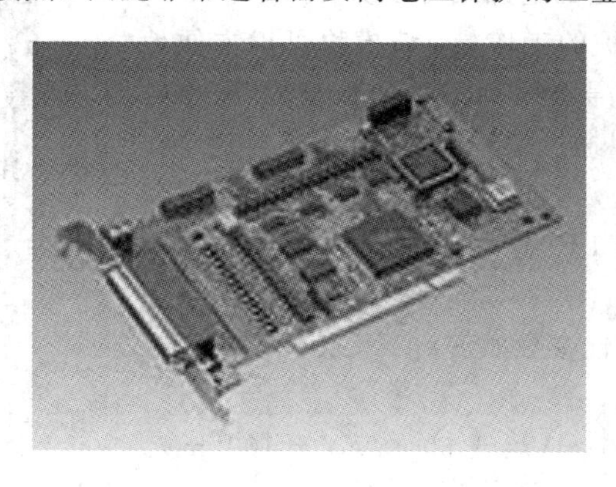

图 7-15 PCI-1750 结构图

PCI-1750 的每个 I/O 通道对应 PC I/O 端口的每一位，使得编程非常方便。该卡还提供了一个计数器或定时器中断，以及两个数字量输入中断，用户可以方便地用软件对它们进行配置。

PCI-1750 的特点如下：

- 16 路隔离 DI 和 16 路隔离 DO 通道；
- 所有隔离通道均可以承受 2500 V 高电压；
- 隔离输出通道可以承受 200 mA 通道的汇电流；
- 支持干接点输入或 5～50 V 直流隔离输入；
- 具有定时器/计数器中断处理功能。

PCI-1750 主要应用在工业开关控制、触点闭合监控、开关状态检测、BCD 接口、数字量 I/O 控制、工业和实验室自动化等方面。

4）信号调理模块

在工业现场，有各种各样的输入/输出信号，它们是不能直接与计算机连接的，需要进行预先处理，以满足计算机和控制的要求。信号调理模块就是完成这些功能的。它可以实现将输入信号转变成适合计算机要求的信号，如将电流信号转变成电压信号，对输入/输出信号进行隔离、驱动等。信号调理模块的主要类型有全隔离直流输入/输出模块，交流电压、电流输入调整模块，放大及多通道转换板等。

研华公司生产的 ADAM-3000 系列模块是目前市场上较经济、可现场进行配置的隔离信号调理模块。这些模块易于安装，并且可以避免大的环流、马达噪声和其他电气干扰对仪器及过程信号的影响和破坏。

ADAM-3000 系列模块使用了光电耦合隔离技术，提供三路(输入/输出/电源)1000 V 直流隔离保护。光电耦合技术能够提供更高的精确性和稳定性，具有宽工作范围和低功耗的优点。

ADAM-3000 系列模块的输入/输出范围可以由内部的开关设定。该系列模块可接受电压、电流、热电偶或热电阻输入信号，并能输出电压或电流信号。输入的热电偶信号经过内置的热电偶线性化及冷端补偿电路进行处理，使得温度测量更为精确，并能准确地将这些温度信号转换为电压或电流输出。该模块使用+24 V直流电源，所使用的电源线可以从旁边的模块中引出，简化了接线和维护的工作量。该模块可以方便地安装到DIN导轨上。信号线采用的是两根输入/输出电缆，接线方便可靠，可以通过螺丝端子连接，非常适合在恶劣的工业环境中使用。

ADAM-3014隔离DC输入/输出模块的结构如图7-16所示。

图7-16 ADAM-3014结构图

ADAM-3014的特性参数如下：

· 电压输入：

双极性输入：±10 mV，±50 mV，±100 mV，±0.5 V，±1 V，±5 V，±10 V；

单极性输入：0～10 mV，0～50 mV，0～100 mV，0～0.5 V，0～1 V，0～5 V，0～10 V；

输入阻抗：2 MΩ；

输入带宽：2.4 kHz(典型)。

· 电流输入：

双极性输入：±20 mA；

单极性输入：0～20 mA；

输入阻抗：250 Ω。

· 电压输出：

双极性输出：±5 V，±10 V；

单极性输出：0～10 V；

输出阻抗：＜50 Ω；

驱动能力：10 mA(最大)。

· 电流输出：0～20 mA；

· 隔离电压(三端)：1000 V；

· 精度：满量程的±0.1%；

· 稳定性(温度漂移)：150×10^{-6}(典型)；

· 共模抑制：＞100 dB(50/60 Hz)；

· 功耗：0.85 W(电压输出)，1.2 W(电流输出)。

5) 远程数据采集和控制模块

远程数据的采集和控制是控制系统中的一个重要组成部分。远程数据的采集可通过通信来完成。近几年推出了通信模块系列，可提供包括以太网、串行总线、光纤、无线等网络连接。

使用远程数据采集模块，可将模块安装在现场，把现场信号转换成数字信号后再进行通信，其输出可以成组地连接在通信网络上，大大减少了现场接线成本。无线通信模块还可以组成无人值守的监控系统。

研华公司的 ADAM－4000 系列中的通信模块系列产品见表 7－1。

表 7－1　通 信 模 块

型　　号	总　　线	通信速度	通信距离/km
ADAM－4520	RS－232/422/485	1.2～115.2 kb/s	1.2
ADAM－4541	光纤到 RS－232/422/485	1.2～115.2 kb/s	2.5
ADAM－4550	无线 Modem 到 RS－232/485	Radio：1 Mb/s 1.2～115.2 kb/s	0.55～20
ADAM－4570	以太网到 RS－232/422/485	以太网：10/100 Mb/s 总线输出：230 kb/s	局域网：0.1 模块输出：1.2

以太网到 RS－232/422/485 串行端口服务器及无线局域网产品的发布，标志着工业控制正进入一个开放的基于 TCP/IP 协议的以太网互连时代。以太网已经成为各种级别工业电脑网络的必然选择，它可以使传感器到控制室的集成变得非常容易完成。使用通信系列产品，能够通过 Ethernet/Intranet 把设备层和控制层完美地连接起来，实现管理、控制一体化。

7.7　工业控制计算机与工控模块应用实例

工业控制系统集成

随着工业控制计算机产品(包括工控机主机和控制模块、工控机板卡)多年来的发展，目前许多工控企业已经形成了品种多样、质量可靠的成熟产品系列，基本可以满足所有的控制系统的需要。一般的控制系统，都可以通过选购适当的工控机和工控模块(或工控机板卡)组合为功能完善、可靠性高的计算机控制系统，大大缩短了计算机控制系统的硬件开发周期。

同时，随着近年工业控制计算机软件的发展，工业控制组态软件也有多个厂家的成熟产品可供选择，其中不仅有国外的 InTouch 等工控软件，也有 Kingview 等国产工控软件，它们可以满足绝大多数控制系统的要求，并且资源越来越丰富，编程越来越便利。

作为计算机控制系统研发人员，只要把工控机、工控模块和组态工控软件相结合，就可以像搭积木一样完成控制系统的设计和组建。以前需要设计人员花费数月甚至数年才能完成的硬件、软件设计工作，现在只需要数周甚至几天就可以完成。而且，由于采用成熟工控产品组建系统，控制系统的可靠性得到了极大的提高。

下面，就以一个实际控制系统为例，说明现代控制系统的组建过程。

7.7.1　控制系统的整体分析步骤

本实例中系统的控制对象是真空烧结炉，要求控制系统能够在加热炉达到一定真空度的情况下，使被控对象的温度按照指定的曲线完成升温、保温和降温过程。温度曲线要求如图 7－17 所示。

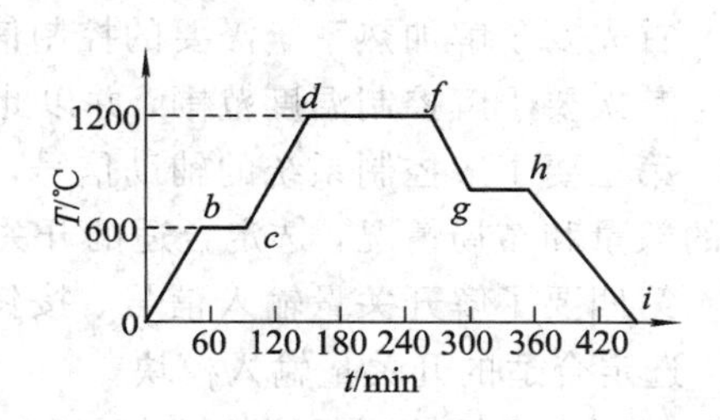

图 7－17　温度控制曲线

经过现场反复手动测试，决定采用工业控

制计算机作为核心运算控制器，采用多种 RS－485 远程控制模块作为温度检测和接口电路，采用热电偶作为传感器，配合真空度测试仪获得真空度参数，共同构成真空烧结炉的温度自动控制系统。由温度传感器检测温度值，将此温度值与设定温度值比较，然后经过工控机的数据运算处理后发出相应的控制信号来控制加热系统的电流，以达到自动控制炉内温度的目的。

系统硬件结构如图 7－18 所示。

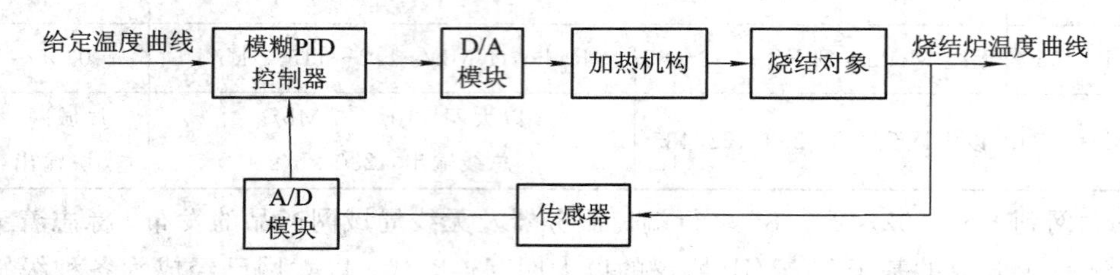

图 7－18　系统硬件结构图

本系统选用 RS－485 远程控制模块作为接口器件，可以获得比较高的系统稳定性。在实际应用中要把温度检测模块就近安装在真空炉炉体靠近热电偶引出线法兰的附近，这样既可以减少热电偶补偿导线的长度，降低成本，又可以减少数据传递过程中外界对热电偶检测电压的干扰，提高控制精度。

实际系统的硬件结构如图 7－19 所示。确定系统硬件结构后，需要进一步对被控系统进行研究，详细分析每个模块的具体要求。

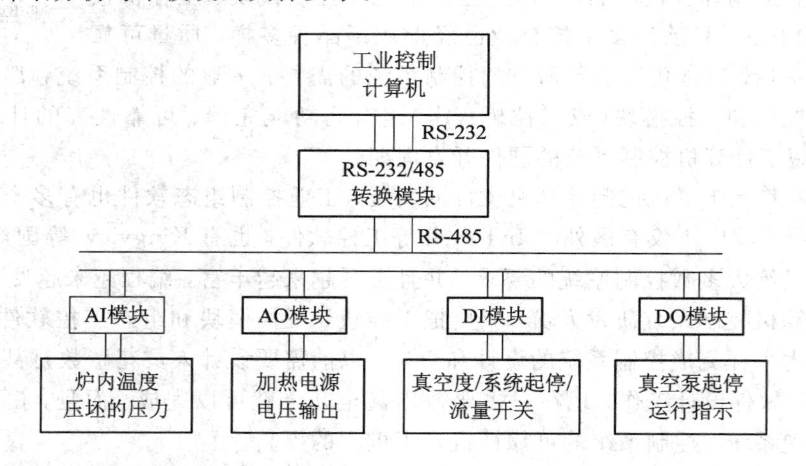

图 7－19　实际系统硬件结构图

首先要了解加热系统需要的控制信号类型，选定合适的模拟量输出模块。

其次要了解控制温度范围，并以此确定传感器类型，选定合适的模拟量输入模块。

第三要了解控制系统的辅助信号，比如真空泵的控制信号、各种阀门和电机以及指示灯的数量和布局情况，选定合适的开关量输出模块。

第四要了解开关量输入信号、按钮的数量和布局情况以及真空度检测仪器的接口信号，选定合适的开关量输入模块。

第五要根据控制系统的要求，选定适当的工控机。

第六要选定控制软件的编程平台。

7.7.2 模拟量输出模块的选择

系统采用直流电加热系统，有专用的加热电源控制柜。电源控制柜可以输出固定 12 V 电压，输出电流范围为 0～10 000 A(可控)。与电源控制柜输出电流对应的控制信号为 0～10 V 控制电压，控制电压和输出电流成正比。

由以上描述可以看出，加热系统只需要控制系统输出一个 0～10 V 的模拟量，所以我们选择了泓格 I-7024 模拟量输出模块，如图 7-20 所示。

图 7-20 泓格 I-7024 模拟量输出模块

模拟量输出模块 I-7024 的性能指标如表 7-2 所示。

表 7-2 I-7024 的性能指标

性能指标	说明
输出通道数	4 路模拟量输出通道
输出类型	0～20 mA，4～20 mA，0～5 V，－5～＋5 V，0～10 V，－10～＋10 V
分辨率	14 bit
精度	满量程的±0.1%
零点漂移	电流输出：±0.2 μA/℃，电压输出：±30 μV/℃
温度跨度系数	±20 ppm/℃
可编程输出斜率	0.125～1024 mA/Sec.，0.0625～512 V/Sec.
电压输出	10 V，10 mA(max)
电流负载电阻	外部 24 V 电源：1050 Ω
隔离电压	3000 V DC
接口	RS-485，通信格式：N，8，1；波特率：1200～115 200 b/s
LED 显示	1 路 LED 做电源/通信指示用
电源输入	＋10 V DC～＋30 V DC
功耗	常态 1.6 W，最大 2.4 W (4 输出通道 10 mA，10 V)
工作环境	工作温度－25℃～＋75℃，存储温度－40℃～＋85℃，湿度 10%～95% RH，无冷凝
尺寸大小	72 mm×121 mm×35 mm(W×L×H)

根据 I-7024 的性能指标，该模块有多种输出形式。根据系统要求，设置该模块的输出形式为 0～10 V 电压输出，就可以满足系统对加热系统的控制要求。

7.7.3 模拟量输入模块的选择

由于被控对象是真空电加热炉，温度控制范围可由室温到最高 1700℃，通过表 7-3 看到，可以选用 B 型、R 型或 S 型热电偶。

表 7-3 热电偶类型与温度范围

类 型	材 料 成 分	温度范围
T	Cu-CuNi (IEC 584)	-270 ～400℃
K	NiCr-Ni (IEC 584)	-270～1372℃
B	PtRh-PtRh (IEC 584)	-200～1820℃
R	PtRh-Pt (Pt 13%) (IEC 584)	-50～1769℃
S	PtRh-Pt (Pt 10%) (IEC 584)	-50～1769℃

由于加热炉炉体较大，炉内各部位会存在一定的温差，需要在加热炉内的不同部位布设 3～5 个热电偶，以便了解加热过程中各个部位的温度状况。

这里选用 I-7018 作为模拟量输入模块，见图 7-21。该模块最多可接 8 路热电偶输入，可以选择多种热电偶类型，如 J、K、T、E、R、S、B、N、C 类型，参看表 7-4。根据系统要求，这里选用了 S 型热电偶，因此需要将输入模块设为对应的 S 型的热电偶输入。

图 7-21 I-7018 模块

表 7-4 I-7018 模块的性能指标

性能指标	说 明
输入通道	8 差分/6 差分+2 单端，跳线选择
输入	±15 mV、±50 mV、±100 mV、±500 mV、±1 V、±2.5 V、±20 mA (需外接 125 Ω 电阻)，热电偶类型：J、K、T、E、R、S、B、N、C
主要性能指标	分辨率：16 bit；采样率：10 次/秒；精度：±0.1%；带宽：15.7 Hz；零点漂移：0.5 μV/℃；跨度漂移：25 ppm/℃；输入阻抗：20 MΩ；共模抑制：150 dB；标准模式抑制：100 dB；过压保护：±80 V DC；光电隔离：3750 V rms；隔离电压：3000 V DC
接口	RS-485，通信格式：N，8，1；波特率：1200～115 200 b/s
LED 显示	1 路 LED 作为电源/通信指示
电源	输入+10 ～ +30 V DC，功耗 1.0 W
工作环境	工作温度-25～+75℃，存储温度-40～+85℃，湿度 10%～95% RH，无冷凝

7.7.4 开关量输出模块的选择

经过分析系统需求，确定系统有表 7-5 所列的 5 个开关量需要控制，再加上 2 个指示灯、1 个报警信号，所以需要控制 8 路开关量信号。

表 7-5

编　　号	继电器作用	线圈控制	关联器件
J1	滑阀泵、电磁阀	手动，7061D	滑阀泵、电磁阀
J2	罗茨泵控制	手动，7061D	罗茨泵
J3	主阀控制	手动，7061D	主阀
J4	压机上升		
J5	压机下降		

考虑后续开发中可能会增加压力等控制量，所以选择端口数量时要留有一定的裕量。I-7061是继电器输出模块，最多可以输出12路继电器控制信号，所以这里选用I-7061作为开关量输出模块，如图7-22所示。

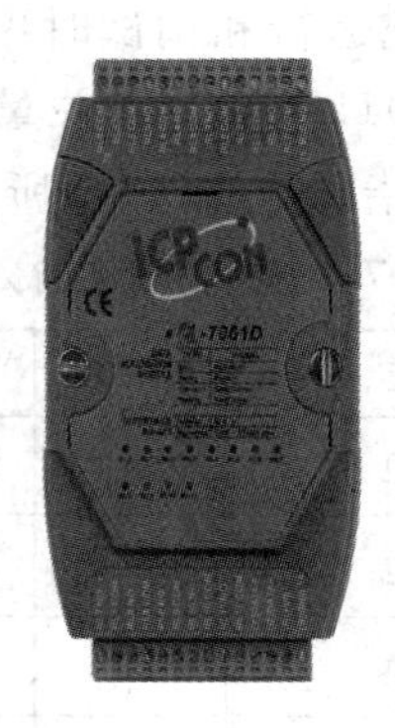

图 7-22　I-7061 模块

I-7061模块的性能指标如表7-6所示。

表 7-6　I-7061 模块的性能指标

性能指标	说　　明
输出通道数	12路继电器输出
输出类型	功率继电器
触点容量	5A@250 V AC，5A@30 V DC
吸合时间	6 ms
释放时间	3 ms
电气寿命	德国VDE标准：5 A@250 V AC，30 000次(10次/分钟，75℃时)；5A@30 V DC，70 000次(10次/分钟，75℃时) 美国UL标准：5A@250 V AC/30 V DC，6000次，3A@250 V AC/30 V DC，100 000次
机械寿命	20 000 000次，空载(300次/分钟)
隔离	3750 V rms
ESD保护	±4 kV
接口	RS-485，通信格式N，8，1；波特率，1200～115 200 b/s
LED显示	1路LED做电源/通信指示用，12路LED做继电器输出指示用
电源	输入电压范围10～30 VDC，功耗2.3 W
工作环境	工作温度－25～75℃，存储温度－40～85℃，湿度5%～95% RH，无冷凝

7.7.5 开关量输入模块的选择

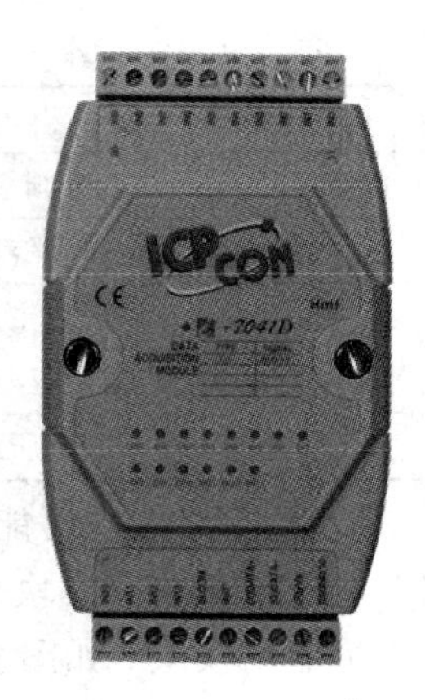

图 7-23

系统需要的控制按键输入信号如表 7-7 所示，其中有五路信号是送到计算机控制系统的，其他的是手动控制信号。另外，真空计输出两路开关量信号给控制系统，再加上系统开发预留裕量，所以选用具有 10 路输入信号的模块就可以满足系统控制需要。

I-7041 模块具有 14 路直流输入信号，可以满足系统控制需要。

I-7041D 性能和 I7041 完全相同，只是增加了与各路输入信号对应的 LED 指示灯，能够在系统运行和调试时更方便地观察输入信号的变化。这里选用 I-7041D 作为开关量输入模块，其外形如图 7-23 所示。其性能指标如表 7-8 所示。

表 7-7 控制按键输入信号

序号	名　称	备注	序号	名　称	备注
1	启动	按钮，绿色	8	手动开罗茨泵	带灯按钮，红色
2	停止	按钮，红色	9	手动升温	带灯按钮，红色
3	手动/自动切换	按钮，红色	10	手动加压	带灯按钮，红色
4	温度设定增大	按钮，红色	11	手动卸压	带灯按钮，红色
5	温度设定减小	按钮，红色	12	手动停止加温	带灯按钮，红色
6	手动开滑阀泵	带灯按钮，红色	13	手动关罗茨泵	带灯按钮，红色
7	手动开主阀	带灯按钮，红色	14	手动关滑阀泵、主阀	带灯按钮，红色

表 7-8 I-7041D 性能指标

性能指标	说　明
输入通道数	14 路数字量输入
输入类型	源电流或灌电流，隔离；电平 OFF，+1 V Max；电平 ON，4～30 V；输入阻抗：3 kΩ，0.5 W
计数器	通道数：4；最大计数：16 bit (65 535)；最大输入频率：100 Hz；最小脉宽：5 ms
隔离电压	3750 V rms
接口	RS-485，格式 N，8，1；波特率 1200～115 200 b/s
LED 显示	1 路 LED 用于电源/通信指示，14 路 LED 用于数字量输入指示
电源	输入电压范围 10～30 V DC，功耗 0.9 W
工作环境	工作温度－25～75℃，存储温度－40～85℃，湿度 5%～95% RH，无冷凝

7.7.6 工业控制计算机的选择

工控机有别于商用机的主要技术特点是对可靠性要求高。本系统由于控制对象是温度，响应速度慢，所以对计算机的运行速度要求并不高。所以，只要是可靠性有保障的工控机，可以选用配置不太高，但性价比较好的型号。

经过比对多家产品，本系统主机选用了研华 SYS-4U610-4A50-AOL 工控机，如图 7-24 所示。

该工控机的主要配置是：Intel G41 芯片组，2.6 GHz E5300，2G RAM，500G HDD，DVD，4U 上架式机箱。同时选配了 29 英寸的 LCD 显示屏。工控机和平板显示的组合，可以适应工业现场的粉尘和水汽等影响。

图 7-24 工控机

7.7.7 工业控制软件的选择

计算机控制系统发展初期，研发人员都要根据系统要求设计制作硬件，并在此基础上开发控制软件。在开发传统的工业控制软件时，若工业被控对象一旦有变动，就必须修改其控制系统的源程序，导致其开发周期长；已开发成功的工控软件又由于每个控制项目的不同而使其重复使用率很低，导致它的价格非常昂贵。

随着计算机控制技术的不断发展，出现了越来越多的成熟的控制产品，不仅硬件可以采用模块化、积木式设计，软件也可以不用从头编写复杂的程序，而是可以借助组态软件，组合、编写控制程序。

组态(Configuration)软件是指一些数据采集与过程控制的专用软件，它们是在自动控制系统监控层一级的软件平台和开发环境。组态软件是使用灵活的组态方式，为用户提供快速构建工业自动控制系统的具有监控功能的、通用层次的软件工具。

组态软件支持各种工控设备常见的通信协议，并且提供分布式数据管理和网络功能。对应于原有的人机接口软件(Human Machine Interface，HMI)的概念，组态软件应该是一个使用户能快速建立自己的 HMI 的软件工具或开发环境。在组态软件出现之前，工控领域的用户通过自己编程或委托第三方编程，开发时间长，效率低，可靠性差。

组态软件的出现，把用户从早期自控系统的开发困境中解脱出来，研发人员可以利用组态软件的功能，很快地组合出一套最适合自己的应用系统。

随着组态软件的快速发展，实时数据库、实时控制、数据采集与监视控制系统(Supervisory Control And Data Acquisition，SCADA)、通信及联网、开放数据接口、对 I/O 设备的广泛支持已经成为它的主要内容。

国外组态软件主要包括：

(1) InTouch：是最早进入我国的组态软件。在 20 世纪八九十年代，基于 Windows 3.1 的 InTouch 软件曾让我们耳目一新。最新的 InTouch 7.0 版已经完全基于 32 位的 Windows 平台。

(2) IFix：提供工控人员熟悉的概念和操作界面，并提供完备的驱动程序(需单独购买)，并在其内部集成了微软的 VBA 开发环境。

(3) Citech：也是较早进入中国市场的产品。Citech 具有简洁的操作方式，但其操作方式更适合程序员，而不是工控用户。Citech 提供了类似 C 语言的脚本语言进行二次开发，但脚本语言并非是面向对象的，而是类似于 C 语言。

(4) WinCC：也是一套完备的组态开发环境，提供类 C 语言的脚本，包括一个调试环境，并且内嵌 OPC(OLE for Process Control，是自动化控制协议)支持，可对分布式系统进行组态。

国内组态软件主要包括：

(1) 力控(ForceControl)。该软件由北京三维力控科技有限公司开发。该公司是专业从事监控组态软件研发与服务的高新技术企业，核心软件产品初创于 1992 年。

(2) 组态王(KingView)。北京亚控科技发展有限公司是国内较早成立的自动化软件企业之一，专注于自主研发、市场营销和服务。1995 年推出组态软件 KingView 系列产品，创立组态王品牌，产品涵盖设备或工段级监控平台、厂级或集团级监控平台、生产实时智能平台。

(3) Realinfo。该软件是由大庆紫金桥软件技术有限公司在长期的科研和工程实践中开发的通用工业组态软件。该组态软件已经广泛应用于石化、炼油、汽车、化工、冶金等多个行业和领域的过程控制、管理监测、现场监视、远程监视、故障诊断、企业管理、资源计划等系统。

(4) MCGS。该软件由北京昆仑通态自动化软件科技有限公司开发。该公司主要从事专业自动化产品的开发、设计与集成，向用户提供从硬件到软件的总体设计方案。1995 年该公司进军组态软件产业，先后推出 MCGS 通用版、MCGS 网络版软件，通过多年努力，正在向国际组态软件市场进军。

(5) Controx(华富开物)。该软件由北京华富远科技术有限公司开发。该公司是专业从事工业自动化领域软硬件产品研发、产品营销与技术服务的高新技术企业。公司以组态软件为技术基础，逐渐形成组态软件、实时数据库、生产管理系统等覆盖工业用户需求的软件产品线。Controx 采用 C# 与 C++开发，产品分为通用版、嵌入版(CE)、网络版等版本。

(6) QTouch。该软件是武汉舜通智能科技有限公司研发的 HMI/SCADA 组态软件，具有跨平台和统一工作平台特性，可以跨越多个操作系统，如 Unix、Linux、Windows 等，可同时在多个操作系统上实现统一工作平台，即可以在 Windows 上开发组态，在 Linux 上运行等。

(7) 易控 INSPEC。该软件由北京九思易自动化软件有限公司开发。该公司提供专业的组态软件、嵌入式软件应用、自动化信息化软件产品和系统解决方案服务，在北京奥林匹克体育中心、人民大会堂、宝钢、首钢、太钢等众多重大监控项目中得到了成功应用。

以上组态产品各有所长，虽然各个公司产品的界面和编程方式不尽相同，但是都是模块化设计，可以让用户很快地组建人机界面，采用高级语言完成控制程序编写。我们在实际开发中采用 KingView 作为控制软件开发平台。

7.7.8 控制软件的设计

要设计控制软件，需要先对生产过程以及生产过程各个阶段的技术指标进行反复的了解和分析，在此基础上确定控制量类型、显示方式、输入/输出通道、开关按钮设置以及和其他设备的通信方式等技术细节。只有在确定了这些技术要求后才可以开始设计软件。

设计软件的第一步就是设计程序框图。本系统的程序框图如图 7-25 所示。

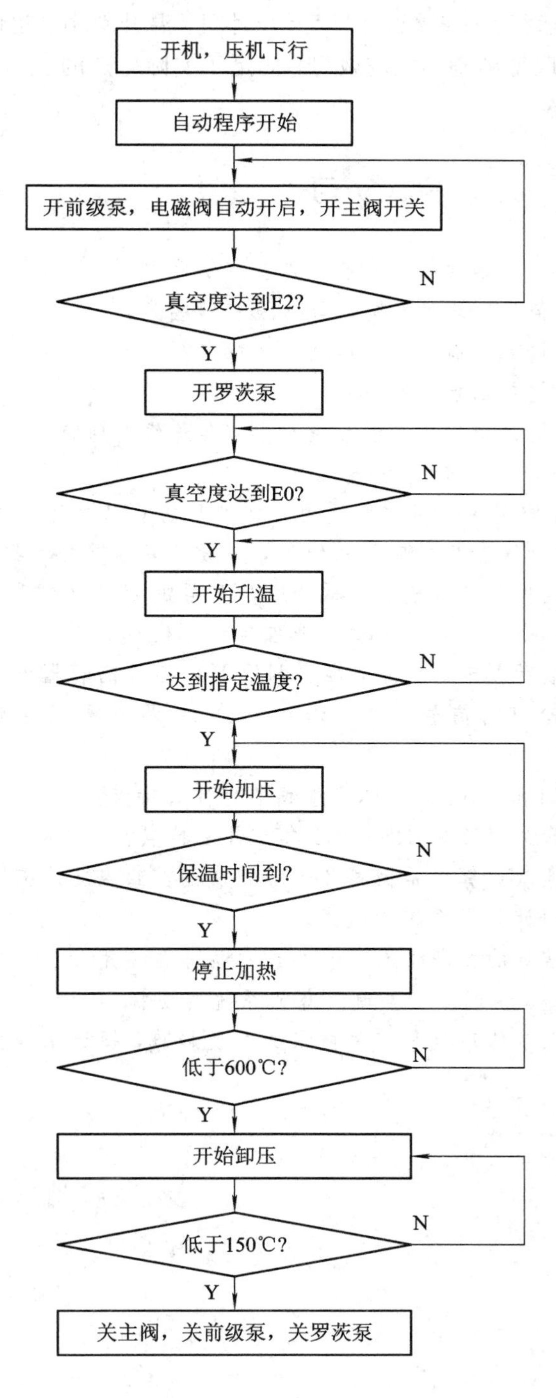

图 7-25

确定了程序框图后，就可以进行程序模块的编制、各模块的调试、联机调试等耐心细致的工作，在系统各项功能完成后还要对系统控制参数进行反复优化。由于每个系统的技术细节都不尽相同，具体程序的设计不具备普适性，在此不再详细说明。

经过多次的实际运行，该系统在温度上升时间、温升斜率、超调量控制、保温阶段温度稳定性等指标上都取得满意的控制效果，满足了实际生产的要求，并且大大提高了控制精度，提升了工作效率。

习　题

1. 工业控制计算机有哪些特点？基本要求有哪些？

2. 接口与总线有何异同之处？接口与总线有哪些分类？

3. 接口的数据传输方式有哪些？各有什么特点？

4. 接口电路有哪些基本功能？

5. 工业控制计算机采用的总线类型有哪些？各总线有何特点？

6. STD 总线有何技术特点？

7. STD 总线工业控制计算机主要使用哪些型号的 CPU？不同的 CPU 模板能否兼容？

8. 利用工业控制计算机组成应用系统时，一般应遵循哪些步骤？

9. PC 总线的工业控制计算机一般采用哪些型号的 CPU？它和个人计算机在哪些方面不同？能否用 IBM PC 个人计算机代替工业控制计算机？

10. 某容器通过电动调节阀供水，画出利用 IPC 组成的容器水位微机控制系统的结构图。已知水位传感器输出的信号是 4～20 mA，电动调节阀需要 4～20 mA 电流信号来控制。

11. STD、PC/104 和 Compact PCI 总线各有什么特点？

12. RS-232C、RS-422 和 RS-485 各有什么特点？

13. 典型的工业控制计算机是由哪几部分组成的？工控机系统有哪些设备类型？

14. 简述工业控制计算机系统的组成。

15. 工业控制中常见的物理量有哪些？这些物理量使用什么传感器进行检测？

16. 参考相关书籍，说明工业控制计算机系统的现状。

17. 根据工控机系统的现状和相关技术的发展趋势，探讨工业控制计算机系统的发展趋势。

第8章　物联网技术

8.1　物联网概述

物联网是新一代信息技术的重要组成部分，意指物物相连、万物互联。可以说“物联网就是物物相连的互联网”。这有两层意思：第一，物联网的核心和基础是互联网，物联网是互联网的延伸和扩展；第二，物联网的用户端延伸和扩展到了任何物品与物品之间进行信息交换和通信。

物联网的英文名称是Internet of Things，简称IoT，即“万物相连的互联网”。物联网是在互联网的基础上，将各种信息传感设备与网络结合起来而形成的一个巨大网络，可在任何时间、任何地点实现人、机、物的互联互通。物联网通过将智能感知技术、智能识别技术、计算机技术和网络通信技术相结合，实现了“万物互联”，也被称为继计算机、互联网之后世界信息产业发展的第三次浪潮。

物联网的定义是：通过射频识别、红外感应器、全球定位系统、激光扫描器等信息传感设备，按约定的协议，把任何物品与互联网相连接，进行信息交换和通信，以实现对物品的智能化识别、定位、跟踪、监控和管理的一种网络。

早期的物联网是指依托RFID(Radio Frequency Identification，射频识别)技术和设备，按约定的通信协议与互联网结合，使物品信息实现智能化识别和管理、互联、可交换和共享的网络。

从通信对象和过程来看，物与物、人与物之间的信息交互是物联网的核心。物联网的基本特征可概括为整体感知、可靠传输和智能处理。

整体感知是指利用射频识别、二维码、智能传感器等感知设备感知获取物体的各类信息。

可靠传输是指通过对互联网、有线通信、无线通信的融合，将物体的信息实时、准确地传送，以便进行信息交流与分享。

智能处理是指使用各种智能技术，对感知和接收到的数据、信息进行分析处理，实现监测与控制的智能化。

根据物联网的以上特征，结合信息科学的观点，围绕信息的流动过程，可以归纳出物联网处理信息的功能：

(1) 获取信息的功能，主要是指对信息的感知与识别功能。信息的感知是指对事物属性状态及其变化方式的知觉和敏感；信息的识别指能把所感受到的事物状态用一定方式表示出来。

(2) 传送信息的功能，主要是指信息的发送、传输与接收，即把获取的事物状态信息及其变化的方式从时间(或空间)上的一点传送到另一点，也就是常说的通信过程。

(3) 处理信息的功能，是指信息的加工过程，即利用已有的信息或感知的信息产生新的信息，实际上就是制定决策的过程。

(4) 下发指令的功能，是指通过下发信息，最终对监测对象发挥控制作用，通过多种通信方式，把控制信息传递给监测对象，通过调节监测对象状态及其变换方式，使对象始终处于预先设定的状态。

8.2 物联网的发展历史

人们对实现“物物相连”的需求早已有之，古今世界的科学工作者对“物物相连”的探索也一直在进行。从古代早期的“烽火台”，到近代的“自鸣钟”、近现代的“自动机械”、现代的“遥测遥控”，都是实现“物物相连”的“物联网”在各个阶段的重要成果。

目前常说的“物联网”一般特指结合了互联网的“物联网”，准确地说应该被称作 Internet of Thing(IoT)的“物联网”。它有以下几个标志性的事件，如图 8-1 所示。

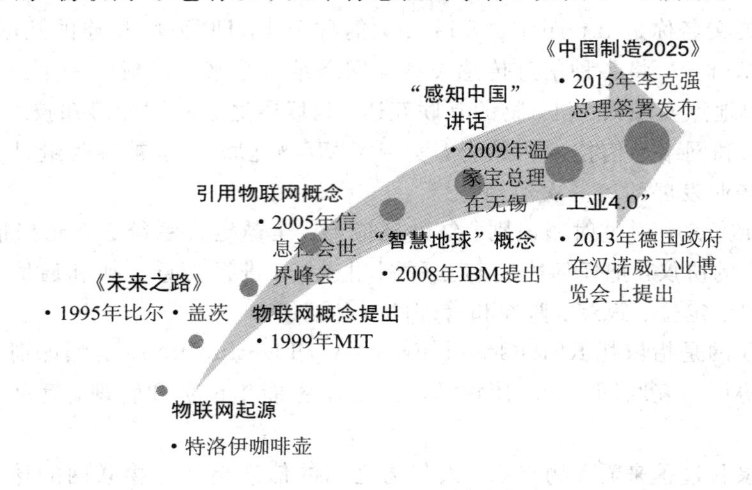

图 8-1 物联网的发展史

发生在 1991 年的“特洛伊”咖啡壶事件。当时剑桥大学特洛伊计算机实验室的科学家们在楼上工作时，经常要到楼下看咖啡煮好了没有，但常常空手而归。为了解决这个麻烦，他们编写了一套程序，并在咖啡壶旁边安装了一个便携式摄像机，将摄像机镜头对准咖啡壶，利用计算机图像捕捉技术观测咖啡壶，以方便工作人员随时查看咖啡是否煮好，省去了上上下下的麻烦。

最早的“物联网”概念出现于比尔·盖茨 1995 年出版的《未来之路》一书。在该书中，比尔·盖茨已经提及物联网概念，只是当时受限于无线网络、硬件及传感设备的发展，并未引起世人的重视。

1999 年，美国麻省理工学院创造性地提出了当时被称作 EPC 系统的“物联网”的构想。该构想主要建立在物品编码、RFID 技术和互联网的基础上。

过去，物联网在中国被称为传感网。中科院早在 1999 年就启动了传感网的研究，并已取得了一些科研成果，建立了一些实用的传感网。同年，在美国召开的移动计算和网络国际会议中提出了“传感网是下一个世纪人类面临的又一个发展机遇”这一观点。

2003年，美国《技术评论》提出传感网络技术将是未来改变人们生活的十大技术之首。

2005年11月17日，在突尼斯举行的信息社会世界峰会(WSIS)上，国际电信联盟(ITU)发布了《ITU互联网报告2005：物联网》，正式提出了“物联网”的概念。报告指出，无所不在的“物联网”通信时代即将来临，世界上所有的物体——从轮胎到牙刷、从房屋到纸巾都可以通过因特网主动进行交换。射频识别技术(RFID)、传感器技术、纳米技术、智能嵌入技术等将得到更加广泛的应用和关注。

2008年，IBM提出“智慧地球”的概念。

2009年温家宝总理在无锡发表“感知中国”讲话，明确提出了我国要大力发展“物联网”的明确目标。

2013年德国政府在汉诺威工业博览会上提出“工业4.0”，成为“工业物联网”发展的重要标志性事件。

2015年李克强总理签署发布《中国制造2025》，明确了我国“工业物联网”的发展蓝图。

2021年7月13日，中国互联网协会发布了《中国互联网发展报告(2021)》，指出物联网市场规模达1.7万亿元，人工智能市场规模达3031亿元。

2021年9月，工信部等八部门印发《物联网新型基础设施建设三年行动计划(2021—2023年)》，明确到2023年底，在国内主要城市初步建成物联网新型基础设施，使得社会现代化治理、产业数字化转型和民生消费升级的基础更加稳固。

8.3 物联网的体系架构

物联网作为一种新型的网络融合模式，它将传感器网络、RFID网络、移动车载网络、手机网络和其他具有感知能力的局域网络，通过蜂窝移动通信、WiFi、蓝牙及有线通信等网络接入互联网中，实现全球环境下“物物互联”的目标，提供新型的智能化服务与应用。

物联网的体系结构是一个能够兼容各种异构系统和分布式资源的开放式体系结构，可以满足最大化互操作性的需求。这些分布式资源包括软件、设备、智能物品和人类自身等信息和服务。物联网标准的体系结构应该包括明确的抽象数据模型、接口和协议，并与其他技术进行绑定(如Web服务等)，共同支持各种操作系统和编程语言。

物联网是为了突破地域和距离的限制，实现物物之间按需进行的信息获取、传递、存储、融合、应用等服务的网络。因此，物联网应该具备如下3个能力：

(1) 全面感知：利用RFID、传感器、二维码等随时随地获取物体的信息，包括用户位置、周边环境、个体喜好、身体状况、情绪、环境温度、湿度，以及用户业务感受、网络状态等。

(2) 可靠传递：通过各种网络融合、业务融合、终端融合、运营管理融合，将物体的信息实时准确地传递出去。

(3) 智能处理：利用云计算、模糊识别等各种智能计算技术，对海量数据和信息进行分析和处理，对物体进行实时智能化控制。

按照物联网的各组成元素的功能，欧盟 Coordination And Support Action for Global RFID-related Activities and Standardization(CASAGRAS)工作组给出了一个四层物联网

体系结构，包括感知层、传输层、处理层和应用层，如图 8－2 所示。

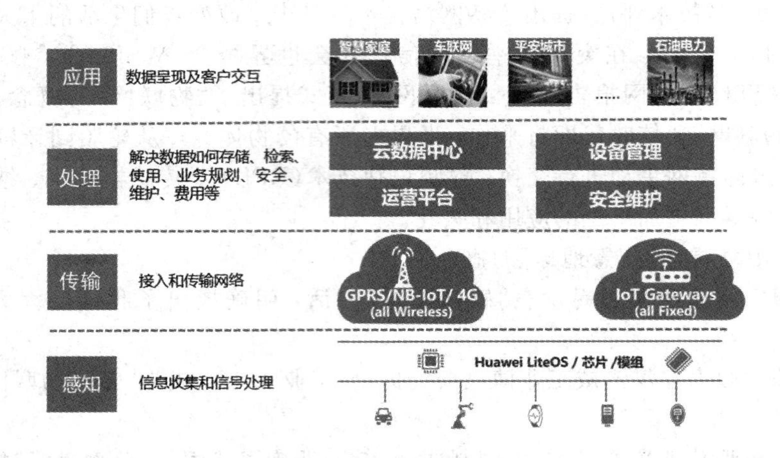

图 8－2　物联网体系结构

8.3.1　感知层

物联网在传统网络的基础上，从原有网络用户终端向“下”延伸和扩展，扩大通信对象范围，即通信不仅仅局限于人与人之间的通信，还扩展到人与现实世界的各种物体之间的通信。

这里的“物”并不是自然物品，而是要满足一定的条件才能够被纳入物联网范围的物品，例如有相应的信息接收器和发送器、数据传输通路、数据处理芯片、操作系统、存储空间等，遵循物联网的通信协议，在物联网中有可被识别的标识。可以看到，现实世界的物品未必能满足这些要求，这就需要特定的物联网设备的帮助。物联网设备具体来说就是包括嵌入式系统、传感器、RFID 等的电子装置。

物联网感知层解决的是人类世界和物质世界的数据获取问题，这些数据包括各类物理量、标识、音频数据、视频数据等。感知层处于体系架构的最底层，是物联网发展和应用的基础，具有物联网全面感知的核心能力。作为物联网的最基本一层，感知层具有十分重要的作用。

感知层一般包括数据采集和数据短距离传输两部分，即首先通过传感器、摄像头等设备采集外部物理世界的数据，然后通过蓝牙、红外、ZigBee、工业现场总线等短距离有线或无线传输技术让这些设备进行协同工作或者传递数据到网关设备；也可以只有数据的短距离传输这一部分，特别是在仅传递物品的识别码的情况下。实际上，感知层这两个部分有时很难明确区分开。

8.3.2　传输层

物联网传输层也称为网络层，是在现有网络的基础上建立起来的，它与目前主流的移动通信网、国际互联网、企业内部网、各类专网等网络一样，主要承担着数据传输的功能，特别是当三网融合后，有线电视网也能承担数据传输的功能。

在物联网中，要求传输层能够把感知层感知到的数据无障碍、高可靠性、高安全性地进行传送，它解决的是感知层所获得的数据在一定范围内，尤其是远距离的传输问题。同时，物联网传输层将承担比现有网络更大的数据量和面临更高的服务质量要求，而现有网络尚不能满足物联网的需求，这就意味着物联网需要对现有网络进行融合和扩展，利用新技术来实现更加广泛和高效的互联功能。

由于广域通信网络在早期物联网发展中的缺位，早期的物联网应用往往在部署范围、应用领域等诸多方面有所局限，终端之间及终端与后台软件之间都难以开展协同。随着物联网的发展，必须建立端到端的全局网络。

8.3.3 处理层

处理层的主要功能是把感知和传输来的信息进行分析和处理，做出正确的控制和决策，实现智能化的管理、应用和服务。这一层解决的是信息处理的问题。

具体来讲，处理层要将网络层传输来的数据通过各类信息系统进行处理，并通过各种设备与人进行交互。它的作用是进行数据处理，完成跨行业、跨应用、跨系统之间的信息协同、共享、互通的功能。这正是物联网作为深度信息化网络的重要体现。

8.3.4 应用层

应用是物联网发展的驱动力和目的。物联网虽然是“物物相连”的网，但最终还是需要人的操作与控制，不过这里的人机界面已远远超出现在人与计算机交互的概念，而是泛指与应用程序相连的各种设备与人的反馈。

物联网的应用可分为监控型(物流监控、污染监控)、查询型(智能检索、远程抄表)、控制型(智能交通、智能家居、路灯控制)、扫描型(手机钱包、高速公路不停车收费)等。目前，软件开发、智能控制技术发展迅速，应用层技术将会为用户提供更加丰富多彩的物联网应用。同时，各种行业和家庭应用的开发将会推动物联网的普及，也会给整个物联网产业链带来利润。

近年来，很多学者也通常把处理层和应用层合并成一个层次，将物联网的体系结构分为三层，即感知层、传输层和应用处理层。这是因为数据处理跟业务应用结合得非常紧密，处理层在一些地方也称为应用支撑层，其功能主要是支撑上层应用。

8.4 物联网的通信方式

8.4.1 通信技术介绍

通信技术是物联网的基础，万物互联离不开各种通信技术的支持。如果把物联网比作信息的物流系统，那么通信技术就是不同的交通运输方式。但不论何种通信技术，最终目的都是连通感知终端与云侧平台应用。

常见的通信技术可以分为有线通信技术和无线通信技术。有线技术与无线技术根据场景及技术特点，又细分出许多不同的标准，如图 8-3 所示。

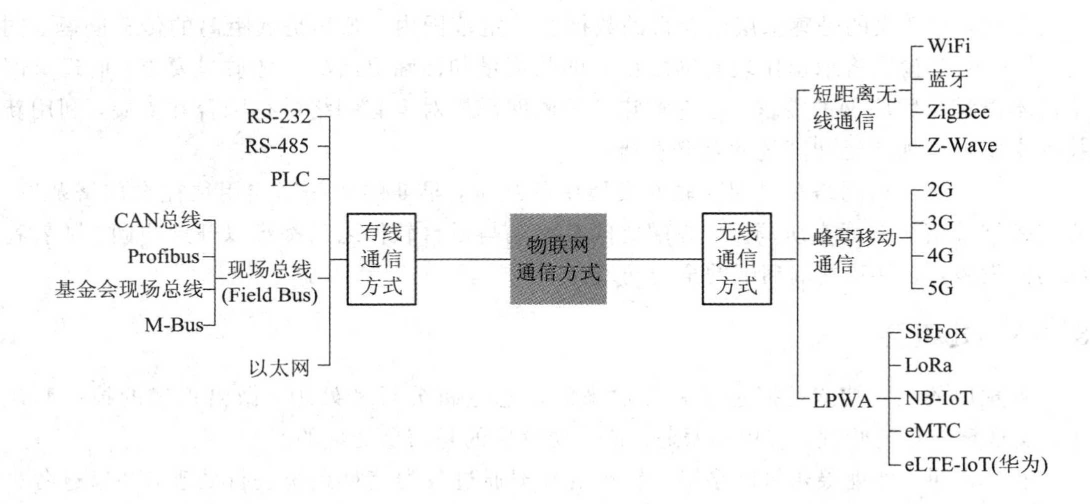

图 8－3　物联网常见通信方式

8.4.2　有线通信技术

有线通信方式是最早期的通信方式，目前仍然是重要的通信方式，尤其是在对可靠性要求较高的工业物联网通信中应用得更加广泛。主要的有线通信方式如表 8－1 所示。

表 8－1　主要的有线通信方式

通信方式	特　点	适用场景
ETH	协议全面、通用，成本低	智能终端、视频监控
RS-232	一对一通信，成本低，传输距离较近	少量仪表、工业控制等
RS-485	总线方式，成本低，抗干扰性强	工业仪表、抄表等
M-Bus	针对抄表设计，使用普通双绞线，抗干扰性强	工业能源消耗数据采集
PLC	针对电力线载波，覆盖范围广，安装简便	电网传输、电表

RS-232 是最常见的有线通信方式。早期的计算机主机都带 RS-232 通信接口，目前大多数计算机已经没有 RS-232 接口了，往往将 USB 转换为 RS-232 接口进行连接。RS-232 的优点是与计算机连接方便，缺点是有效通信距离短。

RS-485 总线是最早的用于工业控制的总线方式，它利用双绞线连接，成本低，采用差分方式通信，抗干扰性强。

Field Bus(现场总线)是 20 世纪末出现并迅速普及的工业现场通信技术，它的特点是通信协议实现了标准化，用于传感器和各种仪表的标准化，便于不同厂家按照统一的标准生产标准产品。目前不同地区，例如欧洲国家、美国等有多种现场总线标准，比如 CAN 总线、ModiBus、M-Bus 等，互相不统一，自成体系。

PLC(Power Line Communication)是利用电力线传输数据和语音信号的一种通信方式。它的优点是既避免了有线通信方式下需要现场布线的麻烦，又解决了无线通信方式下信号被墙壁、物体阻挡、屏蔽的缺点。其缺点是通信信号需要借助现有的电力电源线，需要进行载波处理，还要避免电力线常有的干扰。

ETH(Ethernet，以太网)是一种计算机局域网技术，最早用于局域网。作为物联网应用的工业以太网技术源自以太网技术，但是其本身和普通的以太网技术又存在着很大的差异和区别。工业以太网技术本身对原有以太网进行了适应性方面的调整，结合工业生产安全性和稳定性方面的需求，增加了相应的控制应用功能，提出了符合特定工业应用场所需求的解决方案。工业以太网技术在实际应用中能够满足工业生产高效性、稳定性、实时性、经济性、智能性、扩展性等多方面的需求，可以真正延伸到实际企业生产过程中现场设备的控制层面，并结合其技术应用的特点，给予实际企业工业生产过程的全方位控制和管理，是一种非常重要的技术手段。

8.4.3 无线通信技术

从图 8-4 可以看出，无线通信按照通信速率可以分为低速和高速，按照通信距离可以分为短距离和长距离。因此可以根据通信速度和通信距离两个因素将无线通信方式分为四种类型：低速短距离、高速短距离、低速长距离和高速长距离。

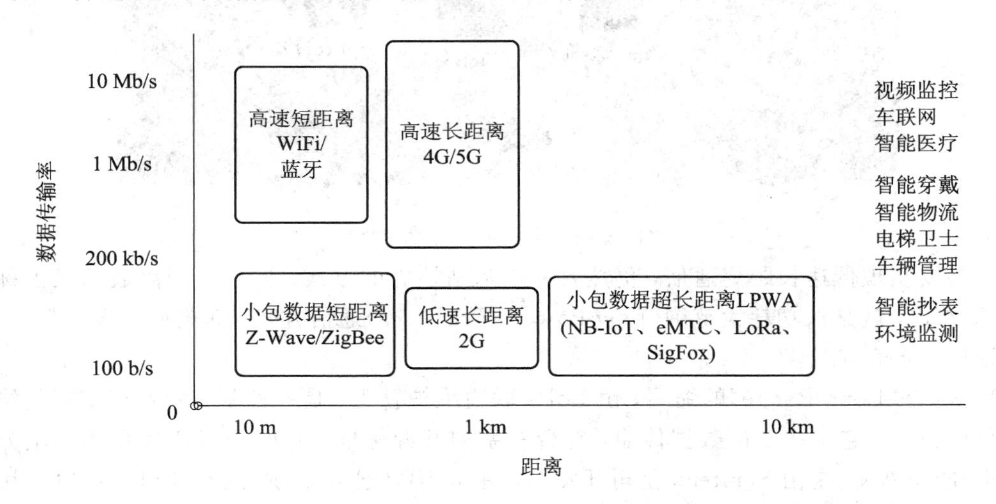

图 8-4　物联网常见通信方式

在日常生活当中，我们比较熟悉的是高速短距离通信和高速长距离通信。

高速短距离通信的典型类型有 WiFi 和蓝牙。其通信距离比较短，间隔稍远就没有信号了。但是它的通信速率很快，适合观看视频、进行语音通话等数据量较大的通信内容。

高速长距离通信比如 4G、5G 通信，通信距离远，也适合观看视频、进行语音通话等数据量较大的通信内容。

高速短距离通信和高速长距离通信的工作原理和使用设备不同，也就是信息通信的路径不一样。其实 4G、5G 通信方式的通信距离虽然比 WiFi 和蓝牙远，理论上似乎在全球范围都能使用，但实际上它的通信距离也有限，要靠覆盖广泛的基站才能进行数据通信，这就是所谓的“蜂窝”移动通信。

而低速通信方式，也就是低速短距离通信和低速长距离通信在我们的日常生活中较少接触，但是这两种通信方式是物联网的主要通信形式。

首先是因为物联网传递的信息量往往比较小，比如传递温度、湿度、pH 值、开关状态等数据，1 个字节或者几个字节就够用了，而大数据量的通信往往伴随着能量的消耗和抗干扰能力的降低。所以，在数据量小的情况下，优先选择低速率的通信方式。

典型的低速短距离通信方式当属 ZigBee 通信方式和 RFID 方式。为了达到降低功耗的目的，就要降低信号发射功率，这样就会缩短通信距离；如果要实现远距离设备之间能够互相交换数据，就要采用各个节点之间信号接力的方式来完成，如图 8-5 所示。

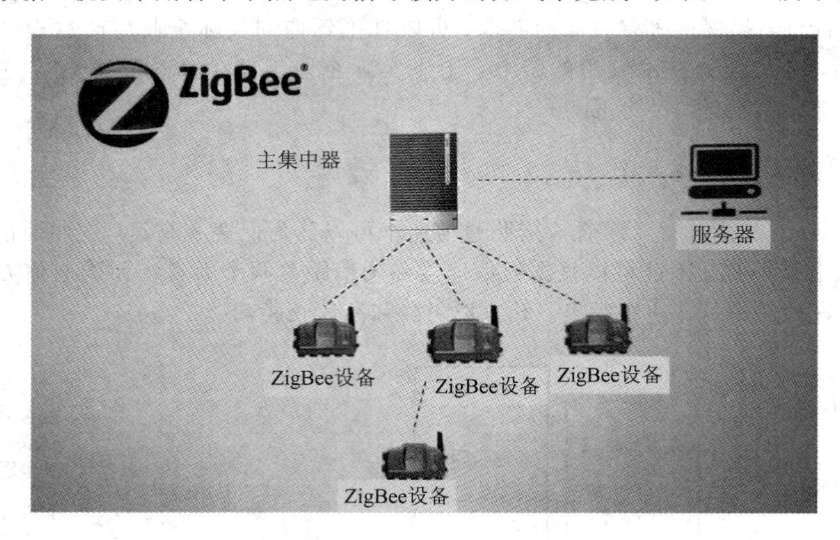

图 8-5　ZigBee 通信方式

如果要实现低速长距离通信，仍然要采用基站接力的方式。低速长距离通信又被称作 LPWA 方式，就是低功耗大范围(Low Power Wide Area)通信方式，其典型代表就是 LoRa 和 NB-IoT 通信方式。

LoRa 是“Long Range”的缩写，由 LoRa 联盟维护管理，是一种基于物理层实现网络数据通信的技术。它支持双向数据传输，符合一系列开源标准。它的网络实现具体解决方案称为 LoRaWAN，是由 Semtech 公司开发的，并由 IBM 公司提供支持。LoRa 可以应用于自动抄表、智能家居和楼宇自动化、无线预警和安全系统、工业监测和控制以及远程灌溉系统中。LoRa 使用未授权频谱来支持服务。

NB-IoT 是基于蜂窝的窄带物联网，它构建于蜂窝网络，只消耗大约 180 kHz 的带宽，可直接部署于 GSM 网络、UMTS 网络或 LTE 网络，以降低部署成本，实现平滑升级。NB-IoT 聚焦于低功耗广覆盖物联网市场，是一种可在全球范围内广泛应用的新兴技术，具有覆盖广、连接多、速率低、成本低、功耗低、架构优等特点。根据 3GPP 的 R14 版本，NB-IoT 可支持基站定位，同时能够支持 80 km/h 以内的移动性场景。

LoRa 使用未授权频谱的意思就是 LoRa 通信方式的无线信号属于非授权频段，需要自己建基站来收集传感器发来的无线信号。

NB-IoT 使用授权频谱来支持服务的意思就是 NB-IoT 通信方式的无线信号属于授权频段，它的工作频率在我们手机使用的无线频段范围内，所以已得到相关部门的授权。其优势是不需要自己建基站来收集传感器发来的无线信号，利用现有的手机基站就可以传递数据。

两者相比各有优势和劣势：NB-IoT 使用授权频谱避免了架设基站的大笔费用，但是用户或者物联网系统开发商就要支付一定的网络使用费；LoRa 使用未授权频谱需要付出架设基站的大笔费用，但是用户或者物联网系统开发商不用支付网络使用费。

所以，从两者比较可以看出，如果是距离远的比较孤立的用户，适合采用 NB-IoT 通信方式，以节省建设基站的巨大费用。如果是小范围内比较集中的大量用户，可以考虑 LoRa 通信方式，虽然需要支出建设基站的费用，但是可以节省需要长期支付的网络使用费。所以要权衡利弊，选择适合的通信方式。

8.5 物联网的关键技术

8.5.1 射频识别技术

谈到物联网，就不得不提到物联网发展中备受关注的射频识别技术(Radio Frequency Identification，RFID)。RFID 是一种简单的无线系统，由一个询问器(或阅读器)和很多应答器(或标签)组成。标签由耦合元件及芯片组成，每个标签具有扩展词条唯一的电子编码附着在物体上，用于标识目标对象，并通过天线将射频信息传递给阅读器。阅读器就是读取信息的设备。RFID 技术让物品能够"开口说话"，这就赋予了物联网一个特性，即可跟踪性。就是说人们可以随时掌握物品的准确位置及其周边环境。据 Sanford C. Bernstein 公司的零售业分析师估计，关于物联网 RFID 带来的这一特性，可使沃尔玛每年节省 83.5 亿美元，其中大部分是因为不需要人工查看进货的条码而节省的劳动力成本。RFID 帮助零售业解决了商品断货和损耗(因盗窃和供应链被搅乱而损失的产品)两大难题。仅防止物品被盗一项，沃尔玛一年挽回的损失就达近 20 亿美元。

8.5.2 传感网

MEMS 是微机电系统(Micro-Electro-Mechanical Systems)的英文缩写。它是由微传感器、微执行器、信号处理和控制电路、通信接口和电源等部件组成的一体化的微型器件系统。其目标是把信息的获取、处理和执行集成在一起，组成具有多功能的微型系统，并将其集成于大尺寸系统中，从而大幅度地提高系统的自动化、智能化和可靠性水平。因为 MEMS 赋予了普通物体新的生命，使它们有了属于自己的数据传输通路，有了存储功能、操作系统和专门的应用程序，所以形成一个庞大的传感网。这让物联网能够通过物品来实现对人的监控与保护。例如，遇到酒后驾车的情况，如果在汽车和汽车点火钥匙上都植入微型感应器，那么当喝了酒的司机掏出汽车钥匙时，钥匙能通过气味感应器察觉有酒气，便通过无线信号立即通知汽车"暂停发动"；同时系统"命令"司机的手机给他的亲朋好友发短信，告知司机所在位置，提醒亲友尽快来处理。不仅如此，未来的衣服可以"告诉"洗衣机放多少水和洗衣粉最经济；文件夹会"检查"我们忘带了什么重要文件；食品蔬菜的标签会向顾客的手机介绍"自己"是否真正"绿色安全"。这就是物联网世界中被"物"化的结果。

8.5.3 M2M 系统框架

M2M 是 Machine-to-Machine(也可以认为是 Machine-to-Man)的简称，它是一种以机

器终端智能交互为核心的、网络化的应用与服务，它将使对象实现智能化的控制。M2M技术涉及5个重要的技术部分：机器、M2M硬件、通信网络、中间件、应用。M2M基于云计算平台和智能网络，可以依据传感器网络获取的数据进行决策，改变对象的行为，对其进行控制和反馈。拿智能停车场来说，当车辆驶入或离开天线通信区域时，天线以微波通信的方式与电子识别卡进行双向数据交换，即从电子车卡上读取车辆的相关信息，从司机卡上读取司机的相关信息，自动识别电子车卡和司机卡，并判断车卡是否有效和司机卡的合法性，核对车道控制电脑显示与该电子车卡和司机卡一一对应的车牌号码及驾驶员等资料信息；车道控制电脑自动将通过时间、车辆和驾驶员的有关信息存入数据库中，根据读到的数据判断是正常卡、未授权卡、无卡还是非法卡，据此做出相应的回应和提示。又如，家中老人戴上嵌入智能传感器的手表，在外地的子女可以随时通过手机查询父母的血压、心跳是否稳定；智能化的住宅在主人上班时，传感器自动关闭水、电、煤气和门窗，定时向主人的手机发送消息，汇报安全情况。

8.5.4 云计算

云计算旨在通过网络把多个成本相对较低的计算实体整合成一个具有强大计算能力的完美系统，并借助先进的商业模式让终端用户可以得到这些强大计算能力的服务。如果将计算能力比作发电能力，那么从古老的单机发电模式转向现代电厂集中供电的模式，就好比大家习惯的单机计算模式转向云计算模式，而“云”就好像发电厂，具有单机所不能比拟的强大计算能力。这意味着计算能力也可以作为一种商品进行流通，就像煤气、水、电一样，取用方便、费用低廉，因此用户无需自己配备。与电力是通过电网传输不同，计算能力是通过各种有线、无线网络传输的。因此，云计算的一个核心理念就是通过不断提高“云”的处理能力，不断减少用户终端的处理负担，最终使其简化成一个单纯的输入输出设备，并能按需享受“云”强大的计算处理能力。物联网感知层获取大量数据信息，这些数据信息经过网络层传输以后，放到一个标准平台上，再利用高性能的云计算对其进行处理，赋予这些数据智能，才能最终将其转换成对终端用户有用的信息。

8.6 物联网的应用

物联网的应用领域涉及方方面面，物联网在工业、农业、环境、交通、物流、安保等基础设施领域的应用，有效地推动了这些方面的智能化发展，使得有限的资源得到更加合理的使用分配，从而提高了各行业智能化程度和管理效率。物联网在家居、医疗健康、教育、金融与服务业、旅游业等与生活息息相关的领域的应用，使得这些领域从服务范围、服务方式到服务质量等方面都有了极大的改进，大大地提高了人们的生活质量；在国防军事领域，虽然还处在研究探索阶段，但物联网应用带来的影响也不可小觑，大到卫星、导弹、飞机、潜艇等装备系统，小到单兵作战装备，物联网技术的嵌入有效提升了军事智能化、信息化、精准化，极大提升了军事战斗力，是未来军事变革的关键。

8.6.1 工业领域的应用

具有环境感知能力的各类终端、基于物联网技术的计算模式、移动通信等不断融入工业生产的各个环节中，大幅提高了制造效率，改善了产品质量，降低了产品成本和资源消耗，将传统工业提升到智能工业的新阶段。从当前技术发展和应用前景来看，物联网在工业领域的应用主要集中在以下几个方面：

(1) 制造业供应链管理。物联网应用于企业原材料采购、库存、销售等领域，通过完善和优化供应链管理体系，提高了供应链效率，降低了成本。例如，空中客车公司通过在供应链体系中应用传感网络技术，构建了全球制造业中规模最大、效率最高的供应链体系。

(2) 生产过程工艺优化。物联网技术的应用提高了生产线过程检测、实时参数采集、生产设备监控、材料消耗检测的能力和水平，同时也使得生产过程的智能控制、智能诊断、智能决策、智能维护水平不断提高。例如，一些钢铁企业应用各种传感器和通信网络，在生产过程中实现了对加工产品的宽度、厚度、温度的实时监控，提高了产品质量，优化了生产流程。

(3) 产品设备监控管理。各种传感技术与制造技术融合，实现了对产品设备操作使用记录、设备故障诊断的远程监控。例如，GE Oil & Gas 集团在全球建立了 13 个面向不同产品的 i-Center（综合服务中心），通过传感器和网络对设备进行在线监测和实时监控，并提供设备维护和故障诊断的解决方案。

(4) 环保监测及能源管理。物联网与环保设备的融合实现了对工业生产过程中产生的各种污染源及污染治理各环节关键指标的实时监控。在重点排污企业排污口安装无线传感设备，不仅可以实时监测企业排污数据，而且可以远程关闭排污口，防止突发性环境污染事故发生。电信运营商已经开始推广基于物联网的污染治理实时监测解决方案。

(5) 工业安全生产管理。把传感器嵌入和装配到矿山设备、油气管道、矿工设备中，可以感知危险环境中工作人员、设备机器、周边环境等方面的安全状态信息，将现有的网络监管平台提升为系统、开放、多元的综合网络监管平台，能够实现实时感知、准确辨识、快捷响应及有效控制。

8.6.2 农业领域的应用

物联网在农业领域的应用是指通过实时采集温室内温度、湿度信号及光照、土壤温度、CO_2 浓度、叶面湿度、露点温度等环境参数，自动开启或者关闭指定设备，根据用户需求，随时进行处理，为实施农业综合生态信息自动监测、对环境进行自动控制和智能化管理提供科学依据。换句话说就是通过感知模块采集温湿度等信号，经由无线信号收发模块传输数据，实现对大棚温湿度的远程控制。智能农业产品还包括智能粮库系统，该系统将粮库内温湿度变化的感知与计算机或手机进行连接，可实时观察、记录现场情况，保证粮库内的温湿度平衡。

智慧农业建设的脚步日益加快，先进的农业应用系统被广泛推广，越来越多的农民群众接受了这种“开心农场”式的生产方式。目前，利用 RFID、无线数据通信等技术可采集农业生产信息，帮助农民及时发现问题，并且准确地确定发生问题的位置，使农业生产自动化、智能化，并可远程控制。

8.6.3 智慧城市领域的应用

城市管理中采用物联网技术的应用子系统将各种不同类型的感知网络互联，结合应用地理信息系统、空间信息系统，通过传感节点与城市基础设施相连接，感知基础设施的环境状态、位置等信息，有针对性地进行传感数据的连接和信息融合。在建立城市管理各应用子系统的同时，人们还在不断地进行技术、业务、应用创新，以满足经济社会发展的需求。

1. 重要地点边界监控系统及城市视频监控系统

重要地点边界监控系统采用复合传感器与智能视频相结合的方式，通过传感网络，对政府、军事单位等重要地点周边边界和区域内重要场所进行全天候、全方位的监控。该系统装备的传感网监测系统前端由大量控制器节点组成，经过无线网络技术进行联网，并通过传感网关进行传感数据的传送和控制信息的接收，可以实现自主组网无人值守，具有很强的环境适应性和智能性，能够完成入侵目标的监测识别、定位与跟踪，同时还可以消除环境气候、动物非法入侵引起的误警率和虚警率。

城市视频监控系统在各类事件频发的地点设置视频监控节点(包括交通要道、街头巷尾、人流密集处等)，经过有线或无线网络将视频信号实时传送到管理系统中，能够与GS、卫星定位系统等进行融合，可以一边在大屏幕中显示视频内容，另一边在管理系统中显示该视频监控具体位置、周边情况。如遇突发事件(如交通肇事逃逸、街头突发犯罪等)，系统能够提供相关信息并做出辅助判断，还可以利用装备在警方车辆上的卫星定位系统感知该车辆具体位置，以便在最短时间内调动警力来处理事件。

2. 危险源监控系统

危险源监控系统通过建立危险源数据采集及监控系统，可提高报警、监控、管理和执法监管水平。如针对城市日常生产、生活中的易燃、易爆、有毒环境(地下燃气输送管道、加油站、有毒气体存储运输等)，以及当前高层楼房的电梯运行安全监控，通过将各类数据采集、探测终端部署在危险源附近，实现对危险源的实时数据采集，并通过有线、无线网络等方式将数据传送至城市管理系统中进行汇总、分析和共享，能够实现预防和监控，并针对临界安全值进行报警，以充分发挥公共安全监管系统的作用，消除安全隐患，提升公共安全水平。

3. 交通管理

随着社会车辆越来越普及，交通拥堵甚至瘫痪已成为城市的一大问题。对道路交通状况实时监控并将信息及时传递给驾驶人，让驾驶人及时作出出行调整，可以有效缓解交通压力；高速路口设置道路自动收费系统(ETC)，可以免去进出口取卡、还卡的时间，提升车辆的通行效率。社会车辆增多，除了会带来交通压力外，停车难也日益成为一个突出问题，不少城市推出了智慧路边停车管理系统，该系统基于云计算平台，结合物联网技术与移动支付技术，共享车位资源，提高车位利用率和用户的方便程度。该系统可以兼容手机模式和射频识别模式，通过手机端APP软件可以实现及时了解车位信息、车位位置，提前做好预定并实现交费等操作，很大程度上解决了“停车难”的问题。

4. 智能城市安防

智能城市安防包括对城市的数字化管理和城市安全管理的统一监控。前者利用“数字城市”理论，基于3S(地理信息系统(GIS)、全球定位系统(GPS)、遥感系统(RS))等关键技术，深入开发和应用空间信息资源，建设服务于城市规划、城市建设和管理，服务于政府、企业、公众，服务于人口、资源环境、经济社会的可持续发展的信息基础设施和信息系统。后者基于宽带互联网的实时远程监控、传输、存储、管理的业务，利用无处不达的宽带和3G网络，将分散、独立的图像采集点进行联网，实现对城市安全的统一监控、统一存储和统一管理，为城市管理和建设者提供一种全新、直观、视听觉范围延伸的管理工具。

5. 智慧消防

伴随着城市建设的快速发展，城市消防安全风险不断上升，城市高层、超高层建筑和大型建筑日益增多，建筑消防安全问题越来越突出。消防灭火救援科技需求迫切，需要提升社会火灾防控能力，实现消防工作与经济社会协调发展。火灾猛于虎，防患于未然。伴随着城市化进程的加快，如何防患火灾、确保消防安全，成为当今城市治理中的重点和难点问题。

智慧消防采用“感、传、知、用”等物联网技术手段，综合利用RFID、无线传感、云计算、大数据等技术，通过互联网、无线通信网、专网等通信网络，对消防设施、器材、人员等状态进行智能化感知、识别、定位与跟踪，实现实时、动态、互动、融合的消防信息采集、传递和处理，通过信息处理、数据挖掘和态势分析，为防火监督管理和灭火救援提供信息支撑，提高社会化消防监督与管理水平，增强消防灭火救援能力。

物联网还可以应用于城市管理的很多方面，比如地面井盖自动监测系统、垃圾箱充满自动报警系统、城市户外广告牌管理系统、路灯自动控制及监测系统、食品安全跟测系统等，这里不再赘述。

8.6.4 公共交通领域的应用

智能交通系统在公共交通行业的应用主要包括公交行业无线视频监控平台、智能公交站台、电子票务、车管专家和公交手机一卡通五种业务。公交行业无线视频监控平台利用车载设备的无线视频监控和GPS定位功能，对公交车运行状态进行实时监控。智能公交站台通过媒体发布中心与电子站牌的数据交互，实现公交调度信息数据的发布和多媒体数据的发布功能，还可以利用电子站牌实现广告发布等功能。电子票务是二维码应用于手机凭证业务的典型应用，从技术实现的角度看，手机凭证业务就是以手机为平台，以手机身后的移动网络为媒介，通过特定的技术实现并完成凭证功能的。车管专家利用全球卫星定位技术(GPS)、无线通信技术(CDMA)、地理信息系统技术(GIS)、中国电信移动通信技术等高新技术，对车辆的位置与速度，车内外的图像、视频等各类媒体信息及其他车辆参数等进行实时管理，有效满足用户对车辆管理的各种需求。公交手机一卡通将手机终端作为城市公交一卡通的介质，除完成公交刷卡功能外，还可以实现小额支付、空中充值等功能。

8.6.5 其他领域的应用

1. 智能家居领域

智能家居就是物联网在家庭中的基础应用。随着宽带业务的普及，智能家居产品涉及方方面面。家中无人时，可利用手机等产品客户端远程操作智能空调，调节室温，甚者还可以学习用户的使用习惯，从而实现全自动的温控操作，使人们在炎炎夏季回家就能享受到冰爽带来的惬意；通过客户端实现智能灯泡的开关、调控灯泡的亮度和颜色等；插座内置 WiFi，可实现遥控插座定时通断电流，甚至可以监测设备用电情况，生成用电图表，让人们对用电情况一目了然，更好地安排资源使用及开支预算；智能体重秤用于监测运动效果，内置可以监测血压、脂肪量的先进传感器，内定程序根据身体状态提出健康建议；智能牙刷与客户端相连，提供刷牙时间、刷牙位置提醒，可根据刷牙的数据产生图表，提醒人们注意口腔的健康状况；智能摄像头、窗户传感器、智能门铃、烟雾探测器、智能报警器等都是家庭不可缺少的安全监控设备，即使人们出门在外，也可以在任意时间、任何地方查看家中的实时状况，了解出现的安全隐患。看似繁琐的种种家居生活因为物联网变得更加轻松、美好。

目前智能家居市场较为混乱，缺乏智能建筑领域的产品标准。2011 年 11 月 29 日，长虹联合住建部发布《2011 年度中国城市居民 e 家生活指数研究报告》，公布了我国首个智慧家庭发展情况的评价标准——e 家生活指数：2011 年度中国城市居民 e 家（智能家居）生活指数研究结果为 34.04 分。此报告为管理者和部门制定相关政策提供了参考依据，对提高我国智能建筑及居住区数字化标准水平做出了积极贡献。

在智能家居应用方面，2011 年 12 月，海尔 U-home“云社区”全球体验中心在青岛落成并揭幕。随着这一体验中心的落成和投入运行，智能家居行业首个主打“云社区”概念的体验中心正式浮出水面。

2. 智能电网领域

智能电网与物联网作为具有重要战略意义的高新技术和新兴产业，现已引起世界各国的高度重视，我国政府不仅将物联网、智能电网的建设上升为国家战略，并且在产业政策、重大科技项目支持、示范工程建设等方面进行了全面部署。应用物联网技术，智能电网将会形成一个以电网为依托，覆盖城乡各用户及用电设备的庞大的物联网络，成为“感知中国”最重要的基础设施之一。智能电网与物联网的相互渗透、深度融合和广泛应用，将能有效整合通信基础设施资源和电力系统基础设施资源，进一步实现节能减排，提升电网信息化、自动化、互动化水平，提高电网运行能力和服务质量。智能电网和物联网的发展，不仅能够促进电力工业的结构转型和产业升级，而且能够创造大批原创的具有国际先进水平的科研成果，打造千亿元的产业规模。

3. 智能物流领域

智能物流打造了集信息展现、电子商务、物流配载、仓储管理、金融质押、园区安保、海关保税等功能为一体的物流园区综合信息服务平台。信息服务平台以功能集成、效能综合为主要开发理念，以电子商务、网上交易为主要交易形式，建设了高标准、高品位的综合信息服务平台，并为金融质押、园区安保、海关保税等功能预留了接口，可以为园区客户及管理人员提供一站式综合信息服务。

4. 智能医疗

智能医疗系统借助简易、实用的家庭医疗传感设备，对家中病人或老人的生理指标进行自测，并将生成的生理指标数据通过固定网络或移动通信无线网络传送到护理人或有关医疗单位。根据客户需求，通信运营商还可提供相关增值业务，如紧急呼叫救助服务、专家咨询服务、终生健康档案管理服务等。智能医疗系统真正解决了现代社会子女们因工作忙碌无暇照顾家中老人的困局，可以解决人口老龄化带来的许多问题。

5. 智能环保

智能环保领域的应用通过对地表水水质的自动监测，实现水质的实时连续监测和远程监控，以便及时掌握主要流域重点断面水体的水质状况，预警预报重大流域性水质污染事故，解决跨行政区域的水污染事故纠纷，监督总量控制制度落实情况。例如，太湖环境监控项目通过安装在环太湖地区的各个环保和监控传感器，将太湖的水文、水质等环境状态提供给环保部门，实时监控太湖流域水质等情况并通过互联网将监测点的数据报送至相关管理部门。

6. 智能校园

目前已有的校园手机一卡通和金色校园业务促进了校园的信息化和智能化发展。校园手机一卡通主要的实现功能包括电子钱包、身份识别和银行圈存。电子钱包即通过手机刷卡实现校内消费；身份识别包括门禁、考勤、图书借阅、会议签到等；银行圈存可实现银行卡到手机的转账充值、余额查询。目前校园手机一卡通的建设，除了满足普通一卡通功能外，还实现了借助手机终端实现空中圈存、短信互动等应用。

7. 公共安全

近年来全球气候异常情况频发，灾害的突发性和危害性进一步加大。互联网可以实时监测环境的不安全情况，提前预防，实时预警，及时采取应对措施，降低灾害对人类生命财产的威胁。美国布法罗大学早在 2013 年就提出研究深海互联网项目，通过将特殊处理的感应装置置于深海处，分析水下相关情况，对海洋污染的防治、海底资源的探测提供方便，甚至对海啸也可以提供更加可靠的预警。该项目在当地湖水中进行试验后获得成功，这为进一步扩大使用范围提供了基础。利用物联网技术可以智能感知大气、土壤、森林、水资源等方面的各指标数据，对改善人类生活环境有巨大作用。

8.7 物联网面临的挑战

虽然物联网近年来的发展已经渐成规模，各国都投入了巨大的人力、物力、财力来进行研究和开发，但是在技术、管理、成本、政策、安全等方面仍然存在许多需要攻克的难题，具体分析如下。

1. 技术标准的统一与协调

传统互联网的标准并不适合物联网。物联网感知层的数据多源异构，不同的设备有不同的接口和不同的技术标准；网络层、应用层也由于使用的网络类型不同、行业的应用方向不同而存在不同的网络协议和体系结构。建立统一的物联网体系架构和统一的技术标准是物联网急需解决的难题。

2. 管理平台问题

物联网自身就是一个复杂的网络体系，加之应用领域遍及各行各业，所以不可避免地存在很大的交叉性。如果这个网络体系没有一个专门的综合平台对信息进行分类管理，就会出现大量信息冗余，以及因重复工作、重复建设造成资源浪费的状况。若每个行业的应用各自独立，则建设成本高、效率低，体现不出物联网的优势，势必会影响物联网的推广。

物联网急需一个能整合各行业资源的统一管理平台，使其能形成一个完整统一的产业链模式。

3. 成本问题

虽然各国都积极支持物联网，但在看似百花齐放的背后，能够真正投入并大规模使用的物联网项目还没有普及。譬如，实现 RFID 技术最基本的电子标签及读卡器，其成本价格一直无法达到企业的预期，性价比不高；传感网络是一种自组织网络，极易遭到环境因素或人为因素的破坏，若要保证网络通畅并能实时、安全地传送信息，网络的维护成本高，在此成本没有降至普遍可以接受的范围时，物联网的全面发展还有待技术的进一步发展。

4. 安全性问题

传统的互联网发展成熟、应用广泛，但仍存在安全漏洞。物联网作为新兴产物，体系结构更复杂，没有统一标准，各方面的安全问题更加突出。其关键实现技术是传感网络，而网络中的传感器暴露在自然环境下，甚至放置在恶劣环境中，如何长期维持网络的完整性对传感技术提出了新的要求——传感网络必须有自愈的功能。这不仅受环境因素影响，而且受人为因素的影响。RFID 是物联网另一关键实现技术，它要求事先将电子标签置入物品中以达到实时监控的状态，这对于部分标签物的所有者势必会造成一些个人隐私的暴露，使个人信息的安全性存在问题。不仅仅是个人信息安全，如今企业之间、国家之间的合作都相当普遍，一旦网络遭到攻击，后果将不堪设想。如何在使用物联网的过程中做到信息化和安全化的平衡至关重要。

习　题

1. 写出物联网的英文简写和全称，并简要说明。
2. 用自己的语言(200 字左右)描述你对“物联网”和“互联网”关系的认识。
3. 简要描述物联网的层级结构，并说明各层级的主要作用。
4. 总结物联网有线通信的主要方式以及优点和缺点，并说明各方式的主要应用场景。
5. 总结物联网无线通信的主要方式以及优点和缺点，并说明各方式的主要应用场景。
6. 简述物联网的关键技术有哪些。
7. 物联网有哪些主要应用领域？各举一例。
8. 当前物联网的发展面临哪些主要挑战？
9. 自己设想一个物联网应用场景，写出技术方案和主要功能(明确说明采用什么传感器，采用哪种通信方式以及想要实现的主要功能)。

附录 ST7920 GB 中文字型码表

A1A0 、。·ˉˇ¨〃々—～‖…‘’

A1B0 “”〔〕〈〉《》「」『』〖〗【】

A1C0 ±×÷∶∧∨∑∏∪∩∈∷√⊥∥∠

A1D0 ⌒⊙∫∮≡≌≈∽∝≠≮≯≤≥∞∵

A1E0 ∴♂♀°′″℃＄¤￠￡‰§№☆★

A1F0 ○●◎◇◆□■△▲※→←↑↓〓

A2A0

A2B0 ⒈⒉⒊⒋⒌⒍⒎⒏⒐⒑⒒⒓⒔⒕⒖

A2C0 ⒗⒘⒙⒚⒛⑴⑵⑶⑷⑸⑹⑺⑻⑼⑽⑾

A2D0 ⑿⒀⒁⒂⒃⒄⒅⒆⒇①②③④⑤⑥⑦

A2E0 ⑧⑨⑩㈠㈡㈢㈣㈤㈥㈦㈧㈨㈩

A2F0 ⅠⅡⅢⅣⅤⅥⅦⅧⅨⅩⅪⅫ

A3A0 ！＂＃￥％＆＇（）＊＋，－．／

A3B0 ０１２３４５６７８９：；＜＝＞？

A3C0 ＠ＡＢＣＤＥＦＧＨＩＪＫＬＭＮＯ

A3D0 ＰＱＲＳＴＵＶＷＸＹＺ［＼］＾＿

A3E0 ｀ａｂｃｄｅｆｇｈｉｊｋｌｍｎｏ

A3F0 ｐｑｒｓｔｕｖｗｘｙｚ｛｜｝￣

A4A0 ぁあぃいぅうぇえぉおかがきぎく

A4B0 ぐけげこごさざしじすずせぜそぞた

A4C0 だちぢっつづてでとどなにぬねのは

A4D0 ばぱひびぴふぶぷへべぺほぼぽまみ

A4E0 むめもゃやゅゆょよらりるれろゎわ

A4F0 ゐゑをん

A5A0 ァアィイゥウェエォオカガキギク

A5B0 グケゲコゴサザシジスズセゼソゾタ

A5C0 ダチヂッツヅテデトドナニヌネノハ

A5D0 バパヒビピフブプヘベペホボポマミ

A5E0 ムメモャヤュユョヨラリルレロヮワ

A5F0 ヰヱヲンヴヵヶ

A6A0 ΑΒΓΔΕΖΗΘΙΚΛΜΝΞΟ

A6B0 ΠΡΣΤΥΦΧΨΩ

A6C0 ~αβγδεζηθικλμνξο

A6D0 πρστυφχψω

A6E0

A6F0

A7A0 АБВГДЕЁЖЗИЙКЛМН

A7B0 ОПРСТУФХЦЧШЩЪЫЬЭ

A7C0 ЮЯ

A7D0 абвгдеёжзийклмн

A7E0 опрстуфхцчшщъыьэ

A7F0 юя

A8A0 āáǎàēéěèīíǐìōóǒ

A8B0 òūúǔùǖǘǚǜüêɑḿńňǹ

A8C0 ɡ ㄅㄆㄇㄈㄉㄊㄋㄌㄍㄎㄏ

A8D0 ㄐㄑㄒㄓㄔㄕㄖㄗㄘㄙㄚㄛㄜㄝㄞㄟ

A8E0 ㄠㄡㄢㄣㄤㄥㄦㄧㄨㄩ

A8F0

A9A0 ─━│┃┄┅┆┇┈┉┊┋

A9B0 ┌┍┎┏┐┑┒┓└┕┖┗┘┙┚┛

A9C0 ├┝┞┟┠┡┢┣┤┥┦┧┨┩┪┫

A9D0 ┬┭┮┯┰┱┲┳┴┵┶┷┸┹┺┻

A9E0 ┼┽┾┿╀╁╂╃╄╅╆╇╈╉╊╋

A9F0

B0A0 啊阿埃挨哎唉哀皑癌蔼矮艾碍爱隘

B0B0 鞍氨安俺按暗岸胺案肮昂盎凹敖熬翱

B0C0 袄傲奥懊澳芭捌扒叭吧笆八疤巴拔跋

B0D0 靶把耙坝霸罢爸白柏百摆佰败拜稗斑

B0E0 班搬扳般颁板版扮拌伴瓣半办绊邦帮

B0F0 梆榜膀绑棒磅蚌镑傍谤苞胞包褒剥

B1A0 薄雹保堡饱宝抱报暴豹鲍爆杯碑悲

B1B0 卑北辈背贝钡倍狈备惫焙被奔苯本笨

B1C0 崩绷甭泵蹦迸逼鼻比鄙笔彼碧蓖蔽毕

B1D0 毙毖币庇痹闭敝弊必辟壁臂避陛鞭边

B1E0 编贬扁便变卞辨辩辫遍标彪膘表鳖憋

B1F0 别瘪彬斌濒滨宾摈兵冰柄丙秉饼炳

B2A0 病并玻菠播拨钵波博勃搏铂箔伯帛

B2B0 舶脖膊渤泊驳捕卜哺补埠不布步簿部

B2C0 怖擦猜裁材才财睬踩采彩菜蔡餐参蚕

B2D0 残惭惨灿苍舱仓沧藏操糙槽曹草厕策

B2E0 侧册测层蹭插叉茬茶查碴搽察岔差诧

B2F0 拆柴豺搀掺蝉馋谗缠铲产阐颤昌猖

B3A0 场尝常长偿肠厂敞畅唱倡超抄钞朝

B3B0 嘲潮巢吵炒车扯撤掣彻澈郴臣辰尘晨

B3C0 忱沉陈趁衬撑称城橙成呈乘程惩澄诚

B3D0 承逞骋秤吃痴持匙池迟弛驰耻齿侈尺

B3E0 赤翅斥炽充冲虫崇宠抽酬畴踌稠愁筹

B3F0 仇绸瞅丑臭初出橱厨躇锄雏滁除楚

B4A0 础储矗搐触处揣川穿椽传船喘串疮

B4B0 窗幢床闯创吹炊捶锤垂春椿醇唇淳纯

B4C0 蠢戳绰疵茨磁雌辞慈瓷词此刺赐次聪

B4D0 葱囱匆从丛凑粗醋簇促蹿篡窜摧崔催

B4E0 脆瘁粹淬翠村存寸磋撮搓措挫错搭达

B4F0 答瘩打大呆歹傣戴带殆代贷袋待逮

B5A0 怠耽担丹单郸掸胆旦氮但惮淡诞弹

B5B0 蛋当挡党荡档刀捣蹈倒岛祷导到稻悼

B5C0 道盗德得的蹬灯登等瞪凳邓堤低滴迪

B5D0 敌笛狄涤翟嫡抵底地蒂第帝弟递缔颠

B5E0 掂滇碘点典靛垫电佃甸店惦奠淀殿碉

B5F0 叼雕凋刁掉吊钓调跌爹碟蝶迭谍叠

B6A0 丁盯叮钉顶鼎锭定订丢东冬董懂动

B6B0 栋侗恫冻洞兜抖斗陡豆逗痘都督毒犊

B6C0 独读堵睹赌杜镀肚度渡妒端短锻段断

B6D0 缎堆兑队对墩吨蹲敦顿囤钝盾遁掇哆

B6E0 多夺垛躲朵跺舵剁惰堕蛾峨鹅俄额讹

B6F0 娥恶厄扼遏鄂饿恩而儿耳尔饵洱二

B7A0 贰发罚筏伐乏阀法珐藩帆番翻樊矾

B7B0 钒繁凡烦反返范贩犯饭泛坊芳方肪房

B7C0 防妨仿访纺放菲非啡飞肥匪诽吠肺废

B7D0 沸费芬酚吩氛分纷坟焚汾粉奋份忿愤

B7E0 粪丰封枫蜂峰锋风疯烽逢冯缝讽奉凤

B7F0 佛否夫敷肤孵扶拂辐幅氟符伏俘服

B8A0 浮涪福袱弗甫抚辅俯釜斧脯腑府腐

B8B0 赴副覆赋复傅付阜父腹负富讣附妇缚

B8C0 咐噶嘎该改概钙盖溉干甘杆柑竿肝赶

B8D0 感秆敢赣冈刚钢缸肛纲岗港杠篙皋高

B8E0 膏羔糕搞镐稿告哥歌搁戈鸽胳疙割革

B8F0 葛格蛤阁隔铬个各给根跟耕更庚羹

B9A0 埂耿梗工攻功恭龚供躬公宫弓巩汞

B9B0 拱贡共钩勾沟苟狗垢构购够辜菇咕箍

B9C0 估沽孤姑鼓古蛊骨谷股故顾固雇刮瓜

B9D0 剐寡挂褂乖拐怪棺关官冠观管馆罐惯

B9E0 灌贯光广逛瑰规圭硅归龟闺轨鬼诡癸

B9F0 桂柜跪贵刽辊滚棍锅郭国果裹过哈

BAA0 骸孩海氦亥害骇酣憨邯韩含涵寒函

BAB0 喊罕翰撼捍旱憾悍焊汗汉夯杭航壕嚎

BAC0 豪毫郝好耗号浩呵喝荷菏核禾和何合

BAD0 盒貉阂河涸赫褐鹤贺嘿黑痕很狠恨哼

BAE0 亨横衡恒轰哄烘虹鸿洪宏弘红喉侯猴

BAF0 吼厚候后呼乎忽瑚壶葫胡蝴狐糊湖

BBA0 弧虎唬护互沪户花哗华猾滑画划化

BBB0 话槐徊怀淮坏欢环桓还缓换患唤痪豢

BBC0 焕涣宦幻荒慌黄磺蝗簧皇凰惶煌晃幌

BBD0 恍谎灰挥辉徽恢蛔回毁悔慧卉惠晦贿

BBE0 秽会烩汇讳诲绘荤昏婚魂浑混豁活伙

BBF0 火获或惑霍货祸击圾基机畸稽积箕

BCA0 肌饥迹激讥鸡姬绩缉吉极棘辑籍集

BCB0 及急疾汲即嫉级挤几脊己蓟技冀季伎

BCC0 祭剂悸济寄寂计记既忌际妓继纪嘉枷

BCD0 夹佳家加荚颊贾甲钾假稼价架驾嫁歼

BCE0 监坚尖笺间煎兼肩艰奸缄茧检柬碱硷

BCF0 拣捡简俭剪减荐槛鉴践贱见键箭件

BDA0 健舰剑饯渐溅涧建僵姜将浆江疆蒋

BDB0 桨奖讲匠酱降蕉椒礁焦胶交郊浇骄娇

BDC0 嚼搅铰矫侥脚狡角饺缴绞剿教酵轿较

BDD0 叫窖揭接皆秸街阶截劫节桔杰捷睫竭

BDE0 洁结解姐戒藉芥界借介疥诫届巾筋斤

BDF0 金今津襟紧锦仅谨进靳晋禁近烬浸

BEA0 尽劲荆兢茎睛晶鲸京惊精粳经井警

BEB0 景颈静境敬镜径痉靖竟竞净炯窘揪究

BEC0 纠玖韭久灸九酒厩救旧臼舅咎就疚鞠

BED0 拘狙疽居驹菊局咀矩举沮聚拒据巨具

BEE0 距踞锯俱句惧炬剧捐鹃娟倦眷卷绢撅

BEF0 攫抉掘倔爵觉决诀绝均菌钧军君峻

BFA0 俊竣浚郡骏喀咖卡咯开揩楷凯慨刊

BFB0 堪勘坎砍看康慷糠扛抗亢炕考拷烤靠

BFC0 坷苛柯棵磕颗科壳咳可渴克刻客课肯

BFD0 啃垦恳坑吭空恐孔控抠口扣寇枯哭窟

BFE0 苦酷库裤夸垮挎跨胯块筷侩快宽款匡

BFF0 筐狂框矿眶旷况亏盔岿窥葵奎魁傀

C0A0 馈愧溃坤昆捆困括扩廓阔垃拉喇蜡

C0B0 腊辣啦莱来赖蓝婪栏拦篮阑兰澜谰揽

C0C0 览懒缆烂滥琅榔狼廊郎朗浪捞劳牢老

C0D0 佬姥酪烙涝勒乐雷镭蕾磊累儡垒擂肋

C0E0 类泪棱楞冷厘梨犁黎篱狸离漓理李里

C0F0 鲤礼莉荔吏栗丽厉励砾历利傈例俐

C1A0 痢立粒沥隶力璃哩俩联莲连镰廉怜

C1B0 涟帘敛脸链恋炼练粮凉梁粱良两辆量

C1C0 晾亮谅撩聊僚疗燎寥辽潦了撂镣廖料

C1D0 列裂烈劣猎琳林磷霖临邻鳞淋凛赁吝

C1E0 拎玲菱零龄铃伶羚凌灵陵岭领另令溜

C1F0 琉榴硫馏留刘瘤流柳六龙聋咙笼窿

C2A0 隆垄拢陇楼娄搂篓漏陋芦卢颅庐炉

C2B0 掳卤虏鲁麓碌露路赂鹿潞禄录陆戮驴

C2C0 吕铝侣旅履屡缕虑氯律率滤绿峦挛孪

C2D0 滦卵乱掠略抡轮伦仑沦纶论萝螺罗逻

C2E0 锣箩骡裸落洛骆络妈麻玛码蚂马骂嘛

C2F0 吗埋买麦卖迈脉瞒馒蛮满蔓曼慢漫

C3A0 谩芒茫盲氓忙莽猫茅锚毛矛铆卯茂

C3B0 冒帽貌贸么玫枚梅酶霉煤没眉媒镁每

C3C0 美昧寐妹媚门闷们萌蒙檬盟锰猛梦孟

C3D0 眯醚靡糜迷谜弥米秘觅泌蜜密幂棉眠

C3E0 绵冕免勉娩缅面苗描瞄藐秒渺庙妙蔑

C3F0 灭民抿皿敏悯闽明螟鸣铭名命谬摸

C4A0 摹蘑模膜磨摩魔抹末莫墨默沫漠寞

C4B0 陌谋牟某拇牡亩姆母墓暮幕募慕木目

C4C0 睦牧穆拿哪呐钠那娜纳氖乃奶耐奈南

C4D0 男难囊挠脑恼闹淖呢馁内嫩能妮霓倪

C4E0 泥尼拟你匿腻逆溺蔫拈年碾撵捻念娘

C4F0 酿鸟尿捏聂孽啮镊镍涅您柠狞凝宁

C5A0 拧泞牛扭钮纽脓浓农弄奴努怒女暖

C5B0 虐疟挪懦糯诺哦欧鸥殴藕呕偶沤啪趴

C5C0 爬帕怕琶拍排牌徘湃派攀潘盘磐盼畔

C5D0 判叛乓庞旁耪胖抛咆刨炮袍跑泡呸胚

C5E0 培裴赔陪配佩沛喷盆砰抨烹澎彭蓬棚

C5F0 硼篷膨朋鹏捧碰坯砒霹批披劈琵毗

C6A0 啤脾疲皮匹痞僻屁譬篇偏片骗飘漂

C6B0 瓢票撇瞥拼频贫品聘乒坪苹萍平凭瓶

C6C0 评屏坡泼颇婆破魄迫粕剖扑铺仆莆葡

C6D0 菩蒲埔朴圃普浦谱曝瀑期欺栖戚妻七

C6E0 凄漆柒沏其棋奇歧畦崎脐齐旗祈祁骑

C6F0 起岂乞企启契砌器气迄弃汽泣讫掐

C7A0 恰洽牵扦钎铅千迁签仟谦乾黔钱钳

C7B0 前潜遣浅谴堑嵌欠歉枪呛腔羌墙蔷强

C7C0 抢橇锹敲悄桥瞧乔侨巧鞘撬翘峭俏窍

C7D0 切茄且怯窃钦侵亲秦琴勤芹擒禽寝沁

C7E0 青轻氢倾卿清擎晴氰情顷请庆琼穷秋

C7F0 丘邱球求囚酋泅趋区蛆曲躯屈驱渠

C8A0 取娶龋趣去圈颧权醛泉全痊拳犬券

C8B0 劝缺炔瘸却鹊榷确雀裙群然燃冉染瓤

C8C0 壤攘嚷让饶扰绕惹热壬仁人忍韧任认

C8D0 刃妊纫扔仍日戎茸蓉荣融熔溶容绒冗

C8E0 揉柔肉茹蠕儒孺如辱乳汝入褥软阮蕊

C8F0 瑞锐闰润若弱撒洒萨腮鳃塞赛三叁

C9A0 伞散桑嗓丧搔骚扫嫂瑟色涩森僧莎

C9B0 砂杀刹沙纱傻啥煞筛晒珊苫杉山删煽

C9C0 衫闪陕擅赡膳善汕扇缮墒伤商赏晌上

C9D0 尚裳梢捎稍烧芍勺韶少哨邵绍奢赊蛇

C9E0 舌舍赦摄射慑涉社设砷申呻伸身深娠

C9F0 绅神沈审婶甚肾慎渗声生甥牲升绳

CAA0 省盛剩胜圣师失狮施湿诗尸虱十石

CAB0 拾时什食蚀实识史矢使屎驶始式示士

CAC0 世柿事拭誓逝势是嗜噬适仕侍释饰氏

CAD0 市恃室视试收手首守寿授售受瘦兽蔬

CAE0 枢梳殊抒输叔舒淑疏书赎孰熟薯暑曙

CAF0 署蜀黍鼠属术述树束戍竖墅庶数漱

CBA0 恕刷耍摔衰甩帅栓拴霜双爽谁水睡

CBB0 税吮瞬顺舜说硕朔烁斯撕嘶思私司丝

CBC0 死肆寺嗣四伺似饲巳松耸怂颂送宋讼

CBD0 诵搜艘擞嗽苏酥俗素速粟僳塑溯宿诉

CBE0 肃酸蒜算虽隋随绥髓碎岁穗遂隧祟孙

CBF0 损笋蓑梭唆缩琐索锁所塌他它她塔

CCA0 獭挞蹋踏胎苔抬台泰酞太态汰坍摊

CCB0 贪瘫滩坛檀痰潭谭谈坦毯袒碳探叹炭

CCC0 汤塘搪堂棠膛唐糖倘躺淌趟烫掏涛滔

CCD0 绦萄桃逃淘陶讨套特藤腾疼誊梯剔踢

CCE0 锑提题蹄啼体替嚏惕涕剃屉天添填田

CCF0 甜恬舔腆挑条迢眺跳贴铁帖厅听烃

CDA0 汀廷停亭庭挺艇通桐酮瞳同铜彤童

CDB0 桶捅筒统痛偷投头透凸秃突图徒途涂

CDC0 屠土吐兔湍团推颓腿蜕褪退吞屯臀拖

CDD0 托脱鸵陀驮驼椭妥拓唾挖哇蛙洼娃瓦

CDE0 袜歪外豌弯湾玩顽丸烷完碗挽晚皖惋

CDF0 宛婉万腕汪王亡枉网往旺望忘妄威

CEA0 　巍微危韦违桅围唯惟为潍维苇萎委
CEB0 伟伪尾纬未蔚味畏胃喂魏位渭谓尉慰
CEC0 卫瘟温蚊文闻纹吻稳紊问嗡翁瓮挝蜗
CED0 涡窝我斡卧握沃巫呜钨乌污诬屋无芜
CEE0 梧吾吴毋武五捂午舞伍侮坞戊雾晤物
CEF0 勿务悟误昔熙析西硒矽晰嘻吸锡牺
CFA0 　稀息希悉膝夕惜熄烯溪汐犀檄袭席
CFB0 习媳喜铣洗系隙戏细瞎虾匣霞辖暇峡
CFC0 侠狭下厦夏吓掀锨先仙鲜纤咸贤衔舷
CFD0 闲涎弦嫌显险现献县腺馅羡宪陷限线
CFE0 相厢镶香箱襄湘乡翔祥详想响享项巷
CFF0 橡像向象萧硝霄削哮嚣销消宵淆晓
D0A0 　小孝校肖啸笑效楔些歇蝎鞋协挟携
D0B0 邪斜胁谐写械卸蟹懈泄泻谢屑薪芯锌
D0C0 欣辛新忻心信衅星腥猩惺兴刑型形邢
D0D0 行醒幸杏性姓兄凶胸匈汹雄熊休修羞
D0E0 朽嗅锈秀袖绣墟戌需虚嘘须徐许蓄酗
D0F0 叙旭序畜恤絮婿绪续轩喧宣悬旋玄
D1A0 　选癣眩绚靴薛学穴雪血勋熏循旬询
D1B0 寻驯巡殉汛训讯逊迅压押鸦鸭呀丫芽
D1C0 牙蚜崖衙涯雅哑亚讶焉咽阉烟淹盐严
D1D0 研蜒岩延言颜阎炎沿奄掩眼衍演艳堰
D1E0 燕厌砚雁唁彦焰宴谚验殃央鸯秧杨扬
D1F0 佯疡羊洋阳氧仰痒养样漾邀腰妖瑶
D2A0 　摇尧遥窑谣姚咬舀药要耀椰噎耶爷
D2B0 野冶也页掖业叶曳腋夜液一壹医揖铱
D2C0 依伊衣颐夷遗移仪胰疑沂宜姨彝椅蚁
D2D0 倚已乙矣以艺抑易邑屹亿役臆逸肄疫
D2E0 亦裔意毅忆义益溢诣议谊译异翼翌绎
D2F0 茵荫因殷音阴姻吟银淫寅饮尹引隐
D3A0 　印英樱婴鹰应缨莹萤营荧蝇迎赢盈
D3B0 影颖硬映哟拥佣臃痈庸雍踊蛹咏泳涌
D3C0 永恿勇用幽优悠忧尤由邮铀犹油游酉
D3D0 有友右佑釉诱又幼迂淤于盂榆虞愚舆
D3E0 余俞逾鱼愉渝渔隅予娱雨与屿禹宇语
D3F0 羽玉域芋郁吁遇喻峪御愈欲狱育誉
D4A0 　浴寓裕预豫驭鸳渊冤元垣袁原援辕
D4B0 园员圆猿源缘远苑愿怨院曰约越跃钥
D4C0 岳粤月悦阅耘云郧匀陨允运蕴酝晕韵
D4D0 孕匝砸杂栽哉灾宰载再在咱攒暂赞赃
D4E0 脏葬遭糟凿藻枣早澡蚤躁噪造皂灶燥
D4F0 责择则泽贼怎增憎曾赠扎喳渣札轧
D5A0 　铡闸眨栅榨咋乍炸诈摘斋宅窄债寨
D5B0 瞻毡詹粘沾盏斩辗崭展蘸栈占战站湛
D5C0 绽樟章彰漳张掌涨杖丈帐账仗胀瘴障
D5D0 招昭找沼赵照罩兆肇召遮折哲蛰辙者
D5E0 锗蔗这浙珍斟真甄砧臻贞针侦枕疹诊
D5F0 震振镇阵蒸挣睁征狰争怔整拯正政
D6A0 　帧症郑证芝枝支吱蜘知肢脂汁之织
D6B0 职直植殖执值侄址指止趾只旨纸志挚
D6C0 掷至致置帜峙制智秩稚质炙痔滞治窒
D6D0 中盅忠钟衷终种肿重仲众舟周州洲诌
D6E0 粥轴肘帚咒皱宙昼骤珠株蛛朱猪诸诛
D6F0 逐竹烛煮拄瞩嘱主著柱助蛀贮铸筑
D7A0 　住注祝驻抓爪拽专砖转撰赚篆桩庄
D7B0 装妆撞壮状椎锥追赘坠缀谆准捉拙卓
D7C0 桌琢茁酌啄着灼浊兹咨资姿滋淄孜紫
D7D0 仔籽滓子自渍字鬃棕踪宗综总纵邹走
D7E0 奏揍租足卒族祖诅阻组钻纂嘴醉最罪
D7F0 尊遵昨左佐柞做作坐座
D8A0 　亍丌兀丐廿卅丕亘丞鬲孬噩丨禺丿
D8B0 匕乇夭爻卮氐囟胤馗毓睾鼗丶亟鼐乜
D8C0 乩亓芈孛啬嘏仄厍厝厣厥厮靥赝匚叵
D8D0 匦匮匾赜卦卣刂刈刎刭刳刿剀剌剞剡
D8E0 剜蒯剽劂劁劐劓冂罔亻仃仉仂仨仡仫
D8F0 仞伛仳伢佤仵伥伧伉伫佞佧攸佚佝
D9A0 　佟佗伲伽佶佴侑侉侃侏佾佻侪佼侬
D9B0 侔俦俨俪俅俚俣俜俑俟俸倩偌俳倬倏
D9C0 倮倭俾倜倌倥倨偾偃偕偈偎偬偻傥傧
D9D0 傩傺僖儆僭僬僦僮儇儋仝氽佘佥俎龠
D9E0 汆籴兮巽黉馘冁夔勹匍訇匐凫夙兕亠
D9F0 兖亳衮袤亵脔裒禀嬴蠃羸冫冱冽冼
DAA0 　凇冖冢冥讠讦讧讪讴讵讷诂诃诋诏
DAB0 诎诒诓诔诖诘诙诜诟诠诤诨诩诮诰诳
DAC0 诶诹诼诿谀谂谄谇谌谏谑谒谔谕谖谙
DAD0 谛谘谝谟谠谡谥谧谪谫谮谯谲谳谵谶
DAE0 卩卺阝阢阡阱阪阽阼陂陉陔陟陧陬陲
DAF0 陴隈隍隗隰邗邛邝邙邬邡邴邳邶邺
DBA0 　邸邰郏郅邾郐郄郇郓郦郢郜郗郛郫
DBB0 郯郾鄄鄢鄞鄣鄱鄯鄹酃酆刍奂劢劬劭
DBC0 劾哿勐勖勰叟燮矍廴凵凼鬯厶弁畚巯
DBD0 坌垩垡塾墼壅壑圩圬圪圳圹圮圯坜圻
DBE0 坂坩垅坫垆坼坻坨坭坶坳垭垤垌垲埏
DBF0 垧垴垓垠埕埘埚埙埒垸埴埯埸埤埝
DCA0 　堋堍埽埭堀堞堙塄堠塥塬墁墉墚墀
DCB0 馨鼙懿艹艽艿芏芊芨芄芎芑芗芙芫芸
DCC0 芾芰苈苊苣芘芷芮苋苌苁芩芴芡芪芟
DCD0 苄苎芤苡茉苷苤茏茇苜苴苒苘茌苻苓
DCE0 茑茚茆茔茕苠苕茜荑荛荜茈莒茼茴茱
DCF0 莛荞茯荏荇荃荟荀茗荠茭茺茳荦荥
DDA0 　荨茛荩荬荪荭荮莰荸莳莴莠莪莓莜
DDB0 莅荼莶莩荽莸荻莘莞莨莺莼菁萁菥菘
DDC0 堇萘萋菝菽菖萜萸萑萆菔菟萏萃菸菹
DDD0 菪菅菀萦菰菡葜葑葚葙葳蒇蒈葺蒉葸
DDE0 萼葆葩葶蒌蒎萱葭蓁蓍蓐蓦蒽蓓蓊蒿
DDF0 蒺蓠蒡蒹蒴蒗蓥蓣蔌甍蔸蓰蔹蔟蔺
DEA0 　蕖蔻蓿蓼蕙蕈蕨蕤蕞蕺瞢蕃蕲蕻薤
DEB0 薨薇薏蕹薮薜薅薹薷薰藓藁藜藿蘧蘅
DEC0 蘩蘖蘼廾弈夼奁耷奕奚奘匏尢尥尬尴
DED0 扌扪抟抻拊拚拗拮挢拶挹捋捃掭揶捱
DEE0 捺掎掴捭掬掊捩掮掼揲揸揠揿揄揞揎
DEF0 摒揆掾摅摁搋搛搠搌搦搡摞撄摭撖
DFA0 　摺撷撸撙撺擀擐擗擤擢攉攥攮弋忒
DFB0 甙弑卟叱叽叩叨叻吒吖吆呋呒呓呔呖
DFC0 呃吡呗呙吣吲咂咔呷呱呤咚咛咄呶呦
DFD0 咝哐咭哂咴哒咧咦哓哔呲咣哕咻咿哌
DFE0 哙哚哜咩咪咤哝哏哞唛哧唠哽唔哳唢
DFF0 唣唏唑唧唪啧喏喵啉啭啁啕唿啐唼
E0A0 　唷啖啵啶啷唳唰啜喋嗒喃喱喹喈喁
E0B0 喟啾嗖喑啻嗟喽喾喔喙嗪嗷嗉嘟嗑嗫
E0C0 嗬嗔嗦嗝嗄嗯嗥嗲嗳嗌嗍嗨嗵嗤辔嘞
E0D0 嘈嘌嘁嘤嘣嗾嘀嘧嘭噘嘹噗嘬噍噢噙
E0E0 噜噌噔嚆噤噱噫噻噼嚅嚓嚯囔囗囝囡
E0F0 囵囫囹囿圄圊圉圜帏帙帔帑帱帻帼
E1A0 　帷幄幔幛幞幡岌屺岍岐岖岈岘岙岑
E1B0 岚岜岵岢岽岬岫岱岣峁岷峄峒峤峋峥
E1C0 崂崃崧崦崮崤崞崆崛嵘崾崴崽嵬嵛嵯
E1D0 嵝嵫嵋嵊嵩嵴嶂嶙嶝豳嶷巅彳彷徂徇

代码	字符
E1E0	徉後徕徙徜徨徭徵徼衢彡犭犰犴犷犸
E1F0	狃狁狎狍狒狨狯狩狲狴狷猁狳猃狺
E2A0	狻猗猓猡猊猞猝猕猢猹猥猬猸猱獐
E2B0	獍獗獠獬獯獾舛夥飧夤夂饣饧饨饩饪
E2C0	饫饬饴饷饽馀馄馇馊馍馐馑馓馔馕庀
E2D0	庑庋庖庥庠庹庵庾庳赓廒廑廛廨廪膺
E2E0	忄忉忖忏怃忮怄忡忤忾怅怆忪忭忸怙
E2F0	怵怦怛怏怍怩怫怊怿怡恸恹恻恺恂
E3A0	恪恽悖悚悭悝悃悒悌悛惬悻悱惝惘
E3B0	惆惚悴愠愦愕愣惴愀愎愫慊慵憬憔憧
E3C0	憷懔懵忝隳闩闫闱闳闵闶闼闾阃阄阆
E3D0	阈阊阋阌阍阏阒阕阖阗阙阚丬爿戕氵
E3E0	汔汜汊沣沅沐沔沌汨汩汴汶沆沩泐泔
E3F0	沭泷泸泱泗沲泠泖泺泫泮沱泓泯泾
E4A0	洹洧洌浃浈洇洄洙洎洫浍洮洵洚浏
E4B0	浒浔洳涑浯涞涠浞涓涔浜浠浼浣渚淇
E4C0	淅淞渎涿淠渑淦淝淙渖涫渌涮渫湮湎
E4D0	湫溲湟溆湓湔渲渥湄滟溱溘滠漭滢溥
E4E0	溧溽溻溷滗溴滏溏滂溟潢潆潇漤漕滹
E4F0	漯漶潋潴漪漉漩澉澍澌潸潲潼潺濑
E5A0	濉澧澹澶濂濡濮濞濠濯瀚瀣瀛瀹瀵
E5B0	灏灞宀宄宕宓宥宸甯骞搴寤寮褰寰蹇
E5C0	謇辶迓迕迥迮迤迩迦迳迨逅逄逋逦逑
E5D0	逍逖逡逵逶逭逯遄遑遒遐遨遘遢遛暹
E5E0	遴遽邂邈邃邋彐彗彖彘尻咫屐屙孱屣
E5F0	屦羼弪弩弭艴弼鬻屮妁妃妍妩妪妣
E6A0	妗姊妫妞妤姒妲妯姗妾娅娆姝娈姣
E6B0	姘姹娌娉娲娴娑娣娓婀婧婊婕娼婢婵
E6C0	胬媪媛婷婺媾嫫媲嫒嫔媸嫠嫣嫱嫖嫦
E6D0	嫘嫜嬉嬗嬖嬲嬷孀尕尜孚孥孳孑孓孢
E6E0	驵驷驸驺驿驽骀骁骅骈骊骐骒骓骖骘
E6F0	骛骜骝骟骠骢骣骥骧纟纡纣纥纨纩
E7A0	纭纰纾绀绁绂绉绋绌绐绔绗绛绠绡
E7B0	绨绫绮绯绱绲缍绶绺绻绾缁缂缃缇缈
E7C0	缋缌缏缑缒缗缙缜缛缟缡缢缣缤缥缦
E7D0	缧缪缫缬缭缯缰缱缲缳缵幺畿巛甾邕
E7E0	玎玑玮玢玟珏珂珑玷玳珀珉珈珥珙顼
E7F0	琊珩珧珞玺珲琏琪瑛琦琥琨琰琮琬
E8A0	琛琚瑁瑜瑗瑕瑙瑷瑭瑾璜璎璀璁璇
E8B0	璋璞璨璩璐璧瓒璺韪韫韬杌杓杞杈杩
E8C0	枥枇杪杳枘枧杵枨枞枭枋杷杼柰栉柘
E8D0	栊柩枰栌柙枵柚枳柝栀柃枸柢栎柁柽
E8E0	栲栳桠桡桎桢桄桤梃栝桕桦桁桧桀栾
E8F0	桊桉栩梵梏桴桷梓桫棂楮棼椟椠棹
E9A0	椤棰椋椁楗棣椐楱椹楠楂楝榄楫榀
E9B0	榘楸椴槌榇榈槎榉楦楣楹榛榧榻榫榭
E9C0	槔榱槁槊槟榕槠榍槿樯槭樗樘橥槲橄
E9D0	樾檠橐橛樵檎橹樽樨橘橼檑檐檩檗檫
E9E0	猷獒殁殂殇殄殒殓殍殚殛殡殪轫轭轱
E9F0	轲轳轵轶轸轷轹轺轼轾辁辂辄辇辋
EAA0	辍辎辏辘辚軎戋戗戛戟戢戡戥戤戬
EAB0	臧瓯瓴瓿甏甑甓攴旮旯旰昊昙杲昃昕
EAC0	昀炅曷昝昴昱昶昵耆晟晔晁晏晖晡晗
EAD0	晷暄暌暧暝暾曛曜曦曩贲贳贶贻贽赀
EAE0	赅赆赈赉赇赍赕赙觇觊觋觌觎觏觐觑
EAF0	牮犟牝牦牯牾牿犄犋犍犏犒挈挲掰
EBA0	搿擘耄毪毳毽毵毹氅氇氆氍氕氘氙
EBB0	氚氡氩氤氪氲攵敕敫牍牒牖爰虢刖肟
EBC0	肜肓肼朊肽肱肫肭肴肷胧胨胩胪胛胂
EBD0	胄胙胍胗朐胝胫胱胴胭脍脎胲胼朕脒
EBE0	豚脶脞脬脘脲腈腌腓腴腙腚腱腠腩腼
EBF0	腽腭腧塍媵膈膂膑滕膣膪臌朦臊膻
ECA0	臁膦欤欷欹歃歆歙飑飒飓飕飙飚殳
ECB0	彀毂觳斐齑斓於旆旄旃旌旎旒旖炀炜
ECC0	炖炝炻烀炷炫炱烨烊焐焓焖焯焱煳煜
ECD0	煨煅煲煊煸煺熘熳熵熨熠燠燔燧燹爝
ECE0	爨灬焘煦熹戾戽扃扈扉礻祀祆祉祛祜
ECF0	祓祚祢祗祠祯祧祺禅禊禚禧禳忑忐
EDA0	怼恝恚恧恁恙恣悫愆愍慝憩憝懋懑
EDB0	戆肀聿沓泶淼矶矸砀砉砗砘砑斫砭砜
EDC0	砝砹砺砻砟砼砥砬砣砩硎硭硖硗砦硐
EDD0	硇硌硪碛碓碚碇碜碡碣碲碹碥磔磙磉
EDE0	磬磲礅磴礓礤礞礴龛黹黻黼盱眄眍盹
EDF0	眇眈眚眢眙眭眦眵眸睐睑睇睃睚睨
EEA0	睢睥睿瞍睽瞀瞌瞑瞟瞠瞰瞵瞽町畀
EEB0	畎畋畈畛畲畹疃罘罡罟詈罨罴罱罹羁
EEC0	罾盍盥蠲钅钆钇钋钊钌钍钏钐钔钗钕
EED0	钚钛钜钣钤钫钪钭钬钯钰钲钴钶钷钸
EEE0	钹钺钼钽钿铄铈铉铊铋铌铍铎铐铑铒
EEF0	铕铖铗铙铘铛铞铟铠铢铤铥铧铨铪
EFA0	铩铫铮铯铳铴铵铷铹铼铽铿锃锂锆
EFB0	锇锉锊锍锎锏锒锓锔锕锖锘锛锝锞锟
EFC0	锢锪锫锩锬锱锲锴锶锷锸锼锾锿镂锵
EFD0	镄镅镆镉镌镎镏镒镓镔镖镗镘镙镛镞
EFE0	镟镝镡镢镤镥镦镧镨镩镪镫镬镯镱镲
EFF0	镳锺矧矬雉秕秭秣秫稆嵇稃稂稞稔
F0A0	稹稷穑黏馥穰皈皎皓皙皤瓞瓠甬鸠
F0B0	鸢鸨鸩鸪鸫鸬鸲鸱鸶鸸鸷鸹鸺鸾鹁鹂
F0C0	鹄鹆鹇鹈鹉鹋鹌鹎鹑鹕鹗鹚鹛鹜鹞鹣
F0D0	鹦鹧鹨鹩鹪鹫鹬鹱鹭鹳疒疔疖疠疝疬
F0E0	疣疳疴疸痄疱疰痃痂痖痍痣痨痦痤痫
F0F0	痧瘃痱痼痿瘐瘀瘅瘌瘗瘊瘥瘘瘕瘙
F1A0	瘛瘼瘢瘠癀瘭瘰瘿瘵癃瘾瘳癍癞癔
F1B0	癜癖癫癯翊竦穸穹窀窆窈窕窦窠窬窨
F1C0	窭窳衤衩衲衽衿袂袢裆袷袼裉裢裎裣
F1D0	裥裱褚裼裨裾裰褡褙褓褛褊褴褫褶襁
F1E0	襦襻疋胥皲皴矜耒耔耖耜耠耢耥耦耧
F1F0	耩耨耱耋耵聃聆聍聒聩聱覃顸颀颃
F2A0	颉颌颍颏颔颚颛颞颟颡颢颥颦虍虔
F2B0	虬虮虿虺虼虻蚨蚍蚋蚬蚝蚧蚣蚪蚓蚩
F2C0	蚶蛄蚵蛎蚰蚺蚱蚯蛉蛏蚴蛩蛱蛲蛭蛳
F2D0	蛐蜓蛞蛴蛟蛘蛑蜃蜇蛸蜈蜊蜍蜉蜣蜻
F2E0	蜞蜥蜮蜚蜾蝈蜴蜱蜩蜷蜿螂蜢蝽蝾蝻
F2F0	蝠蝰蝌蝮螋蝓蝣蝼蝤蝙蝥螓螯螨蟒
F3A0	蟆螈螅螭螗螃螫蟥螬螵螳蟋蟓螽蟑
F3B0	蟀蟊蟛蟪蟠蟮蠖蠓蟾蠊蠛蠡蠹蠼缶罂
F3C0	罄罅舐竺竽笈笃笄笕笊笫笏筇笸笪笙
F3D0	笮笱笠笥笤笳笾笞筘筚筅筵筌筝筠筮
F3E0	筻筢筲筱箐箦箧箸箬箝箨箅箪箜箢箫
F3F0	箴篑篁篌篝篚篥篦篪簌篾篼簏簖簋
F4A0	簟簪簦簸籁籀臾舁舂舄臬衄舡舢舣
F4B0	舭舯舨舫舸舻舳舴舾艄艉艋艏艚艟艨
F4C0	衾袅袈裘裟襞羝羟羧羯羰羲籼敉粑粝
F4D0	粜粞粢粲粼粽糁糇糌糍糈糅糗糨艮暨
F4E0	羿翎翕翥翡翦翩翮翳糸絷綦綮繇纛麸
F4F0	麴赳趄趔趑趱赧赭豇豉酊酐酎酏酤
F5A0	酢酡酰酩酯酽酾酲酴酹醌醅醐醍醑
F5B0	醢醣醪醭醮醯醵醴醺豕鹾趸跫踅蹙蹩

F5C0 趵 趿 趼 趺 跄 跖 跗 跚 跞 跎 跏 跛 跆 跬 跷 跸

F5D0 跣 跹 跻 跤 踉 跽 踔 踝 踟 踬 踮 踣 踯 踺 蹀 踹

F5E0 踵 踽 踱 蹉 蹁 蹂 蹑 蹒 蹊 蹰 蹶 蹼 蹯 蹴 躅 躏

F5F0 躔 躐 躜 躞 豸 貂 貊 貅 貘 貔 斛 觖 觞 觚 觜

F6A0 觥 觫 觯 訾 謦 靓 雩 雳 雯 霆 霁 霈 霏 霎 霪

F6B0 霭 霰 霾 龀 龃 龅 龆 龇 龈 龉 龊 龌 黾 鼋 鼍 隹

F6C0 隼 隽 雎 雒 瞿 雠 銎 銮 鋈 錾 鍪 鏊 鎏 鐾 鑫 鱿

F6D0 鲂 鲅 鲆 鲇 鲈 稣 鲋 鲎 鲐 鲑 鲒 鲔 鲕 鲚 鲛 鲞

F6E0 鲟 鲠 鲡 鲢 鲣 鲥 鲦 鲧 鲨 鲩 鲫 鲭 鲮 鲰 鲱 鲲

F6F0 鲳 鲴 鲵 鲶 鲷 鲺 鲻 鲼 鲽 鳄 鳅 鳆 鳇 鳊 鳋

F7A0 鳌 鳍 鳎 鳏 鳐 鳓 鳔 鳕 鳗 鳘 鳙 鳜 鳝 鳟 鳢

F7B0 靼 鞅 鞑 鞒 鞔 鞯 鞫 鞣 鞲 鞴 骱 骰 骷 鹘 骶 骺

F7C0 骼 髁 髀 髅 髂 髋 髌 髑 魅 魃 魇 魉 魈 魍 魑 飨

F7D0 餍 餮 饕 饔 髟 髡 髦 髯 髫 髻 髭 髹 鬈 鬏 鬓 鬟

F7E0 鬣 麽 麾 縻 麂 麇 麈 麋 麒 鏖 麝 麟 黛 黜 黝 黠

F7F0 黟 黢 黩 黧 黥 黪 黯 鼢 鼬 鼯 鼹 鼷 鼽 鼾 齄

参考文献

[1] 潘新民. 微型计算机控制技术. 北京：人民邮电出版社，1999
[2] 黄惟一，胡生清. 控制技术与系统. 北京：机械工业出版社，2002
[3] 黄一夫. 微型计算机控制技术. 北京：机械工业出版社，1999
[4] 俞光昀. 计算机控制技术. 北京：电子工业出版社，1997
[5] ASTROM K J. 计算机控制系统理论与设计. 北京：清华大学出版社，2000
[6] GOUGH N E. Computer control systems. 讲义
[7] 杨宁. 微机控制技术. 北京：高等教育出版社，2001
[8] 台方. 微型计算机控制技术. 北京：中国水利水电出版社，2001
[9] 杨劲松，张涛. 计算机工业控制. 北京：中国电力出版社，2003
[10] 付家才. 工业控制工程实践技术. 北京：化学工业出版社，2003
[11] 胡文金. 计算机测控应用技术. 重庆：重庆大学出版社，2003
[12] 徐大诚，邹丽新. 微型计算机控制技术及应用. 北京：高等教育出版社，2003
[13] 刘国荣，梁景凯. 计算机控制技术及应用. 北京：机械工业出版社，1999
[14] 王用伦. 微机控制技术. 重庆：重庆大学出版社，2004
[15] 曹佃国，王强德，史丽红. 计算机控制技术. 北京：人民邮电出版社，2013
[16] 刘文贵，刘振方. 工业控制组态软件应用技术. 北京：北京理工大学出版社，2011
[17] 刘伟，刘卓华，陈珊，等. 物联网＋5G. 北京：电子工业出版社，2020.
[18] 王佳斌，郑力新. 物联网概述. 北京：清华大学出版社，2019.
[19] 刘陈，景兴红，董钢. 浅谈物联网的技术特点及其广泛应用[J]. 科学咨询，2011(9)：86－86.
[20] 贾益刚. 物联网技术在环境监测和预警中的应用研究[J]. 上海建设科技，2010(6)：65－67.